新・数理科学ライブラリ [物理学] ＝ 3

わかる　電磁気学

松川　宏　著

サイエンス社

サイエンス社のホームページのご案内
http://www.saiensu.co.jp
ご意見・ご要望は　rikei@saiensu.co.jp　まで.

まえがき

現代生活を送る私たちの身の周りには，携帯電話やパソコンをはじめとしてさまざまな電子機器・電子システムがあふれています．これらの機器がちゃんと動くのも，物理学が正しく自然界の振る舞いを記述していて，それに基づいた設計がうまくいっているからです．その中でも電磁気学は電子機器・電子システムの動作原理の基本を理解するのに不可欠です．電磁気学は現代文明を支えているのです（もちろん電磁気学だけが現代文明を支えているわけではありませんが）．しかしこの電磁気学は初めて勉強する人にとっては少し取っつきにくい科目です．力学を学ぶのにそれほど困難を感じなかった人も，電磁気学には苦労する人が多いようです．その理由の一つは，力学で扱う質点，惑星，コマなどにくらべ，電磁気学で対象とする電場，磁場などが目に見えず抽象的な感じがすることでしょう．もう一つはベクトル解析など使う数学的手法がちょっと難しく感じられる点にあるのではないでしょうか．

皆さんが大学の図書館の棚をみてもわかるように，電磁気学の本はすでにこの世に数え切れないほどあり，多くの名著もあります．しかし物理の本では，暗黙のうちに仮定されていて明確に書かれていないことがある場合がときどきあります．それらの本の著者達はなにもいじわるでそうしているわけではなくて，そのような点は講義の中で説明していけばよいと思うからであり，また読者が自ら考えることによって学習効果が上がるとも考えるからでしょう．または物理屋がそれまでの教育・研究を通して身につけた物理的考え方からするとあまりにもそれらの仮定があたりまえで，それが初学者にとって問題になるとは考えも及ばないからかもしれません．しかしそれらの仮定が初めて電磁気学を学ぶ人に障害となることがあるのも確かなようです．私がすでに多くの素晴らしい教科書のある電磁気学の分野であえて本書を執筆するのは，上記のような電磁気学を勉強していく上で感じるであろう困難に配慮した本はそうはないかもしれないと思ったからです．そのような配慮をし，さらに暗黙の仮定をできるだけ除いてできるだけ多くの初学者が一人で読んでも理解できる本を書いてみようと考えました．

そのような理由からこの本はできるだけわかりやすく，考え方と計算方法を丁寧に書いたつもりです．高校で物理を勉強したことや前もって力学を学んでいること，偏微分や多重積分，ベクトル解析の知識も前提としていません．この点も非常に重要だと思うのですが，特に，注意書きがない限り，すべての式は皆さんが計算して追えるはずです．是非，自分で式を追ってください.

基本的には，ニュートンの3法則から古典力学のすべての結果が導けるように，電磁気学もマクスウェル方程式という基礎方程式から，すべての結果を得ることができます．しかし残念ながらマクスウェル方程式はニュートンの3法則にくらべ複雑なため，はじめにマクスウェル方程式を説明しそれからさまざまな電磁気現象を説明していくというのは，初学者にはちょっと取っつきにくい方法だと思います.

そのため，この教科書でもそうですが，普通は半ば歴史的発展の後を追いながらいくつかの実験的事実や理論的考察からマクスウェル方程式を導いていくという順に話を進めます．しかし，電磁気学は決して覚える物ではなく，最低限の法則といくつかの数学的手法を用いれば，あとの結果は自分たちで考え計算して求めることができるのだということを実感していただければと思います.

わかりやすさを第一に考えたため，厳密さを犠牲にした箇所が多くあります．また，物質中の電磁場，エネルギーの流れなど，あまり扱っていない問題もあります．それらについては，このライブラリのものを始め，他の教科書を参考にしていただければと思います.

実はこの本の執筆を引き受けてから，ここで書くのも恥ずかしいぐらいの年数がたってしまいました．その間，辛抱強く著者を激励し，有用なコメントを与えてくれた本ライブラリ編者の宮下精二先生，サイエンス社の田島伸彦編集部長に深く感謝いたします．また岩村美和さん，松田圭介さんには作図をお手伝い頂きました．松川寿人さんには幾つかの章末問題のヒントを頂きました．ここにお礼申し上げます.

2008 年 10 月

松川　宏

目　次

1.　クーロンの法則と電場　1

1.1　クーロン力とクーロンの法則 …… 2

1.1.1　電荷と電気素量 …… 2

1.1.2　点電荷とクーロン力 …… 4

1.1.3　クーロンの法則 …… 7

1.2　電 荷 と 電 場 …… 9

1.2.1　近接作用と遠隔作用 …… 9

1.2.2　電 気 力 線 …… 10

1.2.3　電　場 …… 11

1.2.4　電気双極子の作る電場 …… 14

1.2.5　線上の電荷が作る電場 …… 16

1.2.6　面上の電荷が作る電場 …… 23

1.2.7　3 次元空間のある領域に分布した電荷が作る電場 …… 30

1.3　章 末 問 題 …… 35

2.　電場の積分形のガウスの法則　37

2.1　閉曲面を貫く電気力線の数 …… 38

2.1.1　中心に点電荷がある球面を貫く電気力線の数 …… 38

2.1.2　歪んだ球面を貫く電気力線の数 …… 41

2.1.3　任意の閉曲面を貫く電気力線の数 …… 44

2.2　電場の積分形のガウスの法則 …… 46

2.3　章 末 問 題 …… 52

3.　電位差（電圧）と静電ポテンシャル　53

3.1　電位差（電圧） …… 54

3.2　保存力とスカラーポテンシャル …… 56

3.2.1　保存力とスカラーポテンシャル …… 56

3.2.2　多変数関数のテイラー展開と偏微分 …… 57

3.2.3　グラジェントとスカラーポテンシャル …… 59

3.3　静電ポテンシャル（電位） …… 63

3.3.1　仕事と静電ポテンシャル …… 63

3.3.2 一般の電荷分布が作る静電ポテンシャル 68
3.3.3 導体の周りの静電場と静電ポテンシャル 70
3.3.4 電気容量とコンデンサー 73
3.3.5 平行板コンデンサー 76
3.4 章 末 問 題 79

4. 定常電流とオームの法則 81

4.1 定 常 電 流 82
4.1.1 電流と電流密度 82
4.1.2 定常電流と電荷保存則 84
4.2 オームの法則 88
4.2.1 オームの法則 88
4.2.2 電力とジュール熱 95
4.3 章 末 問 題 97

5. 磁 場 と 電 流 99

5.1 磁場と磁束密度 100
5.1.1 磁 石 と 磁 場 100
5.1.2 磁場の積分形のガウスの法則 103
5.2 ローレンツ力 104
5.3 ビオ-サバールの法則 108
5.3.1 直線電流が作る磁束密度 108
5.3.2 一般の電流が作る磁束密度 110
5.4 アンペールの法則 118
5.4.1 アンペールの法則 118
5.5 章 末 問 題 124

6. 時間とともに変化する電磁場 125

6.1 電 磁 誘 導 126
6.1.1 ファラデーの法則 126
6.1.2 自己インダクタンス 133
6.1.3 相互インダクタンス 136
6.2 磁場のエネルギー 139
6.3 交 流 回 路 141
6.4 章 末 問 題 146

7.　マクスウェル方程式　147

7.1　電荷保存則と変位電流 148
7.1.1　電 荷 保 存 則 148
7.1.2　変 位 電 流 150
7.2　積分形のマクスウェル方程式 154
7.3　ガウスの定理とストークスの定理 155
7.3.1　ガ ウ ス の 定 理 155
7.3.2　ストークスの定理 158
7.4　微分形のマクスウェル方程式 161
7.5　真空中のマクスウェル方程式と電磁波 165
7.5.1　波 動 方 程 式 165
7.5.2　電　磁　波 168
7.6　章 末 問 題 174

8.　電磁ポテンシャルと電磁波の放射　175

8.1　電磁ポテンシャルとマクスウェル方程式 176
8.1.1　時間に依存しないマクスウェル方程式と
電磁ポテンシャル 176
8.1.2　一般の場合のマクスウェル方程式と電磁ポテンシャル　180
8.2　電 磁 波 の 放 射 184
8.2.1　遅延ポテンシャル 184
8.2.2　電気双極子近似 186
8.2.3　点電荷による電磁波の放射 187
8.3　章 末 問 題 190

補　章　191

A.1　ガウスの定理とストークスの定理の証明 191
A.1.1　ガウスの定理の証明 191
A.1.2　ストークスの定理の証明 192
A.2　遅延ポテンシャルがマクスウェル方程式および
ローレンツ条件を満たすことの証明 193
A.2.1　遅延ポテンシャルがマクスウェル方程式を
満たすことの証明 193
A.2.2　遅延ポテンシャルがローレンツ条件を
満たすことの証明 195

参考文献 198

問題略解 199

索 引 206

1

クーロンの法則と電場

この章では静止している電荷とそれが作る電場の関係について勉強していく．これまで学んだことも多いかもしれないが，そのことを前提とはしない．新しい数学的方法，新しい考え方を使うことで，新しい見方が生まれ，これから先の勉強の基礎となる．さあ，電磁気学の勉強を始めよう．

本章の内容

クーロン力とクーロンの法則
電荷と電場
章末問題

1.1 クーロン力とクーロンの法則

1.1.1 電荷と電気素量

我々は日常生活で“電気”という言葉を何気なく使うが，その実態は何であろうか？ それは**“電荷”**である．電気を帯びている物は電荷を持っており，電荷の流れが**電流**である．この電荷は大きさと符号 ± を持つ．電荷の大きさが**電気量**である．そして，この世のすべての物の持つ電荷は

$$\text{電気素量}\ e = 1\ \text{つの陽子の電荷} = -(1\ \text{つの電子の電荷})$$
$$= 1.602\cdots \times 10^{-19}\ \mathrm{C}$$

の整数倍の大きさを持つ．これは物質を構成する陽子や電子などの素粒子がこの電気素量の整数倍[†]の電荷を持っていて，それらからすべての物質はできているからである．ここで，C は**クーロン**と読み，**SI 単位系**，または**国際単位系**と呼ばれる単位系での電荷の単位である．

SI 単位系では長さ，質量，時間，電流などを基本的な量とし，それぞれメートル [m]，キログラム [kg]，秒 [s]，アンペア [A] を単位とする[††]．1 C の電荷

[†] +1 か −1 か 0 である．

[††] SI 単位系はこの 4 つの量の他に基本的な量として温度，物質量，光度を考え，それぞれケルビン [K]，モル [mol]，カンデラ [cd] を単位とする．上に記した 4 つの単位だけで作られる単位系を MKSA 単位系と呼ぶ．

表 1.1 この本に出てくる SI 単位の例．

記号	呼び方	物理量	m, kg, s, A での表し方
m	メートル	長さ	
kg	キログラム	質量	
s	秒	時間	
A	アンペア	電流	
N	ニュートン	力	$\mathrm{m \cdot kg \cdot s^{-2}}$
J	ジュール	仕事	$\mathrm{N \cdot m = m^2 \cdot kg \cdot s^{-2}}$
W	ワット	仕事率，電力	$\mathrm{J \cdot s^{-1} = m^2 \cdot kg \cdot s^{-3}}$
C	クーロン	電荷	$\mathrm{s \cdot A}$
V	ボルト	電位差	$\mathrm{J \cdot C^{-1} = m^2 \cdot kg \cdot s^{-3} \cdot A^{-1}}$
F	ファラッド	電気容量	$\mathrm{C \cdot V^{-1} = m^{-2} \cdot kg^{-1} \cdot s^4 \cdot A^2}$
Ω	オーム	電気抵抗	$\mathrm{V \cdot A^{-1} = m^2 \cdot kg \cdot s^{-3} \cdot A^{-2}}$
T	テスラ	磁束密度の強さ	$\mathrm{N \cdot m^{-1} \cdot A^{-1} = kg \cdot s^{-2} \cdot A^{-1}}$
Wb	ウェーバ	磁束	$\mathrm{T \cdot m^2 = m^2 \cdot kg \cdot s^{-2} \cdot A^{-1}}$
H	ヘンリー	インダクタンス	$\mathrm{Wb \cdot A^{-1} = m^2 \cdot kg \cdot s^{-2} \cdot A^{-2}}$

とは 1 A の電流が 1 秒間に運ぶ電荷の総量である．つまり

$$1\,\mathrm{C} = 1\,\mathrm{s}\cdot\mathrm{A}$$

である．

このように本書に登場する m, kg, s, A 以外の単位は，この 4 つの単位を使って表すことができる．実は電磁気学ではさまざまな単位系が使われ，混乱を招くこともあるのだが，現在ではこの SI 単位系の使用が国際的にも推奨されていて，本書でもこれを使う．この本に出てくる主な SI 単位の例を表 1.1 にまとめておく．

1 A の電流の大きさがどれくらいかというと，100 W の電球に流れている電流の大きさである（〔下欄〕**交流電流の大きさ** 参照）．この 1 A の電流が 1 秒間に運ぶ電荷の総量が 1 C なのであるから，電荷素量 $1.602\cdots\times10^{-19}$ C がいかに小さな量かわかるだろう．上に述べたように，すべての電荷は電荷素量の整数倍の大きさを持つのだが，電荷素量があまりに小さいため普通はそのことは忘れて，電荷の大きさは連続的な値をとると考えることができる．

この電荷にはきわめて大きな性質がある．それは

電荷の総量は常に一定である

ということである．これを**電荷保存則**という[†]．最初 1 C の電荷が帯電瓶に貯まっていたとすると，他との接触がなければ未来永劫 1 C の電荷が帯電瓶に

[†]物理ではある量が一定であることを，その量が“保存する”という．

交流電流の大きさ

家庭のコンセントにきているのは 100 V の電圧の交流である．交流なので，電圧（3.1 節参照）は時間変化する．その有効的な大きさ（実効値，式 (4.15) 参照）が 100 V である．最大値は $100\sqrt{2}\,\mathrm{V}\simeq 141\,\mathrm{V}$ である．電圧が時間変化するので，一定の抵抗に流れる電流も時間変化する．100 W の電球に流れる電流の実効値が 1 A であり，最大値は $\sqrt{2}\,\mathrm{A}\simeq 1.41\,\mathrm{A}$ である．

貯まっているのである．しかし電荷は正の値も負の値もとれるので，最初全く電荷のない場所に，$+q$ と $-q$ の電荷が同時に生じるということは起こる．$+q$ と $-q$ の電荷が打ち消しあって全体では電荷はないので，電荷保存則は満たしているのである．

1.1.2　点電荷とクーロン力

この宇宙の電荷を帯びている物質は普通，大きさを持っている．しかし大きさを無視できる点とみなした方が便利なことも多い．大きさが無視でき電荷だけを持っている物を**点電荷**と呼ぶ．これは力学で大きさが無視でき質量だけを持っている物を考え，質点と呼ぶのと同じことである．

質点の間には**万有引力の法則**

$$F_{12} = G\frac{m_1 m_2}{{r_{12}}^2} \tag{1.1}$$

で表される力が働く．ここで m_1, m_2 は 2 つの質点の質量，r_{12} はその間の距離

$$G = 6.674\cdots \times 10^{-11}\,\mathrm{N\cdot m^2\cdot kg^{-2}} = 6.674\cdots \times 10^{-11}\,\mathrm{m^3\cdot kg^{-1}\cdot s^{-2}}$$

は万有引力定数である†．

---

†慣例として

・変数や定数，番号は斜字体（イタリック）例えば A で，

・名前やその略であるもの，単位は普通の字体（立体）例えば A で，

・ベクトルは太字の斜字体，例えば $\boldsymbol{A}$ で表す．

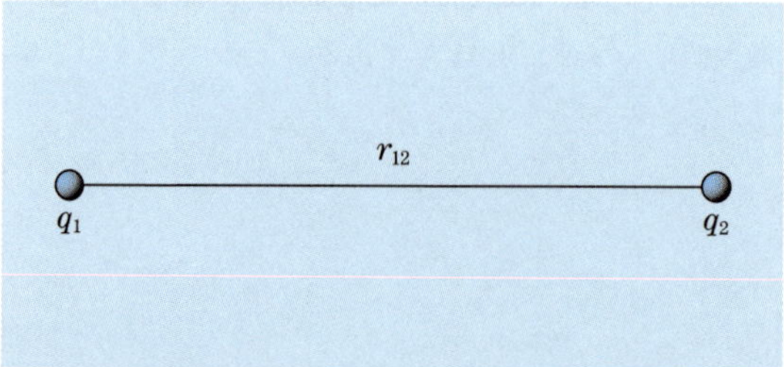

図 1.1　距離 r_{12} だけ離れ q_1, q_2 の電荷を持った 2 つの点電荷．

では点電荷の間にはどのような力が働くのであろうか？　図 1.1 のように距離 r_{12} だけ離れ q_1, q_2 の電荷を持った 2 つの点電荷を考えてみよう．このとき 2 つの点電荷の間には

$$F_{12} = \frac{1}{4\pi\varepsilon_0}\frac{q_1 q_2}{{r_{12}}^2} \tag{1.2}$$

の大きさの力が働く．ここで

$$\begin{aligned}\varepsilon_0 &= 8.854\cdots \times 10^{-12}\,\mathrm{C}^2\cdot\mathrm{N}^{-1}\cdot\mathrm{m}^{-2}\\ &= 8.854\cdots\times 10^{-12}\,\mathrm{m}^{-3}\cdot\mathrm{kg}^{-1}\cdot\mathrm{s}^4\cdot\mathrm{A}^2\end{aligned} \tag{1.3}$$

は**真空の誘電率**と呼ばれる量である†．この電荷の間に働く力は**クーロン (Coulomb) 力**と呼ばれる．

このクーロン力の大きさの式 (1.2) は万有引力の法則 (1.1) と同じ形をしていることがわかるだろう．両者の違いは電荷と質量，$1/(4\pi\varepsilon_0)$ と G が置き換わったことだけである．しかし，その違いの中に 1 つの大きな違いが隠されている．それは質量は常に正なのに，電荷は正と負，両方の場合があることである．これがこの項の最後に述べる万有引力とクーロン力の間の大きな違いをもたらす．

さてクーロン力はどちら向きに働くのであろうか？　いま，この宇宙には 2 つの点電荷だけが存在し，他には何もないと考えよう．そうすると方

† ε はイプシロンと呼ぶ．

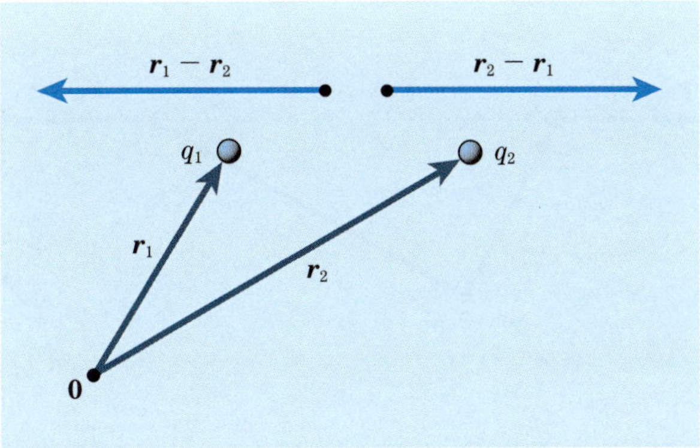

図 1.2　位置 $\boldsymbol{r}_1, \boldsymbol{r}_2$ にある 2 つの点電荷を結ぶ直線の方向．

向として考えられるのは，2つの点電荷を結ぶ直線に平行な方向，すなわち図 1.2（前頁）のように $(\boldsymbol{r}_1-\boldsymbol{r}_2)$ の方向と $(\boldsymbol{r}_2-\boldsymbol{r}_1)$ の方向だけである．他に特別な方向はないのであるから，力が働くとすればこれらの方向，$(\boldsymbol{r}_1-\boldsymbol{r}_2)$ の方向か $(\boldsymbol{r}_2-\boldsymbol{r}_1)$ の方向に働く．

クーロン力も当然，力学の作用・反作用の法則に従う．作用・反作用の法則によれば，点電荷 q_1 が点電荷 q_2 から受ける力 $\boldsymbol{F}_{12}$ は，点電荷 q_2 が点電荷 q_1 から受ける力 $\boldsymbol{F}_{21}$ と大きさが等しく，方向は逆になる†．したがって，$\boldsymbol{F}_{12}$ の方向が $(\boldsymbol{r}_2-\boldsymbol{r}_1)$ の方向なら，$\boldsymbol{F}_{21}$ の方向は $(\boldsymbol{r}_1-\boldsymbol{r}_2)$ の方向になる．つまり点電荷 q_1, q_2 の間には引力が働くことになる．逆に $\boldsymbol{F}_{12}$ の方向が $(\boldsymbol{r}_1-\boldsymbol{r}_2)$ の方向なら，$\boldsymbol{F}_{21}$ の方向は $(\boldsymbol{r}_2-\boldsymbol{r}_1)$ の方向になる．このとき q_1, q_2 の間には斥力（反発力）が働くことになる．

では引力と斥力，どちらが働くのか？　ここで万有引力の法則との大きな違いが現れる．万有引力の場合はその名の通り常に引力が働くのであるが，電荷の間の力の場合は

q_1 と q_2 が同符号 $(q_1 \times q_2 > 0)$ のときは斥力が，
異符号 $(q_1 \times q_2 < 0)$ のときは引力が働く

のである．この様子を図 1.3, 1.4 に示す．

† q_1, q_2 はもともと電荷の大きさであったが，混乱を招く恐れがないときは，ここでのようにその大きさの電荷を持った点電荷の名前としても使う．

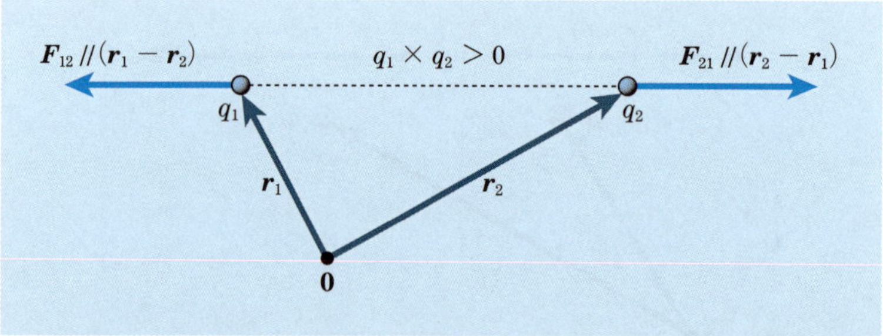

図 1.3　距離 r_{12} だけ離れ q_1, q_2 の電荷を持った2つの点電荷に働く力．$q_1 \times q_2 > 0$ で斥力の場合．

この引力と斥力の両方の場合が現れるというのが万有引力の場合との大きな違いであり，質量と異なり電荷は正と負，両方の場合があるからである．章末問題 1.2 でみるように電子と電子，電子とイオン，イオンとイオンの間などでは万有引力はクーロン力に比べきわめて小さく無視できる．しかし質量は常に正なので物が集まればそれらの間に働く万有引力はどんどん大きくなる．一方，電荷は正の物と負の物があり，逆の符号の電荷同士が引き合い集まりたがるので，全体として電気的に中性になりたがる．中性になってしまえばもはやクーロン力は働かない†．これが天体やりんごの運動において万有引力に比べクーロン力が無視できる理由である．

1.1.3　クーロンの法則

ここまで述べたことをベクトルを使って表してみよう．いま力の方向は 2 つの電荷を結ぶベクトル，$(\boldsymbol{r}_1 - \boldsymbol{r}_2)$ か $(\boldsymbol{r}_2 - \boldsymbol{r}_1)$ の方向に等しい．力の大きさは式 (1.2) で与えられるのだから，これに q_1 と q_2 が同符号のときは斥力，異符号のときは引力になるように，$(\boldsymbol{r}_1 - \boldsymbol{r}_2)$ の方向の**単位ベクトル**†† $\dfrac{\boldsymbol{r}_1 - \boldsymbol{r}_2}{|\boldsymbol{r}_1 - \boldsymbol{r}_2|}$ か，$(\boldsymbol{r}_2 - \boldsymbol{r}_1)$ の方向の単位ベクトル $\dfrac{\boldsymbol{r}_2 - \boldsymbol{r}_1}{|\boldsymbol{r}_1 - \boldsymbol{r}_2|}$ を掛けてやればよい．よって点電荷 q_1 が q_2 から受ける力 $\boldsymbol{F}_{12}$ は，$r_{12} = |\boldsymbol{r}_1 - \boldsymbol{r}_2|$ だから

† 全体としては中性でも，内に正と負の電荷を持ち，それらの位置が異なればクーロン力は小さくなるが残る．1.2.4 項で扱う電気双極子はそのような系である．

†† 大きさが 1 のベクトル

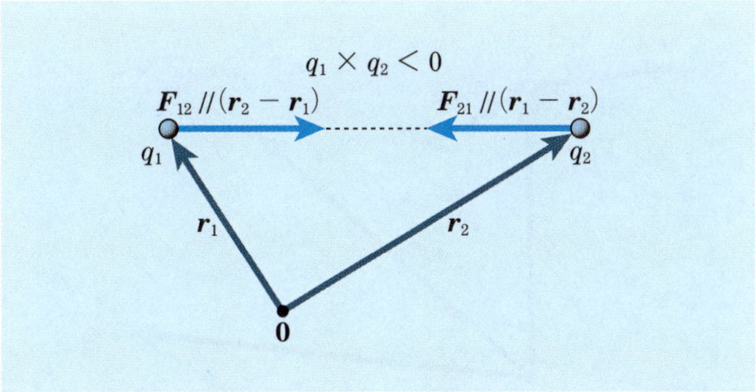

図 1.4　距離 r_{12} だけ離れ q_1, q_2 の電荷を持った 2 つの点電荷に働く力．$q_1 \times q_2 < 0$ で引力の場合．

$$\boldsymbol{F}_{12} = \frac{q_1 q_2}{4\pi\varepsilon_0}\frac{1}{|\boldsymbol{r}_1 - \boldsymbol{r}_2|^2} \times \frac{\boldsymbol{r}_1 - \boldsymbol{r}_2}{|\boldsymbol{r}_1 - \boldsymbol{r}_2|}$$
$$= \frac{q_1 q_2}{4\pi\varepsilon_0}\frac{\boldsymbol{r}_1 - \boldsymbol{r}_2}{|\boldsymbol{r}_1 - \boldsymbol{r}_2|^3} \quad (1.4a)$$

q_2 が q_1 から受ける力 $\boldsymbol{F}_{21}$ は

$$\boldsymbol{F}_{21} = \frac{q_1 q_2}{4\pi\varepsilon_0}\frac{1}{|\boldsymbol{r}_1 - \boldsymbol{r}_2|^2} \times \frac{\boldsymbol{r}_2 - \boldsymbol{r}_1}{|\boldsymbol{r}_1 - \boldsymbol{r}_2|}$$
$$= \frac{q_1 q_2}{4\pi\varepsilon_0}\frac{\boldsymbol{r}_2 - \boldsymbol{r}_1}{|\boldsymbol{r}_1 - \boldsymbol{r}_2|^3} \quad (1.4b)$$

となる．$q_1 \times q_2$ の正負により，2 つの点電荷を結ぶ直線に平行に斥力または引力が働くことが式からもわかるだろう．式 (1.4) が**クーロンの法則**である．

では次に点電荷が 3 つあるときを考えてみよう．この宇宙の基本的な力† は

力の働く物が 3 つ以上あるときの力は，
2 つの物があるときの力のベクトル和になる

という性質がある．つまり，1, 2, 3 という 3 つの物があるとき，1 が 2 と 3 から受ける力は，1 と 2 だけがあるときに 1 が 2 から受ける力と，1 と 3 だけがあるとき 1 が 3 から受ける力のベクトル和になるのである．クーロン力

†この宇宙には 4 つの基本的な力がある．万有引力と，クーロン力を含む電磁気力，あとは原子核の内部のような非常に短い距離でだけ働く，弱い相互作用と呼ばれる力と強い相互作用と呼ばれる力の 2 つである．

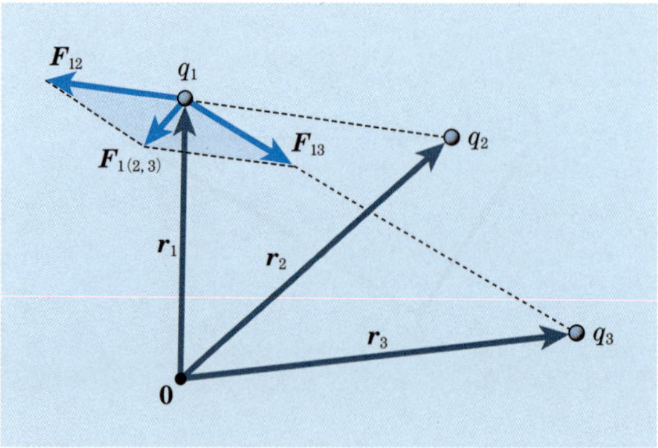

図 1.5　3 つの電荷 q_1, q_2, q_3 に働く力．

は基本的な力の 1 つでやはりこのような性質を持つ．位置 $\boldsymbol{r}_1, \boldsymbol{r}_2, \boldsymbol{r}_3$ に点電荷 q_1, q_2, q_3 があるとき，点電荷 q_1 が点電荷 q_2, q_3 から受ける力 $\boldsymbol{F}_{1(2,3)}$ は次のように表される（図 1.5）．

$$\begin{aligned}\boldsymbol{F}_{1(2,3)} &= \boldsymbol{F}_{12} + \boldsymbol{F}_{13} \\ &= \frac{q_1 q_2}{4\pi\varepsilon_0}\frac{\boldsymbol{r}_1 - \boldsymbol{r}_2}{|\boldsymbol{r}_1 - \boldsymbol{r}_2|^3} + \frac{q_1 q_3}{4\pi\varepsilon_0}\frac{\boldsymbol{r}_1 - \boldsymbol{r}_3}{|\boldsymbol{r}_1 - \boldsymbol{r}_3|^3}\end{aligned}$$

ここで $\boldsymbol{F}_{12}, \boldsymbol{F}_{13}$ はそれぞれ式 (1.4) に出てきた 2 つの点電荷だけがあるときの q_1 が q_2 から受ける力と q_1 が q_3 から受ける力である．同様に位置 $\boldsymbol{r}_1, \boldsymbol{r}_2, \cdots, \boldsymbol{r}_N$ に点電荷 $q_1, q_2, \cdots, q_N$ があるとき（図 1.6），点電荷 q_1 が点電荷 $q_2, \cdots, q_N$ から受ける力 $\boldsymbol{F}_{1(2,\cdots,N)}$ は次のように表される．

$$\boldsymbol{F}_{1(2,\cdots,N)} = \boldsymbol{F}_{12} + \boldsymbol{F}_{13} + \cdots + \boldsymbol{F}_{1N} = \sum_{i=2}^{N} \boldsymbol{F}_{1i} \tag{1.5}$$

このように，複数個の点電荷があるときに 1 つの点電荷が残りのすべての点電荷から受ける力は，点電荷が 2 つだけあるときに受ける力のベクトル和となるのである．なお，式 (1.5) で i の和は 2 からとることに注意しよう．点電荷は自分自身には力を及ぼさないのである．

1.2 電荷と電場

1.2.1 近接作用と遠隔作用

さてもう一度，位置 $\boldsymbol{r}$ にある点電荷 q が位置 $\boldsymbol{r}_1$ にある点電荷 q_1 から受け

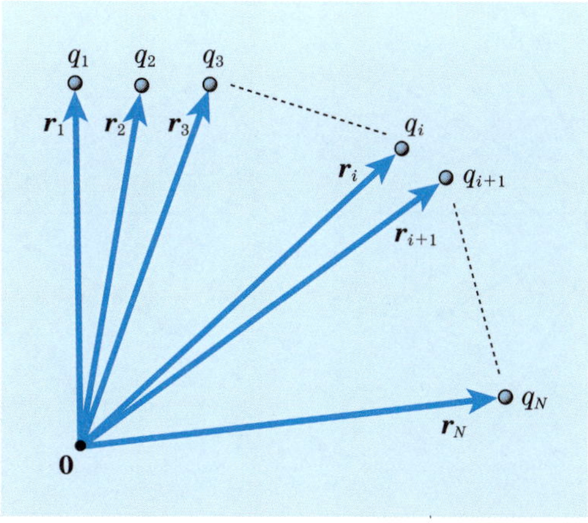

図 1.6 N 個の点電荷がある場合．

る力 $\boldsymbol{F}$ を考えてみよう．クーロンの法則 (1.4) は

$$\boldsymbol{F} = \frac{qq_1}{4\pi\varepsilon_0}\frac{\boldsymbol{r}-\boldsymbol{r}_1}{|\boldsymbol{r}-\boldsymbol{r}_1|^3} \tag{1.6}$$

と表される．この式を書いたとき，離れた点 $\boldsymbol{r}, \boldsymbol{r}_1$ の間のことは何も考えていない．いわば，その間には何もなく，電荷 q_1 からいきなり $\boldsymbol{r}-\boldsymbol{r}_1$ だけ離れたところにある電荷 q に力が働くと考えているのである．このような考え方を**遠隔作用**の考えという．これに対して，電荷 q_1 を位置 $\boldsymbol{r}_1$ に置くとその周りの空間の様子が変わり，その変化が $\boldsymbol{r}$ まで伝わり電荷 q に力が働くという考え方がある．これを**近接作用**の考えという．この考えだと，電荷が 1 つだけしか存在せず力を働かせる相手がいなくても，空間の様子は電荷がないときに比べ変化していることになる．この 2 つの考え方の間には長い間の論争があったのであるが，今日では近接作用の考えが正しいことがわかっている．例えば 1 つの電荷をある位置の周りで振動させてやると，近接作用の立場では周りの空間の様子もそれに伴い振動的に変化することになる．実はこれが電磁波（電波）なのである．これについては 7.5.2 項で説明する．

1.2.2 電気力線

さて，このように電荷を 1 つ置いただけでも周りの空間の様子が変わるのなら，その変化の具合をうまく直観的に表せれば便利である．**電気力線**はまさにそのような手段である．点電荷を置いたことによる周りの空間の変化は，点電荷から伸びた電気力線によって表される．

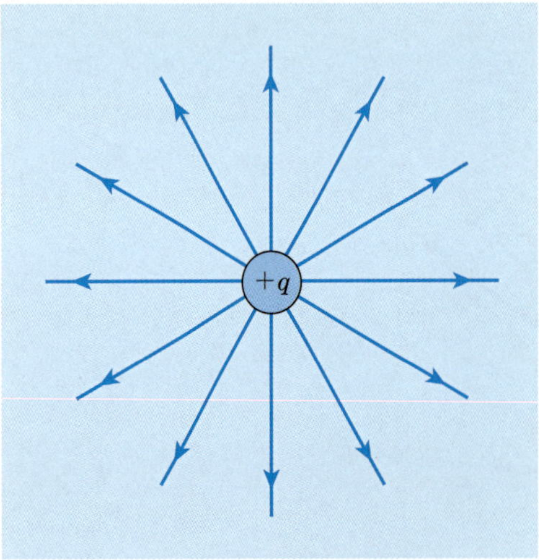

図 1.7　$+q > 0$ の電荷の周りの電気力線．正の電荷からは電気力線は出ていく．

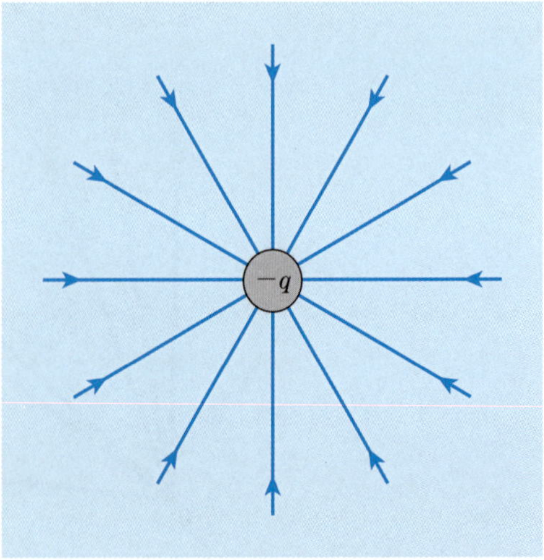

図 1.8　$-q < 0$ の電荷の周りの電気力線．負の電荷へは電気力線は吸い込まれていく．

電気力線の向きはその点に仮に 1 C の点電荷を置いたときに受けるクーロン力の向きに一致し，その密度はその力の大きさに比例する．

$+q$ と $-q$ の点電荷の周りの電気力線の様子を図 1.7, 1.8 に示す†．電気力線の向きは仮にその位置に正の電荷を置いたときの力の向きである．正の電荷同士は斥力，正の電荷と負の電荷の間には引力が働くので，正の電荷からは電気力線は出ていき，負の電荷へは吸い込まれていく．また，2.1 節 (p.41) で説明するように，電荷のない場所で電気力線が生まれたり消えたりすることはない．

1.2.3 電 場

位置 $\boldsymbol{r}$ にある点電荷 q が位置 $\boldsymbol{r}_1$ にある点電荷 q_1 から受ける力 $\boldsymbol{F}$ に話を戻そう．このときクーロンの法則 (1.4), (1.6) は次のようにも表すことができる．

$$\boldsymbol{F} = \boldsymbol{E}(\boldsymbol{r})q \tag{1.7}$$

$$\boldsymbol{E}(\boldsymbol{r}) = \frac{q_1}{4\pi\varepsilon_0}\frac{\boldsymbol{r}-\boldsymbol{r}_1}{|\boldsymbol{r}-\boldsymbol{r}_1|^3} \tag{1.8}$$

†実際は電気力線やこのあとに出てくる電場は 3 次元空間の線やベクトルであるが，以下の図では紙の上に表すため，電荷のある平面内での電気力線や電場を描いている．しかし本当は 3 次元空間の線やベクトルであることを想像してみていただきたい．

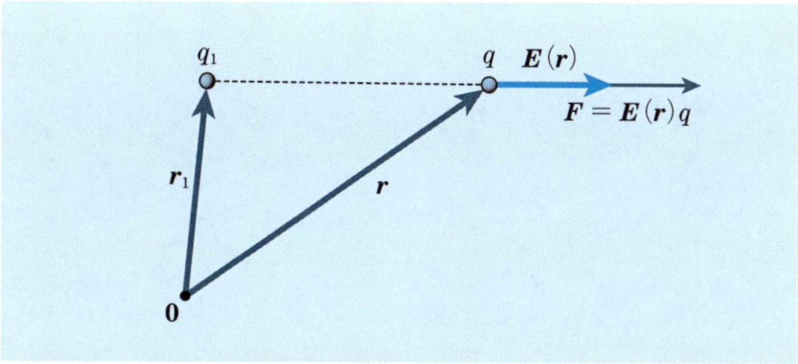

図 1.9　位置 $\boldsymbol{r}_1$ にある点電荷 q_1 が位置 $\boldsymbol{r}$ に作る電場 $\boldsymbol{E}(\boldsymbol{r})$．$\boldsymbol{r}$ に点電荷 q を置いたときこれに働く力は $\boldsymbol{F} = \boldsymbol{E}(\boldsymbol{r})q$ となる．

位置 $\boldsymbol{r}_1$ に点電荷 q_1 を置いたことによる空間の変化は位置 $\boldsymbol{r}$ に点電荷 q を置かなくとも起こるのであるから，q を外に出して $\boldsymbol{E}(\boldsymbol{r})$ というものを考えたのである．これが位置 $\boldsymbol{r}_1$ の点電荷 q_1 によって作られた位置 $\boldsymbol{r}$ の**電場**（でんば）である（図 1.9（前頁））．ここに点電荷 q を置くことにより初めて力 $\boldsymbol{F}$ が生じると考えるのである．

式 (1.7) で $q = 1\,\mathrm{C}$ とすればわかるように

電場の向きと大きさはその点に 1 C の点電荷を置いたときに働く力の向きと大きさに等しい．

したがって

電場の向きは電気力線の向きに，その大きさはその点での電気力線の密度に比例する．

また，電場は力を電荷で割ったものであるから，その単位は $\mathrm{N \cdot C^{-1}}$ となる．これは 3.1 節で出てくる電位差（電圧）の単位である V（ボルト）を使うと $\mathrm{V \cdot m^{-1}}$ となる．

図 1.10 に $+q\ (>0)$ の電荷の周りの電場，図 1.11 に $-q\ (<0)$ の電荷の周りの電場の様子を示す．矢印の方向が電場の向きを，長さが電場の大きさを表している．このように点電荷の周りの電場は点電荷の周りで球対称†にな

†ある量の様子が，ある点を中心としてそこから四方八方どちらをみても同じであるなら，その量はその点の周りで球対称であるという．

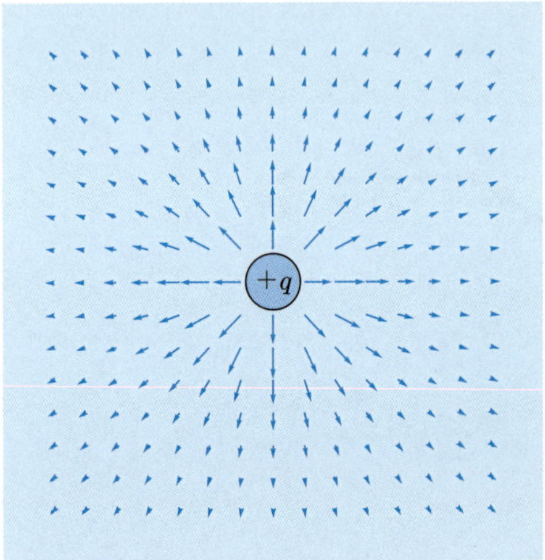

図 1.10　$+q$ の周りの電場の様子．矢印の方向が電場の向きを，長さが電場の大きさを表す．

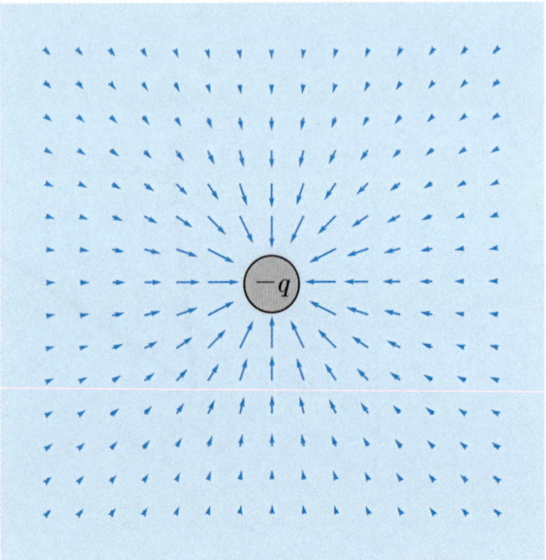

図 1.11　$-q$ の周りの電場の様子．

る．このことは式 (1.8) からも明らかであろう．

複数個の点電荷が作る電場の式もすぐにわかる．このときある点電荷に働くクーロン力は，この点電荷に他の 1 つの点電荷が及ぼすクーロン力のベクトル和になっていた（式 (1.5)）．電場と力は式 (1.7) でみたように電荷 q がかかっているかどうかだけの違いであるから，複数個の点電荷の作る電場も各々の点電荷が作る電場のベクトル和となる．よって位置 $\boldsymbol{r}_i$ に点電荷 q_i だけがあるときに位置 $\boldsymbol{r}$ にできる電場を

$$\boldsymbol{E}_i(\boldsymbol{r}) = \frac{q_i}{4\pi\varepsilon_0}\frac{\boldsymbol{r}-\boldsymbol{r}_i}{|\boldsymbol{r}-\boldsymbol{r}_i|^3} \tag{1.9}$$

とすると $\boldsymbol{r}_1, \boldsymbol{r}_2, \cdots, \boldsymbol{r}_N$ にある点電荷 $q_1, q_2, \cdots, q_N$ が位置 $\boldsymbol{r}$ に作る電場 $\boldsymbol{E}(\boldsymbol{r})$ は

$$\boldsymbol{E}(\boldsymbol{r}) = \sum_{i=1}^{N}\boldsymbol{E}_i(\boldsymbol{r}) = \frac{1}{4\pi\varepsilon_0}\sum_{i=1}^{N} q_i\frac{\boldsymbol{r}-\boldsymbol{r}_i}{|\boldsymbol{r}-\boldsymbol{r}_i|^3} \tag{1.10}$$

と表される．式 (1.5) と違い，式 (1.10) で i の和が 1 から N なのは，$q_1, \cdots, q_N$ のすべての電荷が電場を作り，それが力を及ぼす相手の点電荷は仮想的な物で，それらの中には含まれていないからである．$+q\,(>0)$ と $-q\,(<0)$ の電荷があるときのその周りの電場の様子を図 1.12 に示す．

点電荷の大きさや位置が時間変化しない場合は電場も時間変化しない．そのような電場を**静電場**と呼ぶ．

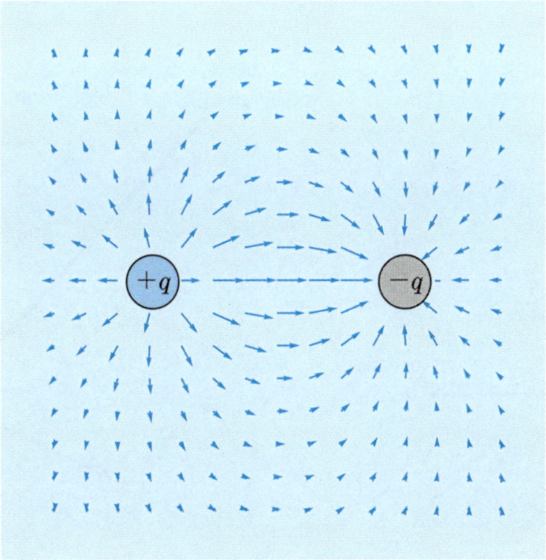

図 1.12　$+q>0$ と $-q<0$ の電荷があるときのその周りの電場の様子．

1.2.4　電気双極子の作る電場

2 つの点電荷が作る電場の例として，図 1.13 のように近い位置に置かれた大きさが等しく符号の異なる 2 つの点電荷が遠方に作る電場を考えてみよう．2 つの点電荷の間隔よりも十分離れたところからその間隔よりも大きなスケールでみれば，1 つ 1 つの点電荷はみえず全電荷は 0 で電気的に中性である．しかし間隔が小さくとも有限なら，この 2 つの点電荷が作る電場は遠方でも残る．図 1.13 のようなものを**電気双極子**（そうきょくし）と呼ぶ．この電気双極子はさまざまな舞台で現れる．

2 つの点電荷の中点を原点にとり，$-q\,(<0)$ の点電荷の位置から $+q\,(>0)$ の点電荷の位置へ向かうベクトルを $\boldsymbol{d}$ とすると，$+q$ の点電荷の位置は $\boldsymbol{d}/2$, $-q$ の点電荷の位置は $-\boldsymbol{d}/2$ となる．このとき位置 $\boldsymbol{r}$ での電場は式 (1.10) より

$$\boldsymbol{E}(\boldsymbol{r}) = \frac{q}{4\pi\varepsilon_0}\left\{\frac{\boldsymbol{r}-\boldsymbol{d}/2}{|\boldsymbol{r}-\boldsymbol{d}/2|^3} - \frac{\boldsymbol{r}+\boldsymbol{d}/2}{|\boldsymbol{r}+\boldsymbol{d}/2|^3}\right\} \tag{1.11}$$

となる．ここで 2 つの点電荷の間隔を $d \equiv |\boldsymbol{d}|$ とすると

$$\left|\boldsymbol{r}\mp\frac{\boldsymbol{d}}{2}\right|^{-3} = \left\{\left(\boldsymbol{r}\mp\frac{\boldsymbol{d}}{2}\right)\cdot\left(\boldsymbol{r}\mp\frac{\boldsymbol{d}}{2}\right)\right\}^{-3/2} = \left(\boldsymbol{r}\cdot\boldsymbol{r}\mp\boldsymbol{r}\cdot\boldsymbol{d}+\frac{1}{4}\boldsymbol{d}\cdot\boldsymbol{d}\right)^{-3/2}$$
$$= \left(r^2\mp\boldsymbol{r}\cdot\boldsymbol{d}+\frac{d^2}{4}\right)^{-3/2} = r^{-3}\left\{1\mp\frac{d}{r}\cos\theta+\frac{1}{4}\left(\frac{d}{r}\right)^2\right\}^{-3/2}$$

となる．ここで $\boldsymbol{d}$ と $\boldsymbol{r}$ のなす角度を θ（図 1.14）とおいた．

この最後の式の右辺で { } 内の第 3 項は第 1, 2 項にくらべ $r \gg d$ のとき

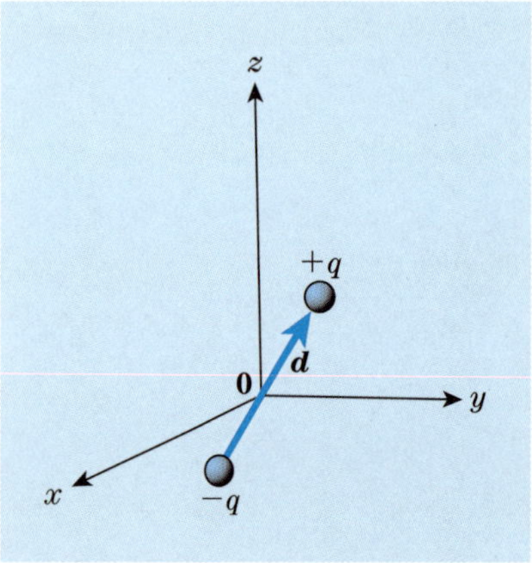

図 1.13　原点にある電気双極子．

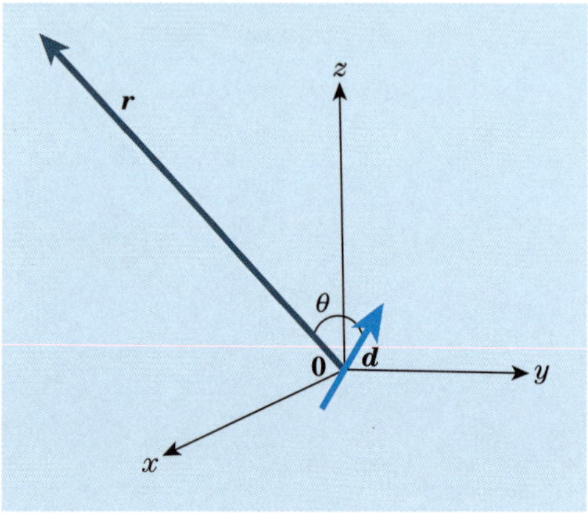

図 1.14　$\boldsymbol{d}$ と位置ベクトル $\boldsymbol{r}$ のなす角度を θ とする．

は十分小さい．よって，このときこの項は無視することができる．さらに x が十分小さいとき，$(1+x)^\alpha \simeq 1+\alpha x$ と近似できることを使うと[†]

$$\left|\boldsymbol{r} \mp \frac{\boldsymbol{d}}{2}\right|^{-3} \simeq r^{-3}\left(1 \mp \frac{d}{r}\cos\theta\right)^{-3/2} \simeq r^{-3}\left(1 \pm \frac{3}{2}\frac{d}{r}\cos\theta\right)$$
$$= r^{-3}\left(1 \pm \frac{3}{2}\frac{\boldsymbol{r}\cdot\boldsymbol{d}}{r^2}\right)$$

を得る．この結果を使うと

$$\boldsymbol{E}(\boldsymbol{r}) \simeq \frac{q}{4\pi\varepsilon_0 r^3}\left\{\left(1+\frac{3}{2}\frac{\boldsymbol{r}\cdot\boldsymbol{d}}{r^2}\right)\left(\boldsymbol{r}-\frac{\boldsymbol{d}}{2}\right)-\left(1-\frac{3}{2}\frac{\boldsymbol{r}\cdot\boldsymbol{d}}{r^2}\right)\left(\boldsymbol{r}+\frac{\boldsymbol{d}}{2}\right)\right\}$$
$$= \frac{q}{4\pi\varepsilon_0 r^3}\left\{\frac{3(\boldsymbol{r}\cdot\boldsymbol{d})}{r^2}\boldsymbol{r}-\boldsymbol{d}\right\} = \frac{1}{4\pi\varepsilon_0}\left\{\frac{3(\boldsymbol{r}\cdot\boldsymbol{p})}{r^5}\boldsymbol{r}-\frac{1}{r^3}\boldsymbol{p}\right\} \tag{1.12}$$

となる．ここで

$$\boldsymbol{p} \equiv q\boldsymbol{d} \tag{1.13}$$

は**電気双極子モーメント**と呼ばれる量である．式 (1.12) の電場の様子を図 1.15 に示す．式 (1.12) は電気双極子が十分遠方で作る電場であり，$1/r^3$ に比例して小さくなる．つまり $1/r^2$ に比例する点電荷の作る電場より遠方で速く小さくなる．電気双極子は全体としては電荷を持たず，正の電荷と負の電荷の位置がずれているために生じる正の電荷と負の電荷の作る電場の差が電気双極子の電場となる．電気双極子から離れるほど，正の電荷と負の電

[†] この近似式は 3.2.2 項〔下欄〕で学ぶテイラー展開を使うとすぐに導くことができる．

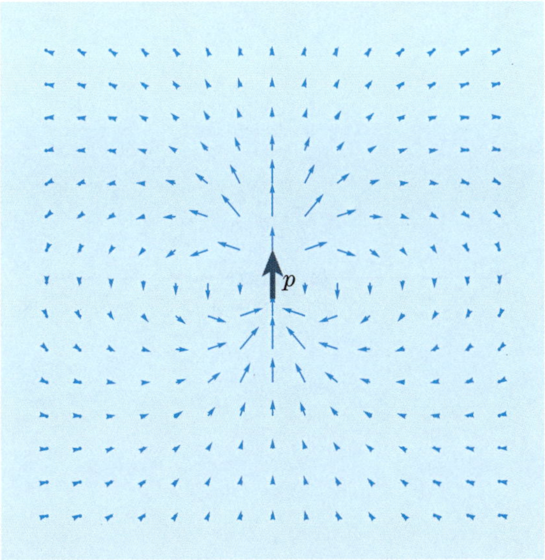

図 1.15　電気双極子モーメント $\boldsymbol{p}$ の周りの $\boldsymbol{p}$ と同じ平面上での電場の様子．

荷の位置のずれはみえにくくなる．このため電気双極子の作る電場は，点電荷の作る電場より遠方で速く小さくなるのである．また電気双極子は電気双極子モーメント $\boldsymbol{p}$ というベクトルで表されるので，$\boldsymbol{p}$ と位置ベクトル $\boldsymbol{r}$ の間の角度に依存する．したがって式 (1.12) には $\boldsymbol{r}$ と $\boldsymbol{p}$ の内積 $\boldsymbol{r}\cdot\boldsymbol{p}$ が現れるのである．これは $\boldsymbol{r}$ と $\boldsymbol{p}$ の間の角度によるので球対称とはならない．

1.2.5 線上の電荷が作る電場

ここまで点電荷を考えてきた．電荷を担う物の大きさが無視でき，かつ 1 個，2 個，$\cdots$ と数えられる場合を考え点電荷として扱ってきたのである．しかし実際の金属などの物質の中で電荷を担うものは電子やイオンである．そして物質中では $10^{-6}\,\mathrm{m}^3 = 1\,\mathrm{cm}^3$ あたり 10^{23} 個程度の電子やイオンが存在する．そのときは 1 つ 1 つの電子やイオンを考えるのではなくもっと粗く物事をみることにして，電荷が空間的に連続的に分布していると考えた方が都合がよい．例えば，水中に浮かぶボールに働く浮力は微視的にみれば 1 つ 1 つの水分子がボールとの衝突のときにボールに与える力の和である．しかし 1 つ 1 つの水分子を考えるよりもある密度を持った連続体である液体としての水とみなし，その圧力を考えた方が便利なのと同じことである．そしてこのときの密度に対応するものが，電荷の場合は**電荷密度**となる．

まず x 軸に平行な太さの無視できるまっすぐな棒が帯電しているとしよう．つまり帯電した直線である．この直線上の電荷の大きさは位置が変われば変わってもよい．直線は x 軸に平行なので，その位置は x 座標で表すことがで

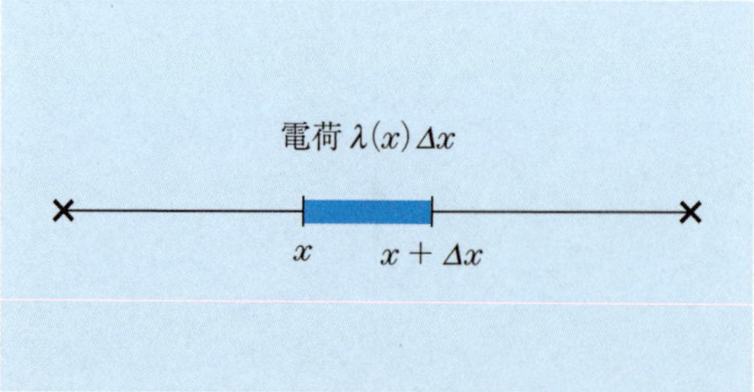

図 1.16 位置 x から $x+\Delta x$ の間にある電荷の大きさは $\lambda(x)\Delta x$ となる．

きる．位置が x から $(x+\Delta x)$ の間にある電荷の大きさは Δx が十分小さければ図 1.16 のように Δx に比例し次のように表されるだろう．

$$\text{位置 } x \text{ から } (x+\Delta x) \text{ の間にある電荷の大きさ} = \lambda(x)\Delta x \tag{1.14}$$

ここで $\lambda(x)$ は[†] **電荷線密度**と呼ばれる量で，位置 x での単位長さあたりの電荷の大きさである．ここで，ある位置の電荷線密度とはその点を中心とした単位長さ（いまの単位系の場合 1 m）の線分の中に実際に存在する電荷の総量ではないことを注意しておく．その点を中心として長さ Δx の短い線分を考え，その中に実際に存在する電荷の総量を ΔQ とするとき，Δx を小さくしていった極限での $\Delta Q/\Delta x$ の大きさがその位置での電荷線密度である．ΔQ を Δx で割っているので，“単位長さあたりの電荷の大きさ” ということになる．電荷の大きさが 1 m よりも短いスケールで空間変化している場合は，“単位長さあたりの電荷の大きさ” とその点を中心として 1 m の線分の中に実際に存在する電荷の総量は異なる．これからも “単位面積あたり” とか “単位体積あたり” という言葉が何度か現れるがすべてこのような意味である．

さて図 1.17 のような x 軸に平行な長さ L の帯電した直線全体が，位置 $\boldsymbol{r}$ に作る電場の大きさを求めよう．そのため図のようにまずこの直線を十分短い N 本の線分に切り分ける．そして，i 番目の短い線分の始点の x 座標を x_i，線分の長さを Δx_i とする．したがって，$\Delta x_i = x_{i+1} - x_i$ である．するとこ

[†] λ はラムダと呼ぶ．

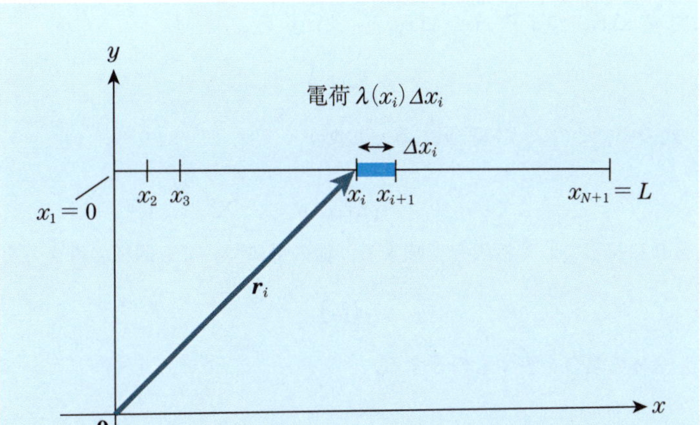

図 1.17　x 軸に平行な電荷を持った直線を長さ Δx_i の微小な線分に分割する．

の i 番目の短い線分が持つ電荷は，その長さが十分短いとしているので近似的に点電荷とみなすことができる．そしてその点電荷の大きさは $\lambda(x_i)\Delta x_i$ となり，この点電荷が位置 $\boldsymbol{r}$ に作る電場 $\boldsymbol{E}_i(\boldsymbol{r})$ は式 (1.9) より

$$\boldsymbol{E}_i(\boldsymbol{r}) = \frac{\lambda(\boldsymbol{r}_i)}{4\pi\varepsilon_0}\frac{\boldsymbol{r}-\boldsymbol{r}_i}{|\boldsymbol{r}-\boldsymbol{r}_i|^3}\Delta x_i \tag{1.15}$$

となる．ここで $\boldsymbol{r}_i = (x_i, y_0, z_0)$ はこの直線上の i 番目の短い線分の位置ベクトルである．x 軸に平行なある線分を考えているので y, z 成分は定数 y_0, z_0 である．線分の持つ電荷全体が位置 $\boldsymbol{r}$ に作る電場は，短い線分の作る電場 (1.15) を式 (1.10) のように足しあわせれば求まる．

$$\boldsymbol{E}(\boldsymbol{r}) = \sum_{i=1}^{N}\boldsymbol{E}_i(\boldsymbol{r}) = \frac{1}{4\pi\varepsilon_0}\sum_{i=1}^{N}\lambda(\boldsymbol{r}_i)\frac{\boldsymbol{r}-\boldsymbol{r}_i}{|\boldsymbol{r}-\boldsymbol{r}_i|^3}\Delta x_i \tag{1.16}$$

$\{\Delta x_i\}$ が短くとも有限ならその線分の持つ電荷を点電荷とみなすことは近似である（〔下欄〕$\{\boldsymbol{\Delta x_i}\}$ **の意味** 参照）．しかし，$\{\Delta x_i\}$ を 0 に持っていく極限をとれば，厳密に点電荷とみなせる．この極限をとれば式 (1.16) は

$$\boldsymbol{E}(\boldsymbol{r}) = \frac{1}{4\pi\varepsilon_0}\lim_{\{\Delta x_i\}\to 0}\sum_{i=1}^{N}\lambda(\boldsymbol{r}_i)\frac{\boldsymbol{r}-\boldsymbol{r}_i}{|\boldsymbol{r}-\boldsymbol{r}_i|^3}\Delta x_i \tag{1.17}$$

となるが，これは積分の定義そのものである．したがって $\boldsymbol{E}(\boldsymbol{r})$ は

$$\begin{aligned}\boldsymbol{E}(\boldsymbol{r}) &= \frac{1}{4\pi\varepsilon_0}\int_0^L \lambda(\boldsymbol{r}')\frac{\boldsymbol{r}-\boldsymbol{r}'}{|\boldsymbol{r}-\boldsymbol{r}'|^3}dx' \\ &= \frac{1}{4\pi\varepsilon_0}\int_{\mathrm{C}} \lambda(\boldsymbol{r}')\frac{\boldsymbol{r}-\boldsymbol{r}'}{|\boldsymbol{r}-\boldsymbol{r}'|^3}dx' \end{aligned}\tag{1.18}$$

$\{\boldsymbol{\Delta x_i}\}$ の意味

この本ではすべての Δx_i，つまり $\Delta x_1, \Delta x_2, \cdots, \Delta x_N$ を

$$\{\Delta x_i\}$$

と書くこととし，式の中でそのように表記する．したがって

$$\lim_{\{\Delta x_i\}\to 0}$$

はすべての Δx_i を 0 に持っていく極限を意味する．他の量についても同様の書き方をする．つまり

$$\{p_i\}$$

は { } の中の量 p_i 全体の集合を表すものとする．

と積分で表すことができる．いまこの直線をCと名付け，上の積分はそのCにそっての積分なので最後の式の積分記号の下に $\int_{\mathrm{C}}$ のようにCを書いた．$\boldsymbol{r}'$ はC上の位置ベクトル $\boldsymbol{r}' = (x', y_0, z_0)$ である．この積分の式で dx' は無限小の長さ $\lim_{\Delta x_i \to 0} \Delta x_i$ を表すものである．

ここまではCは直線であると考えてきた．しかしどんな曲線も十分短く切り分けていけばそれぞれの切り分けられた部分は近似的に短い直線（線分）とみなすことができる．ある曲線Cを考えこれを図1.18のように N 本の微小な長さ Δr_i の線分に切り分けていく．i 番目の短い線分の持つ電荷は $\lambda(\boldsymbol{r}_i)\Delta r_i$ だから，曲線Cの持つ電荷全体が位置 $\boldsymbol{r}$ に作る電場は直線のときと同様に

$$\boldsymbol{E}(\boldsymbol{r}) = \frac{1}{4\pi\varepsilon_0}\sum_{i=1}^{N}\lambda(\boldsymbol{r}_i)\frac{\boldsymbol{r}-\boldsymbol{r}_i}{|\boldsymbol{r}-\boldsymbol{r}_i|^3}\Delta r_i \tag{1.19}$$

となる．ここで $\{\Delta r_i\}$ が有限なら，曲線を短く切り分けた部分を線分とみなすことは近似である．しかしすべての Δr_i を0に持っていく極限をとれば，厳密になる．この極限をとると式(1.19)も積分で表すことができる．

$$\begin{aligned}\boldsymbol{E}(\boldsymbol{r}) &= \frac{1}{4\pi\varepsilon_0}\lim_{\{\Delta r_i\}\to 0}\sum_{i=1}^{N}\lambda(\boldsymbol{r}_i)\frac{\boldsymbol{r}-\boldsymbol{r}_i}{|\boldsymbol{r}-\boldsymbol{r}_i|^3}\Delta r_i \\ &= \frac{1}{4\pi\varepsilon_0}\int_{\mathrm{C}}\lambda(\boldsymbol{r}')\frac{\boldsymbol{r}-\boldsymbol{r}'}{|\boldsymbol{r}-\boldsymbol{r}'|^3}dr' \end{aligned}\tag{1.20}$$

最後の式で $\boldsymbol{r}'$ は曲線C上の位置ベクトル，dr' はC上の無限小の長さ $\lim_{\Delta r_i \to 0} \Delta r_i$ を表すものである．Cは直線でも構わない．このような直線や曲

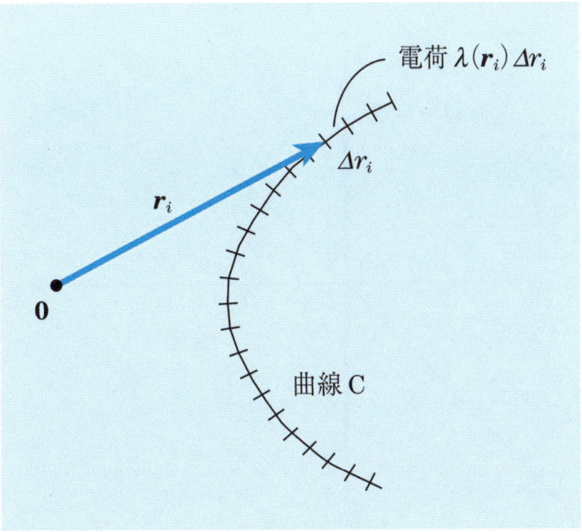

図1.18 曲線Cを微小な長さ Δr_i の線分に切り分けていく．

線にそっての積分を**線積分**という．式 (1.20) ではベクトルを線積分している．

例題 1.1 図 1.19 のように一様な電荷線密度 λ_0 の電荷を持つ無限に長い太さの無視できる棒が z 軸上にある．この周りの電場を求めよ．

解答 電荷は z 軸上にあるので電場を求める線積分，式 (1.20) は z 軸上で $-\infty$ から $+\infty$ まで行えばよい．電荷線密度 $\lambda(\boldsymbol{r}) = \lambda_0$ であるから，位置 $\boldsymbol{r} = (x, y, z)$ での電場の x 成分は

$$E_x(\boldsymbol{r}) = \frac{1}{4\pi\varepsilon_0}\int_{\mathrm{C}} \lambda(\boldsymbol{r}')\frac{(\boldsymbol{r}-\boldsymbol{r}')_x}{|\boldsymbol{r}-\boldsymbol{r}'|^3}dr'$$
$$= \frac{\lambda_0}{4\pi\varepsilon_0}\int_{-\infty}^{\infty}\frac{x}{[x^2+y^2+(z-z')^2]^{3/2}}dz' \tag{1.21a}$$

となる．y, z 成分も同様に

$$E_y(\boldsymbol{r}) = \frac{\lambda_0}{4\pi\varepsilon_0}\int_{-\infty}^{\infty}\frac{y}{[x^2+y^2+(z-z')^2]^{3/2}}dz' \tag{1.21b}$$

$$E_z(\boldsymbol{r}) = \frac{\lambda_0}{4\pi\varepsilon_0}\int_{-\infty}^{\infty}\frac{z-z'}{[x^2+y^2+(z-z')^2]^{3/2}}dz' \tag{1.21c}$$

と表される．ここで，積分は z 軸上で行うので $\boldsymbol{r}' = (0, 0, z')$, $dr' = dz'$ であることを使った．

ここでまず x の正の軸上での電場を計算してみよう．すると $R > 0$ として $\boldsymbol{r} = (R, 0, 0)$ とおけるので，式 (1.21b) で $y = 0$ より $E_y(\boldsymbol{r}) = 0$ となる．よって式 (1.21) は

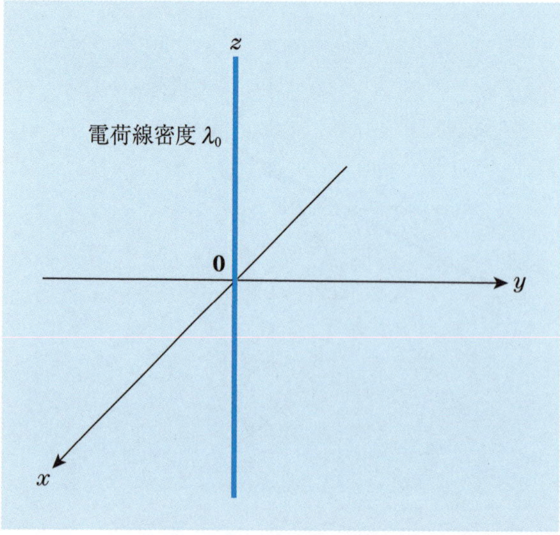

図 1.19 z 軸上に電荷線密度 λ_0 で分布した直線電荷．

$$E_x(\boldsymbol{r}) = \frac{\lambda_0 R}{4\pi\varepsilon_0}\int_{-\infty}^{\infty}\frac{1}{(x^2+z'^2)^{3/2}}dz'$$

$$E_y(\boldsymbol{r}) = 0$$

$$E_z(\boldsymbol{r}) = \frac{\lambda_0}{4\pi\varepsilon_0}\int_{-\infty}^{\infty}\frac{-z'}{(x^2+z'^2)^{3/2}}dz'$$

となる．上の式の $E_z(\boldsymbol{r})$ の被積分関数[†]は z' について奇関数[††]となるので，z' の $-\infty$ から ∞ への積分で消えてしまう．有限に残るのは $E_x(\boldsymbol{r})$ だけで次のように表される．

$$E_x(\boldsymbol{r}) = \frac{\lambda_0 R}{4\pi\varepsilon_0}\int_{-\infty}^{\infty}\frac{1}{(R^2+z'^2)^{3/2}}dz'$$

ここで $R>0$ とし，図 1.20 のように

$$z' = R\tan\theta$$

とおいて置換積分をしよう．このとき

$$dz' = \frac{R}{\cos^2\theta}d\theta$$

であり，z' の積分範囲 $(-\infty, +\infty)$ は θ では積分範囲 $\left(-\frac{\pi}{2}, \frac{\pi}{2}\right)$ となるので $E_x(\boldsymbol{r}), E_y(\boldsymbol{r}), E_z(\boldsymbol{r})$ は

[†]積分の中に入っていて，積分される関数．

[††]$f(-x) = -f(x)$ のように変数の符号を変えると関数の符号が変わる関数．

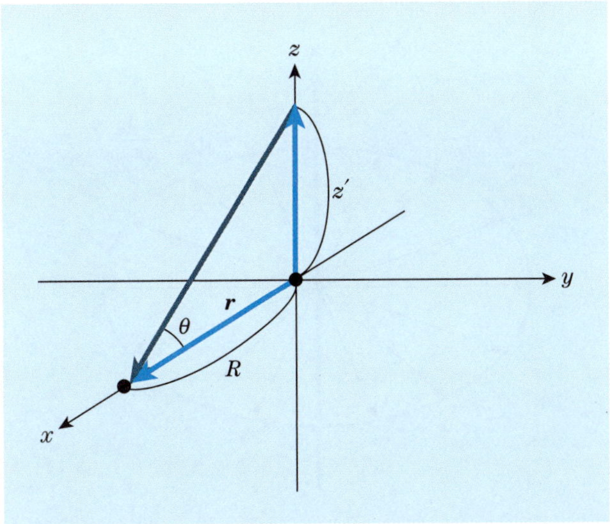

図 1.20　$x=R$ の正の x 軸上での電場を計算する．そして $z'=R\tan\theta$ とおく．

$$
\begin{aligned}
E_x(\boldsymbol{r}) &= \frac{\lambda_0 R}{4\pi\varepsilon_0}\int_{-\pi/2}^{\pi/2}\frac{1}{R^3(1+\tan^2\theta)^{3/2}}\frac{R}{\cos^2\theta}d\theta \\
&= \frac{\lambda_0 R}{4\pi\varepsilon_0}\int_{-\pi/2}^{\pi/2}\frac{1}{R^2}\cos^3\theta\frac{1}{\cos^2\theta}d\theta \\
&= \frac{\lambda_0}{4\pi\varepsilon_0 R}\int_{-\pi/2}^{\pi/2}\cos\theta d\theta = \frac{\lambda_0}{4\pi\varepsilon_0 R}[\sin\theta]_{-\pi/2}^{\pi/2} \\
&= \frac{\lambda_0}{2\pi\varepsilon_0 R} \\
E_y(\boldsymbol{r}) &= 0 \\
E_z(\boldsymbol{r}) &= 0
\end{aligned}
\tag{1.22}
$$

となる．

これより電場 $\boldsymbol{E}(\boldsymbol{r})$ は正の x 軸上では x の正の方向を向いていることがわかる．さて，x 軸は z 軸に直交さえしていればどのように選んでも構わない．どのように選ぼうと，上で求めた電場 (1.22) があるのである．したがって，電場の方向は図 1.21 のように z 軸を中心として円対称†の形となり，その大きさは z 軸からの距離を R として $E(\boldsymbol{r}) = \dfrac{\lambda_0}{2\pi\varepsilon_0 R}$ となる．$R = \sqrt{x^2+y^2}$ だから，ベクトルで表せば

$$
\boldsymbol{E}(\boldsymbol{r}) = \frac{\lambda_0}{2\pi\varepsilon_0 R}\frac{(x,y,0)}{R} = \frac{\lambda_0(x,y,0)}{2\pi\varepsilon_0\,(x^2+y^2)} \tag{1.23}
$$

となる．

†ある量の様子が，ある軸を中心としてその軸に直交する面内で 360 度どちらをみても同じであるなら，その量はその軸の周りで円対称であるという．

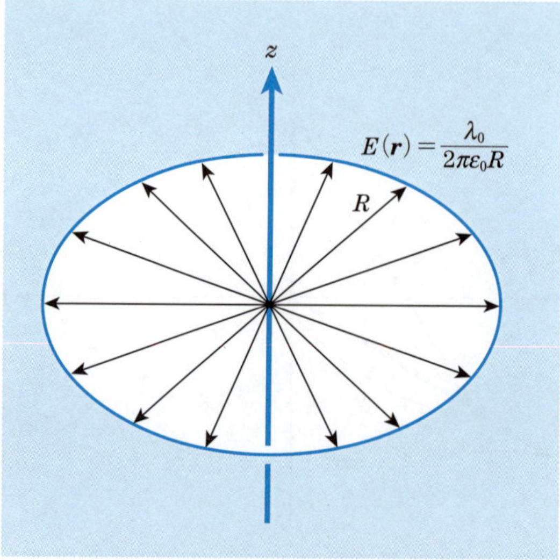

図 1.21　直線電荷の作る電場．

1.2.6　面上の電荷が作る電場

次に厚さの無視できる平らな板が帯電している場合を考えよう．厚さの無視できる板は面である．ここで図 1.22 のようにこの面の一部で 4 辺が x，または y 軸に平行で微小な長方形を考える．そしてこの微小な長方形の左奥の点を $\boldsymbol{r} = (x, y, 0)$ とし†，x, y 軸に平行な 2 辺の長さをそれぞれ $\Delta x, \Delta y$ とすると，面積は $\Delta x \Delta y$ となる．この微小な長方形上にある電荷の大きさは $\Delta x, \Delta y$ が十分小さければ面積 $\Delta x \Delta y$ に比例し次のように表されるだろう．

$$\text{面積}\,\Delta x \Delta y\,\text{の微小な長方形上の電荷の大きさ} = \sigma(\boldsymbol{r})\Delta x \Delta y \qquad (1.24)$$

ここで $\sigma(\boldsymbol{r}) = \sigma(x, y, z)$ は†† **電荷面密度**と呼ばれる量で，位置 $\boldsymbol{r} = (x, y, z)$ での “単位面積あたりの電荷” の大きさである．“単位面積あたりの電荷” とは，電荷線密度のところで出てきた “単位長さあたりの電荷” と同じ意味であることを注意しておこう．つまり位置 $\boldsymbol{r}$ にある面積 $\Delta x \Delta y$ の微小な長方形上に存在する電荷の総量を ΔQ とするとき，$\Delta x, \Delta y$ を小さくしていった極限での $\dfrac{\Delta Q}{\Delta x \Delta y}$ の大きさがその位置での電荷面密度である．

† $(x, y, 0)$ を左奥の頂点とする，と書いたが，それを長方形の 4 つの頂点のうちどの頂点としても，あるいは (x, y) を微小な長方形の中心としても結果は変わらない．以下でみるように，どのみち $\Delta x, \Delta y$ を小さくしていった極限を考えるからである．

†† σ はシグマと呼ぶ．

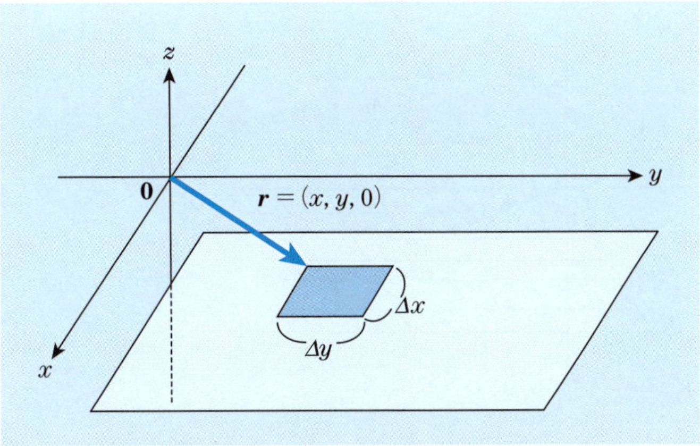

図 1.22　2 辺の長さが Δx, Δy の微小な長方形上の電荷は $\sigma(\boldsymbol{r})\Delta x \Delta y$ となる．

さて図 1.23 のような原点を 1 つの頂点とし，長さ L, L' の 2 辺が x，および y 軸上にある長方形上の電荷全体が位置 $\boldsymbol{r}$ に作る電場の大きさを求めよう．そのためにまずこの長方形を図のように x 軸方向，y 軸方向にそれぞれ十分細かく切り分け，できた微小な長方形のうち，x 軸方向に i 番目，y 軸方向に j 番目の微小な長方形を (i,j) 番目の長方形と呼ぶことにする．(i,j) 番目の微小な長方形の左奥の頂点の位置を $\boldsymbol{r}_{i,j} = (x_i, y_j, 0)$ とすると，x, y 方向の辺の長さは $\Delta x_i = x_{i+1} - x_i, \Delta y_j = y_{j+1} - y_j$ となる．いま切り分けてできた長方形は十分小さいとしているので，それぞれは近似的に点電荷とみなすことができる．そしてその点電荷の大きさは $\sigma(x_i, y_j, 0)\Delta x_i \Delta y_j$ となり，この (i,j) 番目の点電荷が位置 $\boldsymbol{r}$ に作る電場 $\boldsymbol{E}_{i,j}(\boldsymbol{r})$ は式 (1.9) より

$$\boldsymbol{E}_{i,j}(\boldsymbol{r}) = \frac{\sigma(\boldsymbol{r}_{i,j})}{4\pi\varepsilon_0} \frac{\boldsymbol{r} - \boldsymbol{r}_{i,j}}{|\boldsymbol{r} - \boldsymbol{r}_{i,j}|^3} \Delta x_i \Delta y_j \tag{1.25}$$

となる．長方形上の電荷全体が位置 $\boldsymbol{r}$ に作る電場は，微小な長方形が作る電場 (1.25) を式 (1.10) のように足しあわせれば求まる．

$$\boldsymbol{E}(\boldsymbol{r}) = \sum_{i,j} \boldsymbol{E}_{i,j} = \frac{1}{4\pi\varepsilon_0} \sum_{i=1}^{N} \sum_{j=1}^{M} \sigma(\boldsymbol{r}_{i,j}) \frac{\boldsymbol{r} - \boldsymbol{r}_{i,j}}{|\boldsymbol{r} - \boldsymbol{r}_{i,j}|^3} \Delta x_i \Delta y_j \tag{1.26}$$

$\{\Delta x_i\}, \{\Delta y_j\}$ が小さくとも有限の間は，その微小な長方形の持つ電荷を点電荷とみなすことは近似である．しかし $\{\Delta x_i\}, \{\Delta y_j\}$ を 0 に持っていく極限をとれば厳密に点電荷とみなせる．式 (1.26) で $\{\Delta x_i\}, \{\Delta y_j\}$ を 0 に持っていく極限をとると

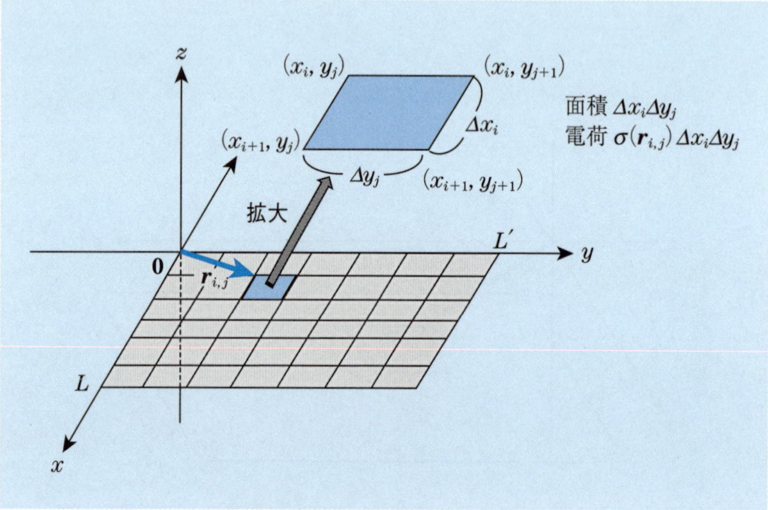

図 1.23　2 辺が x, y 軸に平行で長さが L, L' の長方形を 2 辺の長さが Δx_i, Δy_j の微小な長方形に分割する．

$$\boldsymbol{E}(\boldsymbol{r}) = \frac{1}{4\pi\varepsilon_0} \lim_{\{\Delta x_i\}\to 0} \lim_{\{\Delta y_j\}\to 0} \sum_{i=1}^{N} \sum_{j=1}^{M} \sigma(\boldsymbol{r}_{i,j}) \frac{\boldsymbol{r}-\boldsymbol{r}_{i,j}}{|\boldsymbol{r}-\boldsymbol{r}_{i,j}|^3} \Delta x_i \Delta y_j \tag{1.27}$$

となる．このとき，“Δx_i についての和とそれらを 0 に持っていく極限” と “Δy_i についての和とそれらを 0 に持っていく極限” は独立にとることができる．したがって，“Δy_i についての和とそれらを 0 に持っていく極限” を先にとることにすれば上の式は

$$\frac{1}{4\pi\varepsilon_0} \lim_{\{\Delta x_i\}\to 0} \sum_{i=1}^{N} \left\{ \lim_{\{\Delta y_j\}\to 0} \sum_{j=1}^{M} \sigma(\boldsymbol{r}_{i,j}) \frac{\boldsymbol{r}-\boldsymbol{r}_{i,j}}{|\boldsymbol{r}-\boldsymbol{r}_{i,j}|^3} \Delta y_j \right\} \Delta x_i \tag{1.28}$$

と変形することができる．ここで，$\lim_{\{\Delta y_j\}\to 0} \sum_{j=1}^{M} \{\cdots\} \Delta y_j$ は y' についての積分 $\int_0^{L'} dy'$，$\lim_{\{\Delta x_i\}\to 0} \sum_{i=1}^{N} \{\cdots\} \Delta x_i$ は x' についての積分 $\int_0^{L} dx'$ となることは，積分の定義からわかるだろう．よって

$$\boldsymbol{E}(\boldsymbol{r}) = \frac{1}{4\pi\varepsilon_0} \int_0^{L} dx' \int_0^{L'} dy' \sigma(\boldsymbol{r}') \frac{\boldsymbol{r}-\boldsymbol{r}'}{|\boldsymbol{r}-\boldsymbol{r}'|^3} \tag{1.29}$$

となる．ここで，$\boldsymbol{r}' = (x', y', 0)$ である．この式では x' についての積分と y' についての積分を 2 重に行っている．このように 2 つの変数についての 2 重の積分を **2 重積分**という．一般に 2 つ以上の変数についての多重の積分を

クーロンの業績

クーロンは産業革命の時代のフランスの科学者であり，軍人である．彼の業績としてはここに出てきた電磁気学のクーロンの法則とともに，摩擦の研究が挙げられる．今日，高校の物理の教科書にも登場する摩擦の法則

(1) 摩擦力は見かけの接触面積に依存しない

(2) 摩擦力は荷重に比例する

(3) 動摩擦力は最大静摩擦力より小さく速度に依存しない

のうち，(1), (2) はダ・ヴィンチ (Da Vinci) により最初，発見されたが，その後の歴史の中で忘れられた．産業革命の時代の要請を受けアモントン (Amontons) とクーロンによって動摩擦の振る舞いまで含めて上のような形で（再）発見された．そのため今日では上記の摩擦の法則はアモントン-クーロンの法則と呼ばれる．ちなみにクーロンの摩擦の論文をみると実験結果はすべて数値の表で示してあり，グラフは 1 つも登場しない．印刷技術による制限のためであろうか？

多重積分という．式 (1.27) で “Δx_i についての和とそれらを 0 に持っていく極限” と “Δy_i についての和とそれらを 0 に持っていく極限” はどちらを先に行っても結果は同じであるから，式 (1.29) で x' についての積分と y' についての積分はどちらを先に行っても結果は同じである．

式 (1.26) で $\Delta x_i \Delta y_j$ は微小な長方形の面積要素である．これを $\Delta S_{i,j}$ とおこう．するとこの式は

$$\boldsymbol{E}(\boldsymbol{r}) = \frac{1}{4\pi\varepsilon_0}\sum_{i,j}\sigma(\boldsymbol{r}_{i,j})\frac{\boldsymbol{r}-\boldsymbol{r}_{i,j}}{|\boldsymbol{r}-\boldsymbol{r}_{i,j}|^3}\Delta S_{i,j} \tag{1.30}$$

となる．ここで，すべての $\Delta S_{i,j}$ を 0 に持っていく極限をとれば $\boldsymbol{E}(\boldsymbol{r})$ は

$$\begin{aligned}\boldsymbol{E}(\boldsymbol{r}) &= \frac{1}{4\pi\varepsilon_0}\lim_{\{\Delta S_{i,j}\}\to 0}\sum_{i,j}\sigma(\boldsymbol{r}_{i,j})\frac{\boldsymbol{r}-\boldsymbol{r}_{i,j}}{|\boldsymbol{r}-\boldsymbol{r}_{i,j}|^3}\Delta S_{i,j} \\ &= \frac{1}{4\pi\varepsilon_0}\int_{\mathrm{S}}\sigma(\boldsymbol{r}')\frac{\boldsymbol{r}-\boldsymbol{r}'}{|\boldsymbol{r}-\boldsymbol{r}'|^3}dS' \end{aligned} \tag{1.31}$$

と表すことができる†．ここで

$$dS' = \lim_{\Delta S_{i,j}\to 0}\Delta S_{i,j} = \lim_{\Delta x_i,\Delta y_j\to 0}\Delta x_i \Delta y_j = dx'dy'$$

† この本では式 (1.29) のように積分変数が複数，例えば $dx\,dy$ のようにつくときは積分記号も複数書いて $\iint dx\,dy$ のように表す．しかし，式 (1.31) のように面積分でも後で出てくる体積分でも積分変数が dS, dV のように 1 つのときは積分記号も 1 つとし，$\int dS$, $\int dV$ のように表す．

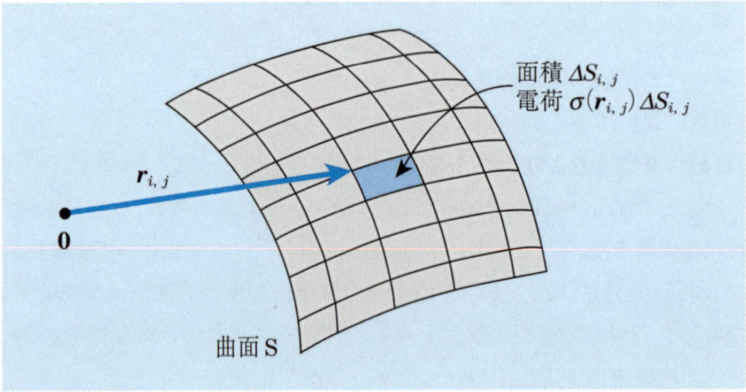

図 1.24　曲面 S を面積 $\Delta S_{i,j}$ の微小な長方形に分割していく．

は無限小の面積要素である．このように無限小の面積要素 dS' についての積分を**面積分**または**面積積分**という．これは式 (1.29) の 2 重積分と同じものである．ここで xy 平面上の $L \times L'$ の長方形を S と名付け，上の積分はその S にわたっての積分なので最後の式の積分記号の下に $\int_{\mathrm{S}}$ のように S を書いた．

ここまでは面 S は平面であると考えてきた．しかしどんな曲面も十分小さく切り分けていけば，それぞれの切り分けられた部分は近似的に微小な長方形とみなすことができる．ある曲面 S を考え，これを図 1.24 のように面積 $\Delta S_{i,j}$ の微小な長方形に分割していく．(i,j) 番目の微小な長方形が持つ電荷の大きさは $\sigma(\boldsymbol{r}_{i,j})\Delta S_{i,j}$ である．この電荷が作る電場をすべての $\Delta S_{i,j}$ について加えあわせれば，S 上での全電荷が作る電場が求まる．その電場はやはり式 (1.30) で表される．そしてすべての $\Delta S_{i,j}$ を 0 に持っていく極限をとれば，この分割は厳密になる．この極限をとったとき $\Delta S_{i,j}$ についての和は dS' についての曲面 S にわたっての積分となり，このときも式 (1.31) を得る．このように考えれば，式 (1.31) はどんな曲面上に分布した電荷が作る電場に対しても成り立つことがわかるだろう．ただし S が一般の曲面の場合，式 (1.29) のような x' と y' の 2 重積分では表すことはできない．しかしこのときも S 上で適当な座標系を設定することにより 2 重積分で表すことができる．

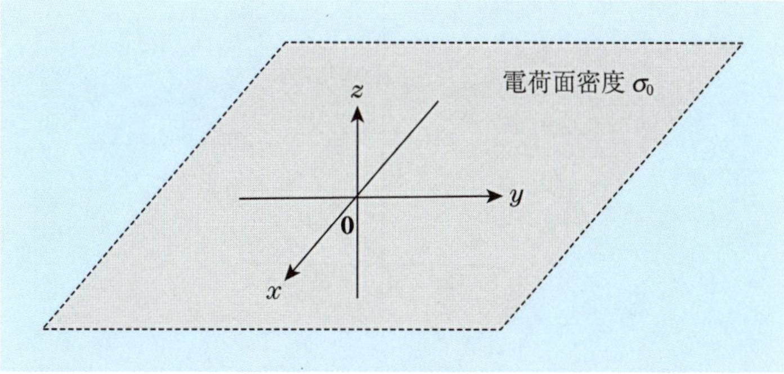

図 1.25　xy 平面上に一様な電荷面密度 σ_0 で分布した面電荷．

例題 1.2 図 1.25（前頁）のように xy 平面上に一様な電荷面密度 σ_0 で分布した無限に広い面電荷がある．この周りの電場を求めよ．

解答 電荷は xy 平面上全体にあるので式 (1.29) で積分は x', y' それぞれについて $-\infty$ から $+\infty$ まで行えばよい．電荷面密度 $\sigma(\boldsymbol{r}) = \sigma_0$ であるから，電場の x 成分は

$$E_x(\boldsymbol{r}) = \frac{1}{4\pi\varepsilon_0}\int_{\mathrm{S}} \sigma(\boldsymbol{r}')\frac{(\boldsymbol{r}-\boldsymbol{r}')_x}{|\boldsymbol{r}-\boldsymbol{r}'|^3}dS'$$

$$= \frac{\sigma_0}{4\pi\varepsilon_0}\int_{-\infty}^{\infty}\int_{-\infty}^{\infty} dx'dy' \frac{x-x'}{\{(x-x')^2+(y-y')^2+z^2\}^{3/2}} \tag{1.32a}$$

となる．y, z 成分も同様に

$$E_y(\boldsymbol{r}) = \frac{\sigma_0}{4\pi\varepsilon_0}\int_{-\infty}^{\infty}\int_{-\infty}^{\infty} dx'dy' \frac{y-y'}{\{(x-x')^2+(y-y')^2+z^2\}^{3/2}} \tag{1.32b}$$

$$E_z(\boldsymbol{r}) = \frac{\sigma_0}{4\pi\varepsilon_0}\int_{-\infty}^{\infty}\int_{-\infty}^{\infty} dx'dy' \frac{z}{\{(x-x')^2+(y-y')^2+z^2\}^{3/2}} \tag{1.32c}$$

となる．ここで電荷は xy 平面内に無限の広さで分布しているので，z 座標が同じすべての点は x, y 座標が異なっても等価であり，xy 平面に平行な 1 つの面の上では電場はどこでも同じとなる．つまり $\boldsymbol{r} = (0, 0, z)$ と $\boldsymbol{r} = (x, y, z)$ での電場は等しい（図 1.26）．このことは位置 $\boldsymbol{r} = (x, y, z)$ での電場 $\boldsymbol{E}(\boldsymbol{r})$ を求める上の面積分の式 (1.32) で $x' - x$ を x'，$y' - y$ を y' と変数変換すれば，それは位置 $\boldsymbol{r} = (0, 0, z)$ での電場 $\boldsymbol{E}(\boldsymbol{r})$ を求める式と同じになることからもわかる．よって $\boldsymbol{r} = (0, 0, z)$ の電場を計算すれば十分である．このとき式 (1.32) は

$$E_x(\boldsymbol{r}) = \frac{\sigma_0}{4\pi\varepsilon_0}\int_{-\infty}^{\infty}\int_{-\infty}^{\infty} dx'dy' \frac{-x'}{(x'^2+y'^2+z^2)^{3/2}} \tag{1.33a}$$

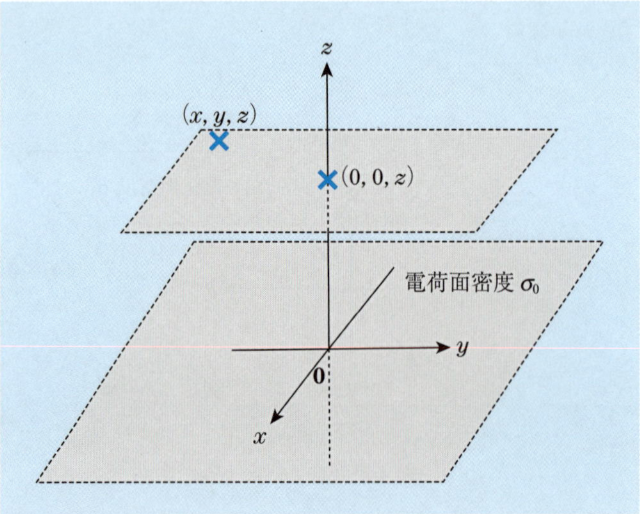

図 1.26 xy 平面に平行なある面の上ではどの点も等価であり，$\boldsymbol{r} = (0, 0, z)$ と $\boldsymbol{r} = (x, y, z)$ での電場は等しい．

$$E_y(\boldsymbol{r}) = \frac{\sigma_0}{4\pi\varepsilon_0}\int_{-\infty}^{\infty}\int_{-\infty}^{\infty} dx'dy' \frac{-y'}{(x'^2+y'^2+z^2)^{3/2}} \tag{1.33b}$$

$$E_z(\boldsymbol{r}) = \frac{\sigma_0 z}{4\pi\varepsilon_0}\int_{-\infty}^{\infty}\int_{-\infty}^{\infty} dx'dy' \frac{1}{(x'^2+y'^2+z^2)^{3/2}} \tag{1.33c}$$

となるが，式 (1.33a), (1.33b) より明らかなように $E_x(\boldsymbol{r}), E_y(\boldsymbol{r})$ はそれぞれ x', y' の奇関数であり，x'または y' の $-\infty$ から ∞ への積分で消えてしまう．有限に残るのは $E_z(\boldsymbol{r})$ だけである．この積分は xy 平面全体にわたっての面積分である．これを実行するのために xy 平面を原点からの距離が R で幅が dR の輪に分ける．$x'^2 + y'^2 = R^2$ なので，被積分関数は R と z だけの関数となる．図 1.27 のように輪の面積は $2\pi R dR$ なので，上の x'と y' についての $-\infty$ から ∞ までの積分は次のように R についての 0 から ∞ までの積分に直すことができる．

$$\begin{aligned} E_z(\boldsymbol{r}) &= \frac{\sigma_0 z}{4\pi\varepsilon_0}\int_{-\infty}^{\infty}\int_{-\infty}^{\infty} dx'dy' \frac{1}{(x'^2+y'^2+z^2)^{3/2}} \\ &= \frac{\sigma_0 z}{4\pi\varepsilon_0}\int_0^{\infty} 2\pi R dR \frac{1}{(R^2+z^2)^{3/2}} \end{aligned} \tag{1.34}$$

ここで $R = |z|\tan\theta$ とおいて置換積分をしよう．$dR = \dfrac{|z|}{\cos^2\theta}d\theta$ であり，θ についての積分範囲は 0 から$\pi/2$ となるので，$E_x(\boldsymbol{r}), E_y(\boldsymbol{r}), E_z(\boldsymbol{r})$ は

$$E_x(\boldsymbol{r}) = 0$$

$$E_y(\boldsymbol{r}) = 0$$

$$\begin{aligned} E_z(\boldsymbol{r}) &= \frac{\sigma_0 z}{2\varepsilon_0}\int_0^{\pi/2} \frac{1}{|z|^3(1+\tan^2\theta)^{3/2}}|z|\tan\theta\frac{|z|d\theta}{\cos^2\theta} \\ &= \frac{\sigma_0 z}{2\varepsilon_0 |z|}\int_0^{\pi/2}\sin\theta d\theta = \frac{\sigma_0}{2\varepsilon_0}\frac{z}{|z|} \end{aligned} \tag{1.35}$$

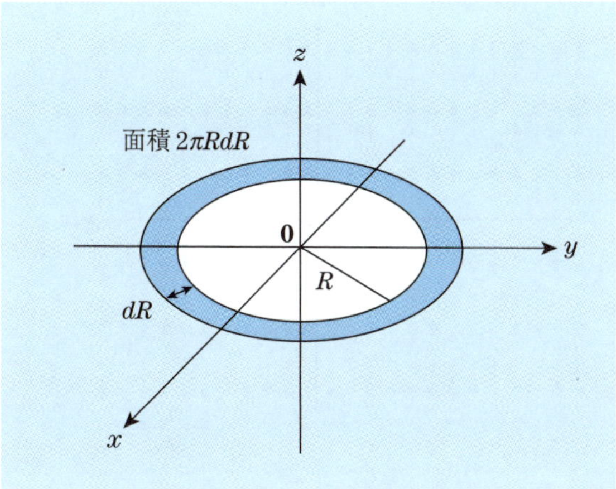

図 1.27　xy 平面を原点からの距離が R で幅が dR の輪に分ける．

となる．ベクトルで表すと

$$\boldsymbol{E}(\boldsymbol{r}) = \frac{\sigma_0}{2\varepsilon_0}\left(0, 0, \frac{z}{|z|}\right) \tag{1.36}$$

である．これより xy 平面の上 $(z > 0)$ と下 $(z < 0)$ で電場の向きは逆になることがわかる．さらに上の式から無限に広がる平面上に分布した電荷の作る電場の大きさは位置にはよらないこともわかる．このときの電場の様子を図 1.28 に示す． ■

1.2.7 3 次元空間のある領域に分布した電荷が作る電場

さてこの章の最後に 3 次元空間のある領域に分布した電荷が作る電場を調べよう．まず簡単のために図 1.29 のように 3 つの辺が x, y，または z 軸と平行な直方体が電荷を持っているとする．この直方体上の電荷の大きさは位置が変われば変わってもよい．この直方体の一部で左下奥の点を $\boldsymbol{r} = (x, y, z)$ とし x, y, z 軸に平行な辺の長さをそれぞれ $\Delta x, \Delta y, \Delta z$ とする体積 $\Delta x \Delta y \Delta z$ の微小な直方体を考える[†]．この微小な直方体内にある電荷の大きさは $\Delta x, \Delta y, \Delta z$ が十分小さければ体積 $\Delta x \Delta y \Delta z$ に比例し次のように表されるだろう．

$$\text{体積}\,\Delta x \Delta y \Delta z\,\text{の微小な直方体内の電荷の大きさ} = \rho(\boldsymbol{r})\Delta x \Delta y \Delta z \tag{1.37}$$

[†] ここでも (x, y, z) を左下奥の頂点としても他の頂点としても，あるいは微小な立方体の中心としても結果は変わらない．どのみち $\Delta x, \Delta y, \Delta z$ を小さくしていった極限を考えるからである．

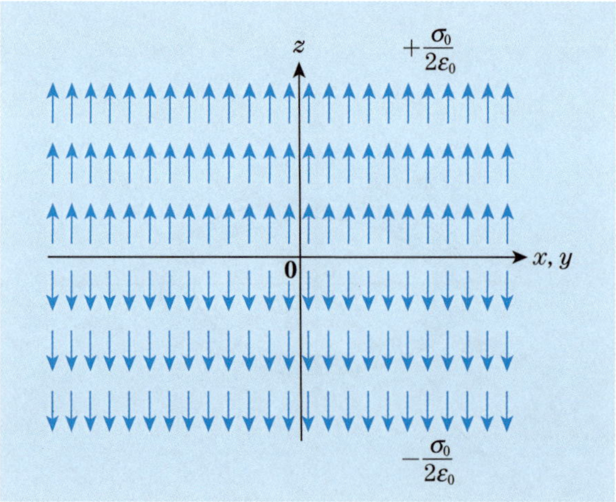

図 1.28 xy 平面内の一様な面電荷が作る電場．z 軸に垂直な方向からみた図．電場の向きは xy 平面の上下で逆だが，大きさは xy 平面からの距離によらない．

ここで $\rho(\boldsymbol{r}) = \rho(x, y, z)$ は† **電荷密度**と呼ばれる量で，位置 $\boldsymbol{r} = (x, y, z)$ での単位体積あたりの電荷の大きさである．ここで“単位体積あたりの電荷”とは，電荷線密度，電荷面密度と同様に位置 $\boldsymbol{r} = (x, y, z)$ にある体積 $\Delta x \Delta y \Delta z$ の微小な直方体内に存在する電荷の総量を ΔQ とするとき，$\Delta x, \Delta y, \Delta z$ を小さくしていった極限での $\Delta Q/(\Delta x \Delta y \Delta z)$ の大きさである．

図 1.30（次頁）のような 3 辺が L, L', L'' の直方体内の電荷全体が位置 $\boldsymbol{r}$ に作る電場の大きさを求めよう．そのためにまずこの立方体を図のように x 軸方向に N 個，y 軸方向に M 個，z 軸方向に K 個に，十分細かく切り分ける．そうしてできた $N \times M \times K$ 個の微小な立方体のうち，x 軸方向に i 番目，y 軸方向に j 番目，z 軸方向に k 番目の微小な直方体を (i, j, k) 番目の直方体と呼ぶことにする．そして (i, j, k) 番目の微小な直方体の左下奥の頂点を (x_i, y_j, z_k) とすると，x, y, z 方向の辺の長さは

$$\Delta x_i = x_{i+1} - x_i, \quad \Delta y_j = y_{j+1} - y_j, \quad \Delta z_k = z_{k+1} - z_k$$

となる．するとこの (i, j, k) 番目の微小な直方体が持つ電荷は，その直方体は十分小さいとしているので，近似的に点電荷とみなすことができる．そしてその点電荷の大きさは $\rho(x_i, y_j, z_k)\Delta x_i \Delta y_j \Delta z_k$ となり，この (i, j, k) 番目の点電荷が位置 $\boldsymbol{r}$ に作る電場 $\boldsymbol{E}_{i,j,k}(\boldsymbol{r})$ は式 (1.9) より

$$\boldsymbol{E}_{i,j,k}(\boldsymbol{r}) = \frac{\rho(\boldsymbol{r}_{i,j,k})}{4\pi\varepsilon_0} \frac{\boldsymbol{r} - \boldsymbol{r}_{i,j,k}}{|\boldsymbol{r} - \boldsymbol{r}_{i,j,k}|^3} \Delta x_i \Delta y_j \Delta z_k \tag{1.38}$$

† ρ はローと呼ぶ．

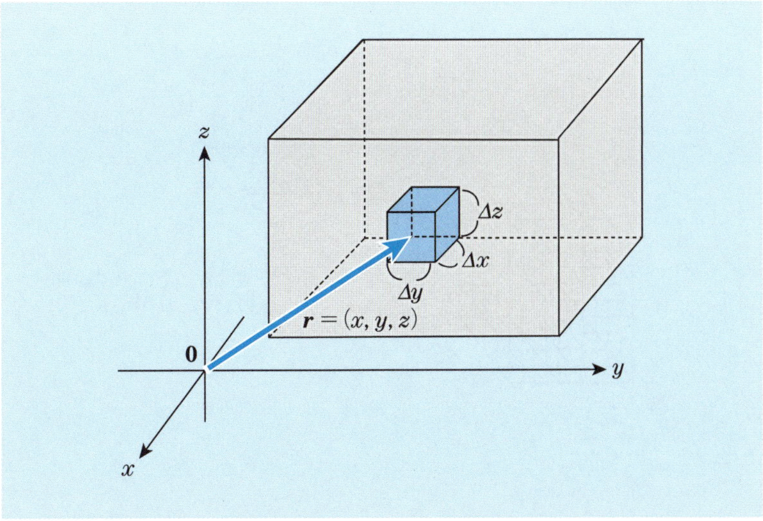

図 1.29　3 辺が長さが $\Delta x, \Delta y, \Delta z$ の微小な直方体の中の電荷は $\rho(\boldsymbol{r})\Delta x \Delta y \Delta z$ である．

で与えられる．ここで，$\boldsymbol{r}_{i,j,k} = (x_i, y_j, z_k)$ は (i,j,k) 番目の微小な直方体の左下奥の頂点の位置ベクトルである．体積 $L \times L' \times L''$ の直方体上の電荷全体が位置 $\boldsymbol{r}$ に作る電場は，上の微小な直方体が作る電場を式 (1.10) のように足しあわせれば求まる．

$$\begin{aligned}\boldsymbol{E}(\boldsymbol{r}) &= \sum_{i=1}^{N}\sum_{j=1}^{M}\sum_{k=1}^{K}\boldsymbol{E}_{i,j,k} \\ &= \frac{1}{4\pi\varepsilon_0}\sum_{i=1}^{N}\sum_{j=1}^{M}\sum_{k=1}^{K}\rho(\boldsymbol{r}_{i,j,k})\frac{\boldsymbol{r}-\boldsymbol{r}_{i,j,k}}{|\boldsymbol{r}-\boldsymbol{r}_{i,j,k}|^3}\Delta x_i \Delta y_j \Delta z_k \qquad (1.39)\end{aligned}$$

ここで $\Delta x_i, \Delta y_j, \Delta z_k$ が有限の限りは，それぞれの微小な直方体を点電荷とみなして導いた上の式は近似である．しかしすべての $\Delta x_i, \Delta y_j, \Delta z_k$ を 0 に持っていく極限をとれば厳密な式となり，それは x', y', z' についての 3 重の多重積分で表される．

$$\begin{aligned}\boldsymbol{E}(\boldsymbol{r}) &= \frac{1}{4\pi\varepsilon_0}\lim_{\{\Delta x_i,\Delta y_j,\Delta z_k\}\to 0}\sum_{i=1}^{N}\sum_{j=1}^{M}\sum_{k=1}^{K}\rho(\boldsymbol{r}_{i,j,k})\frac{\boldsymbol{r}-\boldsymbol{r}_{i,j,k}}{|\boldsymbol{r}-\boldsymbol{r}_{i,j,k}|^3}\Delta x_i \Delta y_j \Delta z_k \\ &= \frac{1}{4\pi\varepsilon_0}\lim_{\{\Delta x_i\}\to 0}\sum_{i=1}^{N}\left[\lim_{\{\Delta y_j\}\to 0}\sum_{j=1}^{M}\left\{\lim_{\{\Delta z_k\}\to 0}\sum_{k=1}^{K}\rho(\boldsymbol{r}_{i,j,k})\frac{\boldsymbol{r}-\boldsymbol{r}_{i,j,k}}{|\boldsymbol{r}-\boldsymbol{r}_{i,j,k}|^3}\Delta z_k\right\}\Delta y_j\right]\Delta x_i \\ &= \frac{1}{4\pi\varepsilon_0}\int_0^L dx' \int_0^{L'} dy' \int_0^{L''} dz\ \rho(\boldsymbol{r}')\frac{\boldsymbol{r}-\boldsymbol{r}'}{|\boldsymbol{r}-\boldsymbol{r}'|^3} \qquad (1.40)\end{aligned}$$

ここで $\boldsymbol{r}' = (x', y', z')$ である．

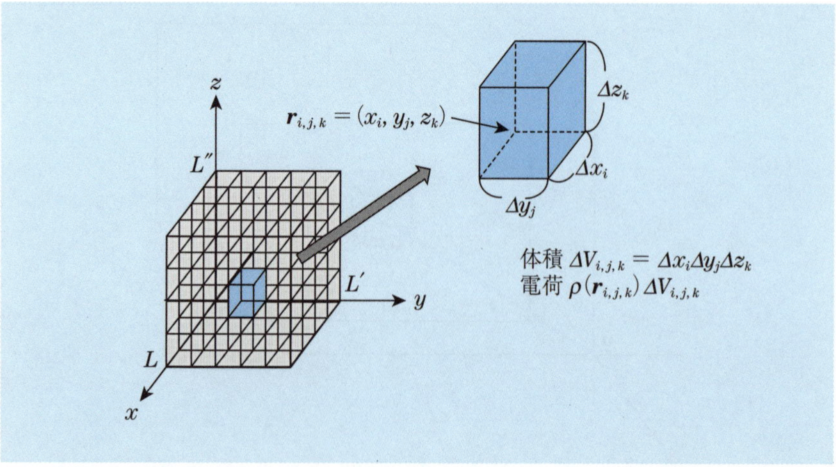

図 1.30　原点を 1 つの頂点とし長さ L, L', L'' の 3 つの辺が x, y，および z 軸上にある直方体を 3 辺が長さが $\Delta x, \Delta y, \Delta z$ の微小な直方体に分割する．

式 (1.39) で，$\Delta x_i \Delta y_j \Delta z_k$ は微小な体積要素である．これを $\Delta V_{i,j,k}$ とおこう．するとこの式は

$$\boldsymbol{E}(\boldsymbol{r}) = \frac{1}{4\pi\varepsilon_0}\sum_{i,j,k}\rho(\boldsymbol{r}_{i,j,k})\frac{\boldsymbol{r}-\boldsymbol{r}_{i,j,k}}{|\boldsymbol{r}-\boldsymbol{r}_{i,j,k}|^3}\Delta V_{i,j,k} \tag{1.41}$$

この式ですべての $\Delta V_{i,j,k}$ を 0 に持っていく極限をとれば

$$\begin{aligned}\boldsymbol{E}(\boldsymbol{r}) &= \frac{1}{4\pi\varepsilon_0}\lim_{\{\Delta V_{i,j,k}\}\to 0}\sum_{i,j,k}\rho(\boldsymbol{r}_{i,j,k})\frac{\boldsymbol{r}-\boldsymbol{r}_{i,j,k}}{|\boldsymbol{r}-\boldsymbol{r}_{i,j,k}|^3}\Delta V_{i,j,k}\\ &= \frac{1}{4\pi\varepsilon_0}\int_{\mathrm{V}}\rho(\boldsymbol{r}')\frac{\boldsymbol{r}-\boldsymbol{r}'}{|\boldsymbol{r}-\boldsymbol{r}'|^3}dV'\end{aligned} \tag{1.42}$$

と表すことができる．ここで

$$\begin{aligned}dV' &= \lim_{\Delta V_{i,j,k}\to 0}\Delta V_{i,j,k}\\ &= \lim_{\Delta x_i,\Delta y_j,\Delta z_k\to 0}\Delta x_i\Delta y_j\Delta z_k\\ &= dx'dy'dz'\end{aligned}$$

は無限小の体積要素である．このように無限小の体積要素 dV' についての積分を**体積分**または**体積積分**という．これは式 (1.40) の 3 重積分と同じものである．上の式では体積 $L\times L'\times L''$ の直方体を V と名付け，上の積分はその V 上の積分なので最後の式の積分記号の下に $\int_{\mathrm{V}}$ のように V を書いた．

ここまでは領域 V は直方体であると考えてきた．しかし 3 次元空間のどん

ちょっと進んだ話題ーディラックのデルタ関数ー

点電荷の電荷密度 $\rho(\boldsymbol{r})$ はどう表されるかを考えてみよう．もともと電荷密度は空間に連続的に分布した電荷を表すために導入した．しかし点電荷も $\rho(\boldsymbol{r})$ で表すことができれば便利である．点電荷は位置は決まっているが大きさは持たない．つまり点電荷の存在する点以外では電荷は 0 であり，存在する点でのみ 0 でない有限の電荷を持つ．大きさのない点でのみ 0 でない有限の電荷を持つのであるから，その点での電荷密度は無限大である．そのようなものを表すには普通の関数では無理である．ディラック（Dirac）の**デルタ関数**というものが必要になる．

簡単のために空間が 1 次元の場合を考えよう．つまり位置は x 座標だけで表すことができ電荷の密度は電荷線密度 $\lambda(x)$ となる．ここに図 1.31 のように有限の広がり a を持った電荷 Q を位置 x_0 を中心として置くことにしよう．電荷線密度 $\lambda(x)$ は $x_0-a/2$ から $x_0+a/2$ の間でのみ有限であり，その間では一様に λ_0 で分布しているとする．全電荷は Q であるから $\lambda_0\times a=Q$ である．したがって，$\lambda_0=Q/a$ となり

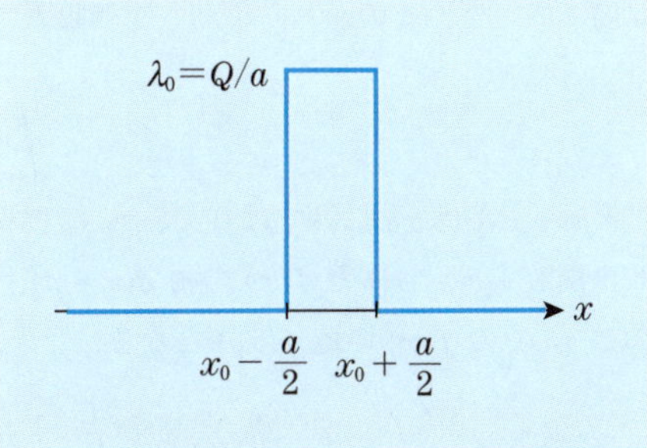

図 1.31 位置 x_0 を中心とし，長さ a の電荷 Q．

な形の領域も十分小さく切り分けていけば，それぞれの切り分けられた部分は近似的に微小な直方体とみなすことができる．ある領域 V を考え，これを図 1.30 と同様に体積 $\Delta V_{i,j,k}$ の微小な直方体に分割していく．(i,j,k) 番目の微小な直方体が持つ電荷の大きさは $\rho(\boldsymbol{r}_{i,j,k})\Delta V_{i,j,k}$ であり，領域 V の持つ電荷全体が位置 $\boldsymbol{r}$ に作る電場は，直方体のときと同様に式 (1.41) で表される．ここですべての $\Delta V_{i,j,k}$ を 0 に持っていく極限をとれば，この分割は厳密となり，そのとき領域 V の持つ電荷全体が位置 $\boldsymbol{r}$ に作る電場は体積分の式 (1.42) で表される．このように考えれば，式 (1.42) はどんな領域に分布した電荷が作る電場に対しても成り立つことがわかるだろう．つまり3次元空間に分布する電荷密度 $\rho(\boldsymbol{r})$ で表される電荷の作る電場は体積分で表すことができる．

$$\lambda(x) = \begin{cases} Q/a, & x_0 - a/2 < x < x_0 + a/2 \\ 0, & \text{それ以外} \end{cases}$$

となる．ここで a を 0 に近づける極限をとれば，そのときの $\lambda(x)$ は x_0 にある点電荷 Q を表すことになる．ディラックのデルタ関数 $\delta(x)$ は

$$\delta(x - x_0) = \lim_{a \to 0} \frac{1}{Q}\lambda(x)$$

のように定義することができる．$Q = 1$ として，$\lambda(x)$ の x_0 に立った棒の面積を一定に保ったまま幅を 0 に持っていき，そのかわりに高さが無限大になったものと考えればわかりやすいだろう．これから明らかなように

$$\int_{-\infty}^{+\infty} \delta(x - x_0)dx = 1 \tag{1.43}$$

$\delta(x - x_0)$ は x_0 以外では 0 で，x_0 でのみ値を持つのである．これから，普通の関数を $f(x)$ とし，デルタ関数 $\delta(x - x_0)$ と $f(x)$ の積 $\delta(x - x_0)f(x)$ を考えると，これを $-\infty$ から $+\infty$ まで積分して現れるのは x_0 での $f(x)$ の値 $f(x_0)$ となる．

$$\int_{-\infty}^{+\infty} f(x)\delta(x - x_0)dx = f(x_0) \tag{1.44}$$

右辺で $f(x_0)$ に何もかからないのは，$f(x) = 1$ として式 (1.43) と比べれば明かだろう．

1.3 章末問題

1.1 距離 $1\times10^{-6}\,\mathrm{m}=1\,\mu\mathrm{m}$ の間隔をおいて 2 つの電子が置かれている．2 つの電子の間に動くクーロン力の大きさを求めよ．また一方の電子が静止しているとき，他方の電子の加速度の大きさを求めよ．電子の質量は $9.109\cdots\times10^{-31}\,\mathrm{kg}$ である．

1.2 距離 R の間隔をおいて静止している 2 つの電子の間に働く万有引力とクーロン力の大きさの比を求めよ．

1.3 位置 $\boldsymbol{r}_1=(1,1,1)\,[\mathrm{m}]$ に 1 C の点電荷が置かれている．位置 $\boldsymbol{r}_2=(1,2,3)\,[\mathrm{m}]$ に置いた 2 C の点電荷が受ける力のベクトルを求めよ．

1.4 上の問題で位置 $\boldsymbol{r}_1$ に置いた 1 C の点電荷が位置 $\boldsymbol{r}_2$ に作る電場のベクトルを求めよ．

1.5 位置 $\boldsymbol{r}_1=(1,1,1)\,[\mathrm{m}]$ に 1 C の点電荷，位置 $\boldsymbol{r}_2=(-2,-2,-2)\,[\mathrm{m}]$ に 4 C の点電荷が置かれている．位置 $\boldsymbol{r}=(0,0,0)\,[\mathrm{m}]$ での電場を求めよ．

このデルタ関数を使えば点 $\boldsymbol{r}_1=(x_0,y_0,z_0)$ に点電荷 Q があるときの電荷密度 $\rho(\boldsymbol{r})$ は

$$\rho(\boldsymbol{r})=Q\delta(x-x_0)\delta(y-y_0)\delta(z-z_0)$$

と表される．位置 $\boldsymbol{r}$ の x,y,z 座標がそれぞれ $\boldsymbol{r}_1$ の x,y,z 座標，x_0,y_0,z_0 に等しいところに電荷があるので，x,y,z の 3 方向のデルタ関数の積になるのである．上の式は位置ベクトル $\boldsymbol{r}=(x,y,z),\boldsymbol{r}_0=(x_0,y_0,z_0)$ を用いて

$$\rho(\boldsymbol{r})=Q\delta^3(\boldsymbol{r}-\boldsymbol{r}_0) \tag{1.45}$$

とも表す．$\delta^3(\boldsymbol{r}-\boldsymbol{r}_0)$ の 3 は x,y,z の 3 方向のデルタ関数の積であるという意味である．このようなデルタ関数の 3 次元空間への拡張は電荷密度に限らず，一般に行うことができる．このときデルタ関数と普通の関数の積の積分 (1.44) は

$$\begin{aligned}\int f(\boldsymbol{r})\delta(\boldsymbol{r}-\boldsymbol{r}_0)dV &= \iiint_{-\infty}^{+\infty} f(x,y,z)\delta(x-x_0)\delta(y-y_0)\delta(z-z_0)dxdydz \\ &= f(x_0,y_0,z_0) \\ &= f(\boldsymbol{r}_0)\end{aligned} \tag{1.46}$$

と拡張される．$\boldsymbol{r}=\boldsymbol{r}_0$ でのみデルタ関数は値を持つので，そこでの関数の値 $f(\boldsymbol{r}_0)$ だけが現れたのである．

2

電場の積分形のガウスの法則

この章では引き続き静電場の問題を勉強していく．前章ではクーロンの法則を直接使って電場を計算する方法を学んだ．しかし，そのときに計算しなければならない積分は一般にそう簡単ではない．この章では積分をしないで静電場を計算する方法を学ぶ．そこでは系の満たす対称性が重要になる．

本章の内容

閉曲面を貫く電気力線の数
電場の積分形のガウスの法則
章末問題

2.1 閉曲面を貫く電気力線の数

2.1.1 中心に点電荷がある球面を貫く電気力線の数

さて例題 1.1 (p.20) のような簡単な場合でも，クーロンの法則を使って電場を計算するのは積分がちょっと面倒であった．ここでクーロンの法則を別の見方でみてみよう．この見方を使うと第 1 章の例題のような場合にはほとんど計算せずに電場が求まる．

いま点電荷 $Q\,(>0)$ のある位置を原点に選ぶと，この点電荷が位置 $\boldsymbol{r}$ に作る電場 $\boldsymbol{E}(\boldsymbol{r})$ は式 (1.8) より

$$\boldsymbol{E}(\boldsymbol{r}) = \frac{Q}{4\pi\varepsilon_0}\frac{\boldsymbol{r}}{r^3} \tag{2.1}$$

となる．ここで $r \equiv |\boldsymbol{r}|$ である．この原点にある点電荷を図 2.1 のように原点を中心とする半径 R の球で囲む[†]．そしてこの球面 S 上での電場 $\boldsymbol{E}(\boldsymbol{r})$ の面積分を考える．

$$\oint_{\mathrm{S}} \boldsymbol{E}(\boldsymbol{r})\cdot\boldsymbol{n}(\boldsymbol{r})dS = \oint_{\mathrm{S}} \boldsymbol{E}(\boldsymbol{r})\cdot d\boldsymbol{S} \tag{2.2}$$

ここで $\oint_{\mathrm{S}}$ は閉じた曲面 S 上で面積分するという意味である．閉じた曲面（閉

[†]前章に引き続き以下の図では紙の上に表すため，球を円として，3 次元の閉曲面を 2 次元の閉曲線で描いている．しかし，実際は球であり閉曲面であることを想像してみていただきたい．

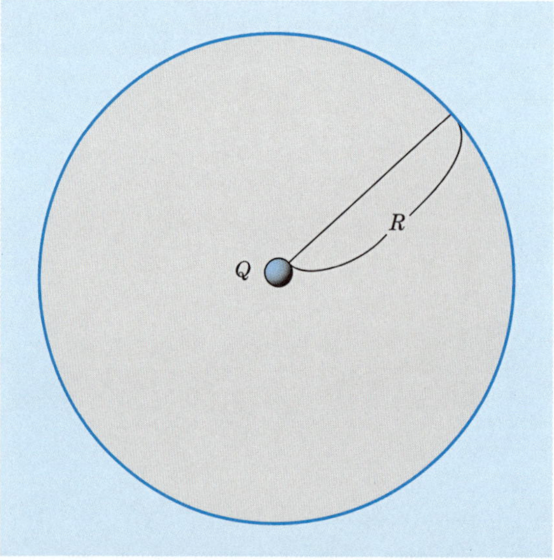

図 2.1 原点にある点電荷を原点を中心とする半径 R の球で囲む．

曲面）とは端のない曲面で，内部と外部を区別できる曲面ということもできる．球やそれを変形したもの，あるいはドーナッツのような形をしたものの表面などである．有限の厚さの球殻の内側と外側の表面をあわせたものも 1 つの閉曲面である．このように閉じた曲面上での面積分や，閉じた曲線上での線積分では積分記号$\int$に ∘ をつけることになっている．$\boldsymbol{n}(\boldsymbol{r})$ は位置 $\boldsymbol{r}$ での曲面 S に垂直な**単位ベクトル**（大きさが 1 のベクトル），すなわち**単位法線ベクトル**であり，$d\boldsymbol{S} \equiv \boldsymbol{n}(\boldsymbol{r})dS$ である．この積分 (2.2) を計算してみよう．S は原点を中心とする半径 R の球面なので図 2.2 のように S 上で $r = R$, $\boldsymbol{n}(\boldsymbol{r}) = \dfrac{\boldsymbol{r}}{r} = \dfrac{\boldsymbol{r}}{R}$ となる．式 (2.1) より位置 $\boldsymbol{r}$ での電場 $\boldsymbol{E}(\boldsymbol{r})$ の方向は $\boldsymbol{r}$ と同じであるから，$\boldsymbol{n}(\boldsymbol{r})$ の方向とも一致する．よって

$$\begin{aligned}\oint_{\mathrm{S}} \boldsymbol{E}(\boldsymbol{r}) \cdot \boldsymbol{n}(\boldsymbol{r}) dS &= \frac{Q}{4\pi\varepsilon_0} \oint_{\mathrm{S}} \frac{\boldsymbol{r}}{r^3} \cdot \frac{\boldsymbol{r}}{r} dS \\ &= \frac{Q}{4\pi\varepsilon_0} \oint_{\mathrm{S}} \frac{\boldsymbol{r} \cdot \boldsymbol{r}}{r^4} dS = \frac{Q}{4\pi\varepsilon_0} \oint_{\mathrm{S}} \frac{1}{r^2} dS \\ &= \frac{Q}{4\pi\varepsilon_0 R^2} \oint_{\mathrm{S}} dS = \frac{Q}{\varepsilon_0} \end{aligned} \tag{2.3}$$

となる．最後の積分 $\oint_{\mathrm{S}} dS$ は球の表面全体にわたって面積分をするのであるから球の表面積 $4\pi R^2$ となることを使った．

これからわかるように $\oint_{\mathrm{S}} \boldsymbol{E}(\boldsymbol{r}) \cdot \boldsymbol{n}(\boldsymbol{r}) dS$ の値は点電荷を囲む球面 S の半径 R によらず，S の内部の電荷だけで決まる．この結果を 1.2.2 項で導入し

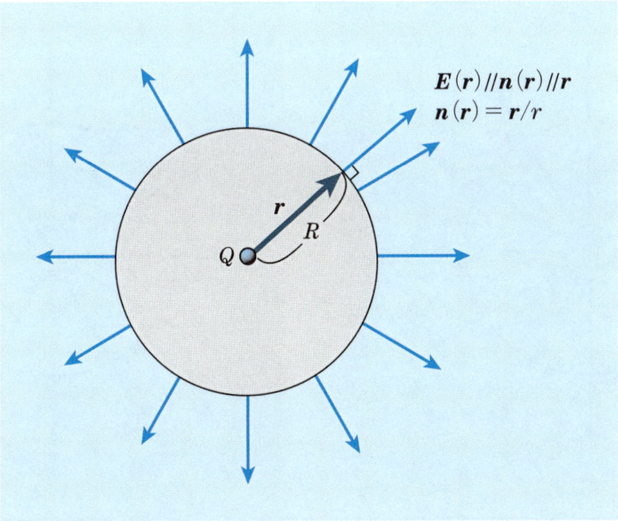

図 2.2　原点を中心とする球面上では法線ベクトル $\boldsymbol{n}(\boldsymbol{r})$ の方向は原点からの位置ベクトル $\boldsymbol{r}$ の方向と一致する．これは位置 $\boldsymbol{r}$ での電場 $\boldsymbol{E}(\boldsymbol{r})$ の方向とも一致する．

た電気力線を使って考え直し，球面 S を貫く電気力線の総数 $N_{\rm L}$ を計算してみよう．1.2.2 項で述べたようにある点 $\boldsymbol{r}$ での電気力線の向きはそこでの電場の向きに一致し，その密度 $\sigma_{\rm L}(\boldsymbol{r})$ は電場の強さに比例する．ここでその比例定数を $1/C$ とおくことにする．つまり，電気力線の密度と $1/C$ かける電場の強さは一致する，とおく．また位置 $\boldsymbol{r}$ での電場の方向の単位ベクトルを $\boldsymbol{e}(\boldsymbol{r}) \equiv \dfrac{\boldsymbol{E}(\boldsymbol{r})}{|\boldsymbol{E}(\boldsymbol{r})|} = \dfrac{\boldsymbol{E}(\boldsymbol{r})}{E(\boldsymbol{r})}$ とする．ここで $E(\boldsymbol{r}) \equiv |\boldsymbol{E}(\boldsymbol{r})|$ は位置 $\boldsymbol{r}$ での電場の大きさであり，$\boldsymbol{E}(\boldsymbol{r}) = E(\boldsymbol{r})\boldsymbol{e}(\boldsymbol{r})$ となる．すなわち

$$\text{電気力線の向き} \,//\, \boldsymbol{e}(\boldsymbol{r})$$
$$\text{電気力線の密度}:\sigma_{\rm L}(\boldsymbol{r}) = \frac{1}{C}E(\boldsymbol{r})$$

となる．図 2.2 からもわかるように，S 上では電場 $\boldsymbol{E}(\boldsymbol{r})$ の方向と $\boldsymbol{n}(\boldsymbol{r})$ の方向は一致するので，$\boldsymbol{e}(\boldsymbol{r}) = \boldsymbol{n}(\boldsymbol{r})$ であり

$$\begin{aligned}\oint_{\rm S} \boldsymbol{E}(\boldsymbol{r})\cdot\boldsymbol{n}(\boldsymbol{r})dS &= \oint_{\rm S} E(\boldsymbol{r})\boldsymbol{e}(\boldsymbol{r})\cdot\boldsymbol{n}(\boldsymbol{r})dS \\ &= C\oint_{\rm S}\sigma_{\rm L}(\boldsymbol{r})dS = CN_{\rm L} = \frac{Q}{\varepsilon_0}\end{aligned} \qquad (2.4)$$

2 行目では電気力線の密度 $\sigma_{\rm L}(\boldsymbol{r})$ に電気力線と垂直な微小な面積要素 dS をかけて全球面 S 上で積分し C をかけているので，C かける球面 S を貫く電気力線の総数 $N_{\rm L}$ となる．2.1.2 項で説明するように，このとき電気力線の方向と面積要素 dS が直交していることが大事である．そして 1 行目左辺

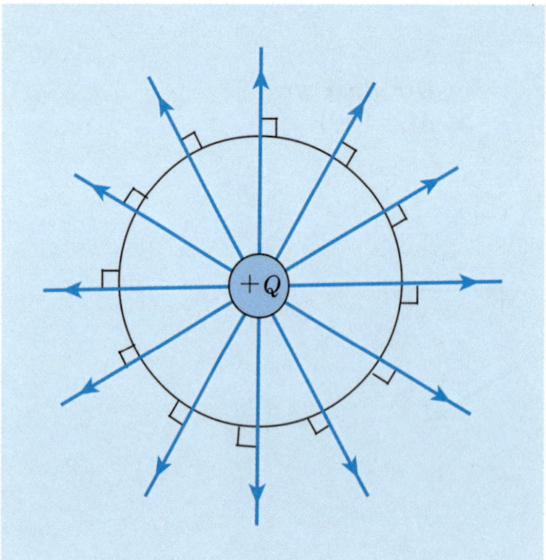

図 2.3　$+Q>0$ の点電荷からは電気力線が出て行くので，電気力線は球面を内から外に貫く．このとき，球面を貫く電気力線の総数は正となる．

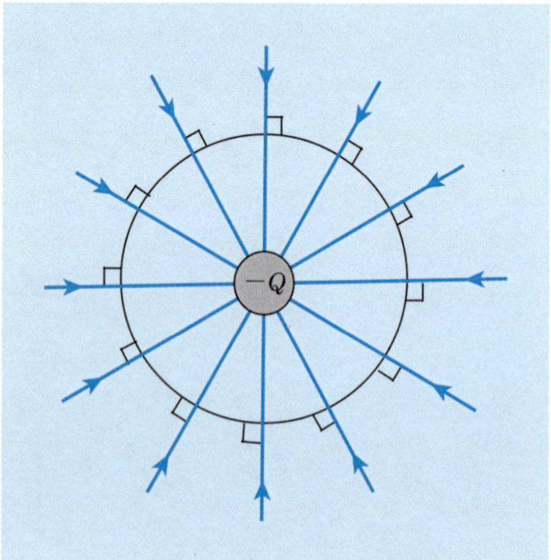

図 2.4　$-Q<0$ の点電荷には電気力線が入って行くので，電気力線は球面を外から内に貫く．このとき，球面を貫く電気力線の総数は負となる．

は式 (2.3) から Q/ε_0 に等しいので，最後にそうおいた．式 (2.4) の結果は，点電荷を中心とする球面を貫く電気力線の総数 N_{L} は球面の半径 R によらず点電荷の大きさだけで決まる，ということを示している．もし，電気力線が電荷のある原点以外で生まれたり消えたりしていたら N_{L} は R によってしまう．したがってこの結果は

電荷のない場所で電気力線が生まれたり消えたりすることはない

ことを示している．また式 (2.4) から $+Q\,(>0)$ なら球面 S を貫く電気力線の総数 N_{L} も正だが，$-Q\,(<0)$ なら N_{L} も負になる．そして，図 2.3, 2.4 からわかるように，$+Q\,(>0)$ の場合はそれを囲む球面を電気力線は内から外に貫くが，$-Q\,(<0)$ の場合はそれを囲む球面を電気力線は外から内に貫く．このことから，閉曲面を貫く電気力線の数を数えるとき，閉曲面を内から外に貫く 1 本の電気力線は $+1$ として，外から内に貫く 1 本の電気力線は -1 として勘定すればよいことになる．

この電気力線をもとに式 (2.3), (2.4) の結果をより一般的に拡張していこう．

2.1.2 歪んだ球面を貫く電気力線の数

式 (2.3), (2.4) は点電荷を中心とする球面上で電場を積分した結果，求まった．では球面が歪んでいたらどうなるであろうか？

図 2.5 の S′ のような歪んだ球面を考えてみよう．このとき S′ を貫く電気力線の総数は球面 S を貫く電気力線の総数と一致することは図より明らかだ

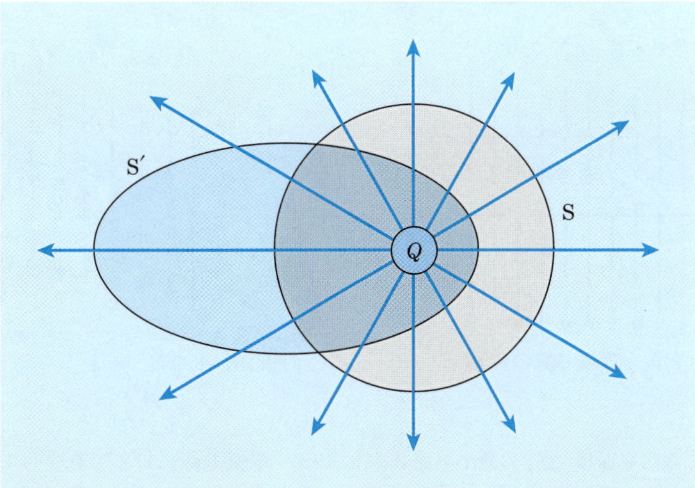

図 2.5 点電荷を内部に含む歪んだ球面 S′ を貫く電気力線の総数は点電荷を中心とする球面 S を貫く電気力線の総数に等しい．

ろう．しかし S′ 上では

$$\oint_{S'} \sigma_L(\boldsymbol{r})dS$$

は歪んだ球面 S′ を貫く電気力線の総数とはならない．ある位置 $\boldsymbol{r}_i$ の電気力線の密度 $\sigma_L(\boldsymbol{r}_i)$ とは，そこでの電気力線に垂直な面を貫く単位面積あたりの電気力線の本数である．つまり，電気力線に垂直な面積 ΔS_i の微小平面 A_i を貫く電気力線の数を p_i としたとき

$$\sigma_L(\boldsymbol{r}_i) \equiv \lim_{\Delta S_i \to 0} \frac{p_i}{\Delta S_i}$$

で与えられる．よって図 2.6 のように電気力線に直交する微小平面 A_i を貫く電気力線の数 p_i は

$$p_i = \sigma_L(\boldsymbol{r}_i)\Delta S_i \tag{2.5}$$

で与えられる．しかし歪んだ球面 S′ 上では一般に電気力線と微小な面積要素 dS の面が直交しない．したがって

$$p_i \neq \sigma_L(\boldsymbol{r}_i)\Delta S_i, \quad N_L \neq \oint_{S'} \sigma_L(\boldsymbol{r})dS$$

となるのである．

　では S′（ただしその中に点電荷を含む）を貫く電気力線の総数はどのような式で表すことができるのであろうか？　どんな曲面もその極めて小さな一部分に注目すれば平面とみなすことができる．そこで曲面を微小な平面に分割して，まずはその 1 つの微小平面 A_i を考えその面積を ΔS_i とする．一般

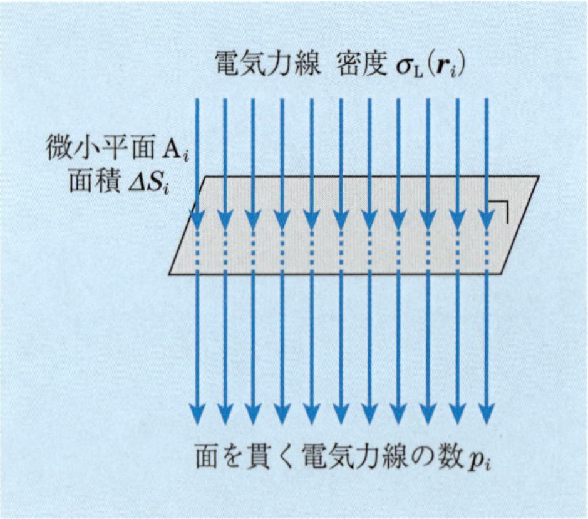

図 2.6　電気力線に垂直な面積 ΔS_i の微小平面 A_i を貫く電気力線の数 p_i は $p_i = \sigma_L(\boldsymbol{r}_i)\Delta S_i$ となる．ここで $\sigma_L(\boldsymbol{r}_i)$ は位置 $\boldsymbol{r}_i$ の電気力線の密度である．

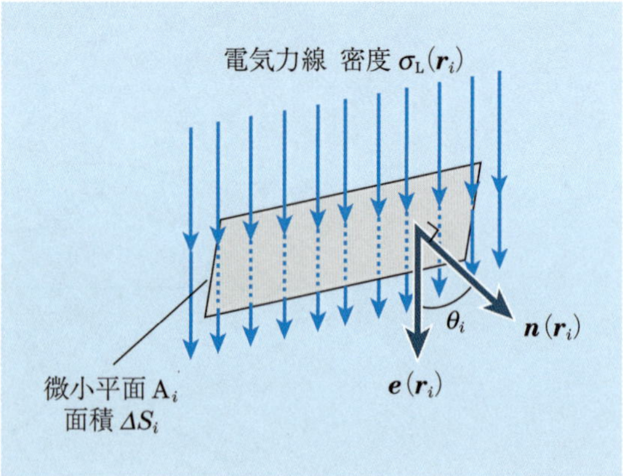

図 2.7　電気力線に対して直交していない微小平面 A_i を貫く電気力線の数は，電気力線と微小平面のなす角度 θ_i による．$\boldsymbol{n}(\boldsymbol{r}_i)$ は位置 $\boldsymbol{r}_i$ での微小平面 A_i の単位法線ベクトル．

には微小平面 A_i は電気力線と垂直になるとは限らず，A_i を貫く電気力線の数は A_i と電気力線のなす角度による．図 2.7, 2.8 をみていただきたい．

位置 $\boldsymbol{r}_i$ での電気力線と微小平面 A_i の単位法線ベクトル $\boldsymbol{n}(\boldsymbol{r}_i)$ のなす角度を θ_i としよう．$\theta_i = 0$，すなわち電気力線と微小平面 A_i が垂直なら，上にも述べたように A_i を貫く電気力線の数 p_i は式 (2.5) で与えられる．$\theta_i = \frac{\pi}{2}$，つまり微小平面が電気力線と平行になってしまえば $p_i = 0$ である．つまり p_i は微小平面と電気力線のなす角度に依存する．そして図 2.8 からわかるように，微小平面を電気力線に垂直な面に射影した部分の面積 $\Delta S_i \cos\theta_i$ で決まる．よって

$$p_i = \sigma_{\mathrm{L}}(\boldsymbol{r}_i)\Delta S_i \cos\theta_i \tag{2.6}$$

となる．電気力線の方向と電場の方向はもちろん等しいから

$$\cos\theta_i = \boldsymbol{e}(\boldsymbol{r}_i)\cdot\boldsymbol{n}(\boldsymbol{r}_i)$$

である．よって曲面を分割した微小平面 A_i を貫く電気力線の数 p_i は

$$p_i = \sigma_{\mathrm{L}}(\boldsymbol{r}_i)\boldsymbol{e}(\boldsymbol{r}_i)\cdot\boldsymbol{n}(\boldsymbol{r}_i)\Delta S_i \tag{2.7}$$

となる．

曲面全体を貫く電気力線の総数 N_{L} は ΔS_i を 0 に近づける極限をとって，p_i をすべての微小平面について和をとればよい．極限をとると和は面積分となり，N_{L} は次のようになる．

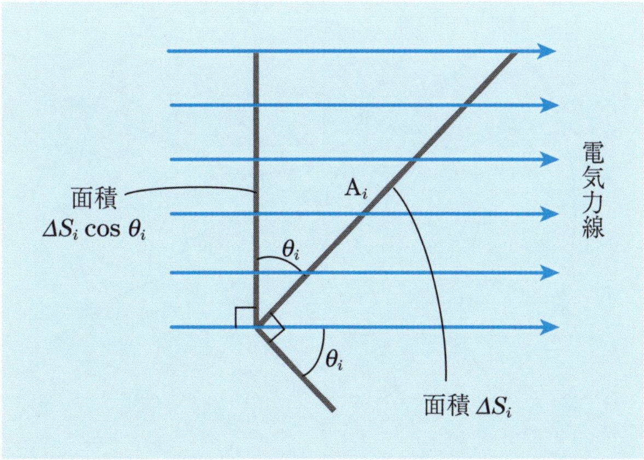

図 2.8　横からみた図．微小平面を貫く電気力線の数は微小平面を電気力線に垂直な面に射影した部分の面積 $\Delta S_i \cos\theta_i$ で決まる．

$$
\begin{aligned}
N_{\mathrm{L}} &= \lim_{\{\Delta S_i\}\to 0}\sum_i p_i \\
&= \lim_{\{\Delta S_i\}\to 0}\sum_i \sigma_{\mathrm{L}}(\boldsymbol{r}_i)\boldsymbol{e}(\boldsymbol{r}_i)\cdot\boldsymbol{n}(\boldsymbol{r}_i)\Delta S_i \\
&= \oint_{\mathrm{S}} \sigma_{\mathrm{L}}(\boldsymbol{r})\boldsymbol{e}(\boldsymbol{r})\cdot\boldsymbol{n}(\boldsymbol{r})dS
\end{aligned}
\tag{2.8}
$$

上に述べたように点電荷を中心とする球面 S と，点電荷をその中に含んでいる歪んだ球面 S′ を貫く電気力線の総数は同じである．このことは式では

$$
\oint_{\mathrm{S'}} \sigma_{\mathrm{L}}(\boldsymbol{r})\boldsymbol{e}(\boldsymbol{r})\cdot\boldsymbol{n}(\boldsymbol{r})dS = \oint_{\mathrm{S}} \sigma_{\mathrm{L}}(\boldsymbol{r})\boldsymbol{e}(\boldsymbol{r})\cdot\boldsymbol{n}(\boldsymbol{r})dS
$$

と表されることになる．ここで，$\sigma_{\mathrm{L}}(\boldsymbol{r})\boldsymbol{e}(\boldsymbol{r}) = \dfrac{1}{C}\boldsymbol{E}(\boldsymbol{r})$ だから上の式は

$$
\oint_{\mathrm{S'}} \boldsymbol{E}(\boldsymbol{r})\cdot\boldsymbol{n}(\boldsymbol{r})dS = \oint_{\mathrm{S}} \boldsymbol{E}(\boldsymbol{r})\cdot\boldsymbol{n}(\boldsymbol{r})dS = \frac{Q}{\varepsilon_0}
\tag{2.9}
$$

と同じである．最後の等式で S, S′ 内の点電荷の大きさを Q とし式 (2.3) の結果を使った．

2.1.3 任意の閉曲面を貫く電気力線の数

さて，2.1.2 項で点電荷を中心とする球面 S と，点電荷をその中に含んでいる歪んだ球面 S′ を貫く電気力線の総数は同じであることをみてきた．では図 2.9 の S″ のような形をした閉曲面でもそれを貫く電気力線の総数は球面の場合と同じなのであろうか？ S″ では電気力線の一部は，閉曲面の内部から外部へ出た後もう 1 度内部へ入り，そのあとまた外部へ出ていく．このと

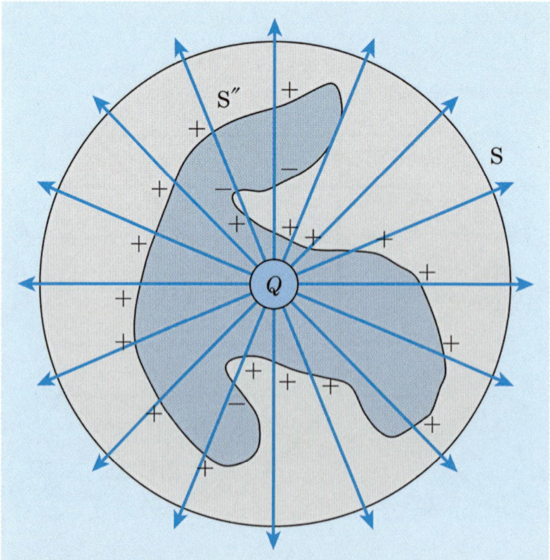

図 2.9 電気力線の数は閉曲面の内部から外部へ出るときを正とし，外部から内部へ入るときを負として勘定する．

き電気力線の数はどのように勘定すべきだろうか？　2.1.1 項の最後でみたように，閉曲面を貫く電気力線の数は，電気力線が閉曲面を内から外へ貫くとき正，外から内へ貫くとき負と勘定するのであった．したがって，いまも S'' の内部から外部へ出る電気力線の数を正とし，外部から内部へ戻る電気力線の数を負として勘定しなければならない．すると図 2.9 からもわかるように，すべての電気力線は閉曲面内の電荷から出発し，最後には閉曲面の外に出ていくのであるから，+1 と勘定されることになる．したがって，閉曲面 S'' を貫く全電気力線の総数は球面 S を貫く全電気力線の総数と同じである．

式 (2.8) もちゃんと S'' に対して，そのように正負の符号をつけて電気力線を数えるようになっているのであろうか？　式 (2.8) をみると，被積分関数には $\boldsymbol{e}(\boldsymbol{r})\cdot\boldsymbol{n}(\boldsymbol{r})$ が含まれている．ここで $\boldsymbol{e}(\boldsymbol{r})$ は位置 $\boldsymbol{r}$ での電気力線の方向を向いた単位ベクトルであり，$\boldsymbol{n}(\boldsymbol{r})$ はそこでの曲面の単位法線ベクトルであった．図 2.10 をみていただきたい．閉曲面の法線ベクトルは常に閉曲面の内から外に向かう方向にとるという約束になっている．したがって，電気力線が閉曲面の内部から外部へ出るときは $\boldsymbol{e}(\boldsymbol{r})\cdot\boldsymbol{n}(\boldsymbol{r}) > 0$ となり，逆に外部から内部に戻るときは $\boldsymbol{e}(\boldsymbol{r})\cdot\boldsymbol{n}(\boldsymbol{r}) < 0$ となるので，式 (2.8) は電気力線の数を正負をつけてちゃんと勘定しているのである．よって，閉曲面 S'' がどんな形をしていても

$$N_{\mathrm{L}} = \oint_{\mathrm{S}''} \sigma_{\mathrm{L}}(\boldsymbol{r})\boldsymbol{e}(\boldsymbol{r})\cdot\boldsymbol{n}(\boldsymbol{r})dS = \oint_{\mathrm{S}} \sigma_{\mathrm{L}}(\boldsymbol{r})\boldsymbol{e}(\boldsymbol{r})\cdot\boldsymbol{n}(\boldsymbol{r})dS$$

であり，電場 $\boldsymbol{E}(\boldsymbol{r})$ を使って書けば

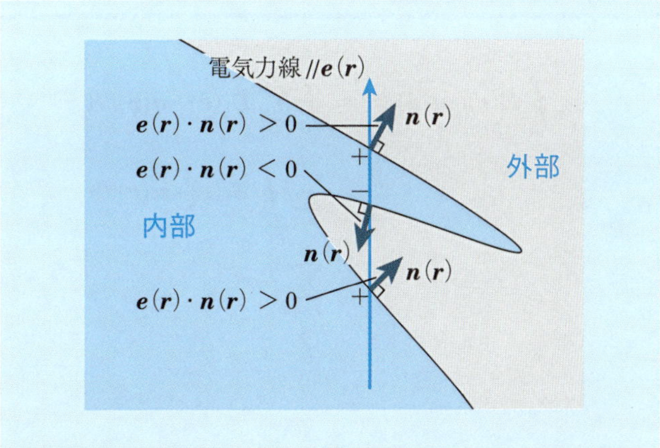

図 2.10　電気力線が閉曲面の内部から外部へ出るときは $\boldsymbol{e}(\boldsymbol{r})\cdot\boldsymbol{n}(\boldsymbol{r}) > 0$ となり，逆に外部から内部に戻るときは $\boldsymbol{e}(\boldsymbol{r})\cdot\boldsymbol{n}(\boldsymbol{r}) < 0$ となる．ここで $\boldsymbol{e}(\boldsymbol{r}), \boldsymbol{n}(\boldsymbol{r})$ はそれぞれ位置 $\boldsymbol{r}$ での電場の方向の単位ベクトル，閉曲面の単位法線ベクトルである．

$$\oint_{S''} \boldsymbol{E}(\boldsymbol{r}) \cdot \boldsymbol{n}(\boldsymbol{r}) dS = \oint_{S} \boldsymbol{E}(\boldsymbol{r}) \cdot \boldsymbol{n}(\boldsymbol{r}) dS = \frac{Q}{\varepsilon_0} \tag{2.10}$$

となる．ここで式 (2.3) の結果を使った．これより結局，任意の閉曲面 S に対して

$$N_{\mathrm{L}} = \oint_{S} \sigma_{\mathrm{L}}(\boldsymbol{r}) \boldsymbol{e}(\boldsymbol{r}) \cdot \boldsymbol{n}(\boldsymbol{r}) dS = \frac{1}{C} \frac{Q}{\varepsilon_0} \tag{2.11}$$

が成り立つ．ここで Q は S の内部の点電荷の持つ電荷である．

2.2 電場の積分形のガウスの法則

ここまでは閉曲面内に 1 個の点電荷があるときを考えてきた．しかし結論は点電荷がいくつあっても変わらない．式 (1.10) からわかるように N 個の点電荷があるときそれらが位置 $\boldsymbol{r}$ に作る電場 $\boldsymbol{E}(\boldsymbol{r})$ は，それぞれの電荷が作る電場 $\boldsymbol{E}_i(\boldsymbol{r})$ の和で与えられる．ここで $\boldsymbol{E}_i(\boldsymbol{r})$ は点電荷 q_i が作る電場である．

$$\boldsymbol{E}(\boldsymbol{r}) = \sum_i \boldsymbol{E}_i(\boldsymbol{r})$$

1 つの点電荷が作る電場と電気力線については式 (2.10), (2.11) が成り立つのであるから N 個の電荷を内部に含む任意の閉曲面を S とすると（〔下欄〕**N 個の電荷の場合の積分形のガウスの法則**）より

$$\oint_{S} \boldsymbol{E}(\boldsymbol{r}) \cdot \boldsymbol{n}(\boldsymbol{r}) dS = \frac{Q}{\varepsilon_0} \tag{2.12}$$

となる．ここで Q は S で囲まれる領域内の全電荷である．

N 個の電荷の場合の積分形のガウスの法則

$$\begin{aligned}
\oint_{S} \boldsymbol{E}(\boldsymbol{r}) \cdot \boldsymbol{n}(\boldsymbol{r}) dS &= \oint_{S} \sum_{i=1}^{N} \boldsymbol{E}_i(\boldsymbol{r}) \cdot \boldsymbol{n}(\boldsymbol{r}) dS \\
&= \sum_{i=1}^{N} \oint_{S} \boldsymbol{E}_i(\boldsymbol{r}) \cdot \boldsymbol{n}(\boldsymbol{r}) dS \\
&= \sum_{i=1}^{N} \frac{q_i}{\varepsilon_0} \\
&= \frac{Q}{\varepsilon_0}
\end{aligned}$$

電荷が空間に連続的に分布していて電荷密度 $\rho(\boldsymbol{r})$ で表される場合も，1.2.5, 1.2.6, 1.2.7 項でみてきたように，空間を細かく分割すれば点電荷の集合とみなせるので同じ結論を得る．結局

$$\oint_{\mathrm{S}} \boldsymbol{E}(\boldsymbol{r})\cdot\boldsymbol{n}(\boldsymbol{r})dS = \frac{1}{\varepsilon_0}\left(\text{S 内の全電荷 } Q = \sum_i q_i\right) = \frac{1}{\varepsilon_0}\int_{\mathrm{V}} \rho(\boldsymbol{r})dV \tag{2.13}$$

となる（図 2.11）．ここで，V は閉曲面 S で囲まれる領域であり，最後の積分はその領域全体で電荷密度を体積積分しているので，S の内部の全電荷となる．式 (2.13) が**電場の積分形のガウスの法則**である†．

電場をある閉曲面全体で面積分した結果は，

その内部の全電荷 Q だけで決まり $\dfrac{Q}{\varepsilon_0}$ となる

のである．

†わざわざ積分形のガウスの法則と呼んでいるのだから，微分形のガウスの法則という名前の法則もあるのだが，これについては第 7 章で勉強する．

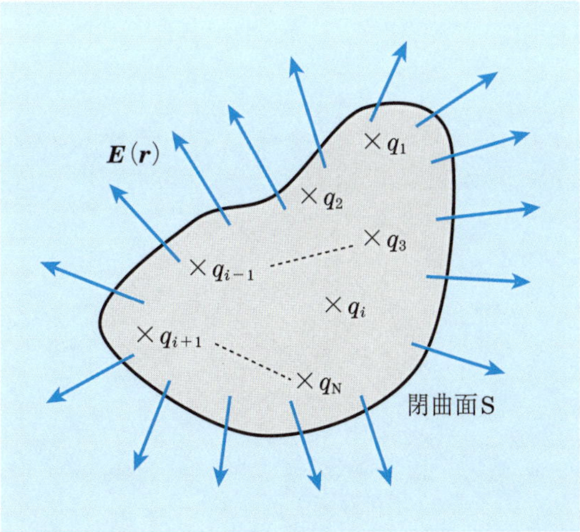

図 2.11　ある閉曲面 S 上の面積分 $\oint_{\mathrm{S}} \boldsymbol{E}(\boldsymbol{r})\cdot\boldsymbol{n}(\boldsymbol{r})dS$ は S 内の全電荷 $Q = \sum_i q_i$ を ε_0 で割ったものに等しい．

例題 2.1 図 2.12 のように原点を中心とする半径 a の球殻が電荷面密度 σ_0 で一様に帯電している．ガウスの積分定理を使って球殻の内と外の電場を求めよ．

解答 いまの場合，電荷は原点を中心として球対称に分布している．ある点 $\boldsymbol{r}$ に注目したとき，原点とその点を結ぶ方向，つまり $\boldsymbol{r}$ の方向以外，特別な方向はない．そのため電場は $\boldsymbol{r}$ と同じ，または逆の方向を向くしかない．そして式 (1.8) からもわかるように，正の電荷の場合，電荷から外へ向かう方向へ，負の電荷の場合，電荷へ向かう方向へ電場は向くので，$\sigma_0 > 0$ なら $\boldsymbol{r}$ と同じ，$\sigma_0 < 0$ なら $\boldsymbol{r}$ と逆の方向を向く（図 2.13）．また特別な方向はないのだから電場の大きさは原点からの距離だけで決まる．つまり球対称となる．電荷の分布が球対称だから電場も球対称となるのである．原点を中心とする半径 R の球面 S を考えこの面上で電場を積分する．S 上での電場の方向と，そこでの S の法線ベクトルの方向は一致するので

$$
\begin{aligned}
\oint_{\mathrm{S}} \boldsymbol{E}(\boldsymbol{r}) \cdot \boldsymbol{n}(\boldsymbol{r}) dS &= \oint_{\mathrm{S}} E(\boldsymbol{r}) dS \\
&= E(R) \oint_{\mathrm{S}} dS \\
&= E(R) \times 4\pi R^2 \\
&= \frac{1}{\varepsilon_0} (\text{S 内の全電荷})
\end{aligned}
\tag{2.14}
$$

$E(R)$ は原点からの距離が R の点での電場の大きさであり，最後に積分形のガウス

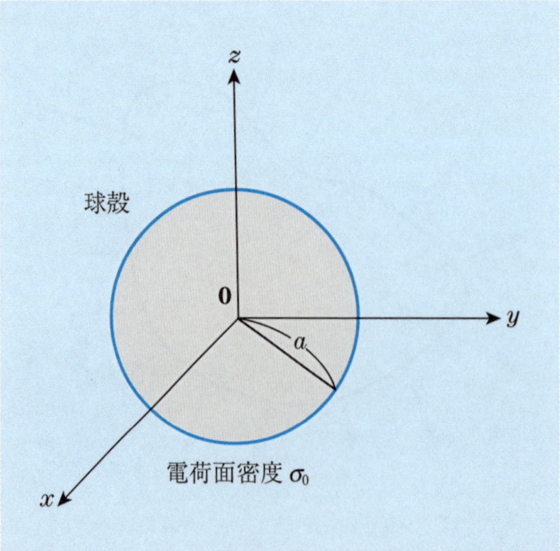

図 2.12 原点を中心とする半径 a の球殻が電荷面密度 σ_0 で一様に帯電している．

の法則 (2.13) を使った．いま，$R < a$ では S 内に電荷はない．一方，$R \geqq a$ のとき S 内の全電荷は $4\pi a^2 \sigma_0$ である．したがって

$$E(\boldsymbol{r}) = \begin{cases} 0, & r < a \\ \dfrac{a^2\sigma_0}{\varepsilon_0 r^2}, & r \geqq a \end{cases}$$

となる．ベクトルで表せば

$$\boldsymbol{E}(\boldsymbol{r}) = \begin{cases} \boldsymbol{0}, & r < a \\ \dfrac{a^2\sigma_0}{\varepsilon_0}\dfrac{\boldsymbol{r}}{r^3} = \dfrac{Q}{4\pi\varepsilon_0}\dfrac{\boldsymbol{r}}{r^3}, & r \geqq a \end{cases}$$

となる．ここで $Q = 4\pi a^2 \sigma_0$ は球殻の持つ全電荷である．$r > a$ の場合の最後の結果は式 (2.1) と同じである．このように $r > a$ では原点を中心とする球殻の作る電場は原点にある同じ大きさの電荷を持つ点電荷の作る電場と同じである． ■

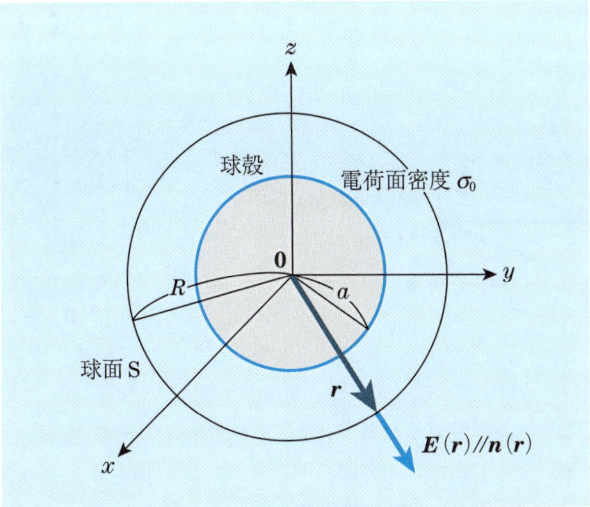

図 2.13　原点を中心とする半径 R の球面 S を考えると $\sigma_0 > 0$ の場合，球面の法線ベクトル $\boldsymbol{n}(\boldsymbol{r})$ とそこでの電場 $\boldsymbol{E}(\boldsymbol{r})$ の方向は一致する．

例題 2.2 例題 1.1 で計算した z 軸上に一様な電荷線密度 λ_0 で電荷が分布している場合の電場を積分形のガウスの法則を使って求めよ．

解答 いまの場合，電荷は z 軸上に一様に存在するので，ある点 $\boldsymbol{r} = (x, y, z)$ に注目したとき，その点から z 軸に下ろした垂線の方向，つまり $\boldsymbol{r}_\perp \equiv (x, y, 0)$ の方向以外，特別な方向はない（図 2.14）．だから $\boldsymbol{r} = (x, y, z)$ での電場 $\boldsymbol{E}(\boldsymbol{r})$ は $\boldsymbol{r}_\perp$ と同じ，または逆の方向を向くしかない．そして，式 (1.8) から $\lambda_0 > 0$ なら $\boldsymbol{r}_\perp$ と同じ，$\lambda_0 < 0$ なら $\boldsymbol{r}_\perp$ と逆の方向を向く．また xy 平面内で特別な方向はないのだから，電場の大きさは z 軸からの距離 R だけで決まる．つまり z 軸を中心とする円対称となる．z 軸上に一様に存在する電荷の分布は z 軸の周りで円対称である．したがって電場も円対称となるのである．

図 2.15 のように z 軸を中心とし高さ 1，半径 R の円筒を考えその全表面を S，2 つの底面をそれぞれ $\mathrm{S_t}, \mathrm{S_b}$，側面を $\mathrm{S_s}$ とし，S 上で電場の面積分を行う．

$$\begin{aligned}&\oint_{\mathrm{S}} \boldsymbol{E}(\boldsymbol{r}) \cdot \boldsymbol{n}(\boldsymbol{r}) dS \\ &\quad = \int_{\mathrm{S_t}} \boldsymbol{E}(\boldsymbol{r}) \cdot \boldsymbol{n}(\boldsymbol{r}) dS + \int_{\mathrm{S_b}} \boldsymbol{E}(\boldsymbol{r}) \cdot \boldsymbol{n}(\boldsymbol{r}) dS + \int_{\mathrm{S_s}} \boldsymbol{E}(\boldsymbol{r}) \cdot \boldsymbol{n}(\boldsymbol{r}) dS\end{aligned}$$

となるが，$\mathrm{S_t}, \mathrm{S_b}$ 上では電場の向きと $\mathrm{S_t}, \mathrm{S_b}$ の法線ベクトルの向きが直交するので $\boldsymbol{E}(\boldsymbol{r}) \cdot \boldsymbol{n}(\boldsymbol{r})$ は 0 となる．$\mathrm{S_s}$ 上では電場は z 軸に垂直なので法線ベクトルの向きと一致する．よって

$$\oint_{\mathrm{S}} \boldsymbol{E}(\boldsymbol{r}) \cdot \boldsymbol{n}(\boldsymbol{r}) dS = \int_{\mathrm{S_s}} \boldsymbol{E}(\boldsymbol{r}) \cdot \boldsymbol{n}(\boldsymbol{r}) dS$$

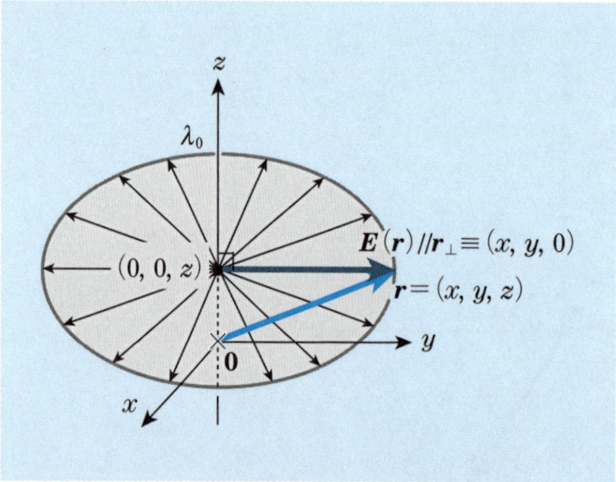

図 2.14 ある点 $\boldsymbol{r} = (x, y, z)$ に注目したとき，その点から z 軸に下ろした垂線の方向，つまり $\boldsymbol{r}_\perp \equiv (x, y, 0)$ の方向以外，特別な方向はない．したがって電場 $\boldsymbol{E}(\boldsymbol{r})$ もその方向と平行な方向を向く．

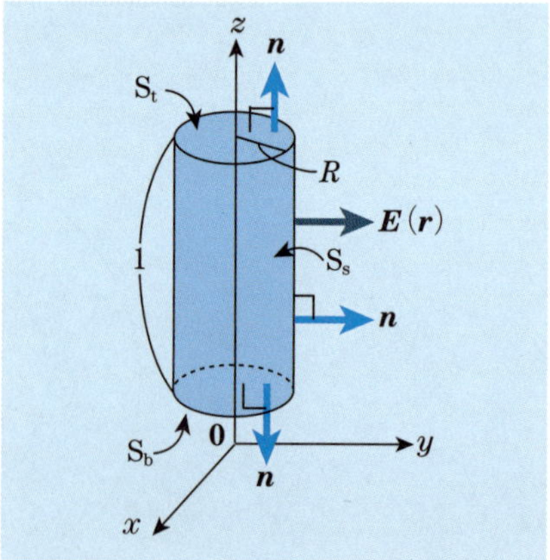

図 2.15 z 軸を中心とし高さ 1，半径 R の円筒を考えその全表面を S，2 つの底面をそれぞれ $\mathrm{S_t}, \mathrm{S_b}$，側面を $\mathrm{S_s}$ とする．$\boldsymbol{n}$ は単位法線ベクトルである．

$$= \int_{S_s} E(\boldsymbol{r})dS$$
$$= E(R)\int_{S_s} dS$$
$$= 2\pi RE(R)$$

となる．2 行目にいくときに電場の大きさは z 軸からの距離 R だけの関数であることを使い，2 行目の積分 $\int_{S_s} dS$ は S_s を積分領域とする面積積分であるから，当然，S_s の面積 $2\pi R$ となる．$E(R)$ は z 軸からの距離が R の点での電場の大きさである．積分形のガウスの法則 (2.13) より，これが S 内の全電荷 λ_0 を ε_0 で割ったものに等しい．したがって

$$E(\boldsymbol{r}) = E(R) = \frac{\lambda_0}{2\pi\varepsilon_0 R} \tag{2.15}$$

を得る．結果はもちろんクーロンの法則を用いて得た結果 (1.22) と同じである．■

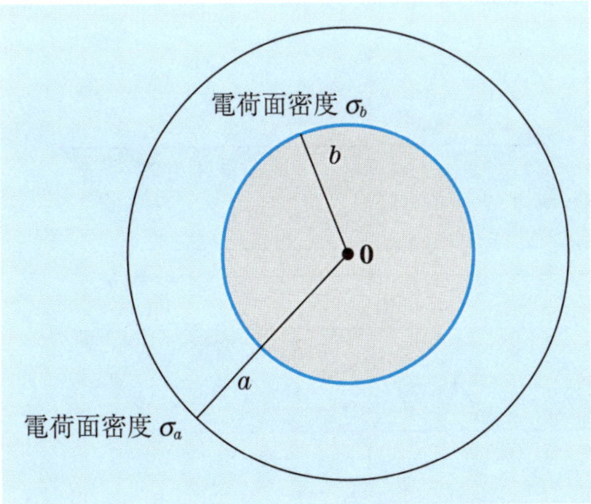

図 2.16　それぞれ電荷面密度 σ_a, σ_b で一様に帯電している原点を中心とする半径 $a > b$ の 2 つの球殻．

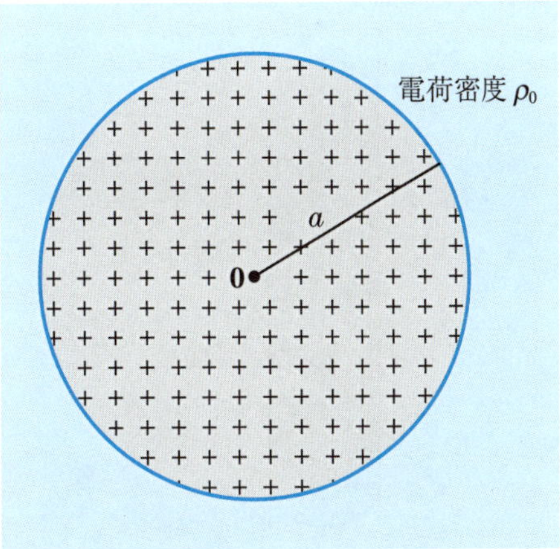

図 2.17　電荷密度 ρ_0 で一様に帯電している原点を中心とする半径 a の球．

2.3 章末問題

2.1 図 2.16（前頁）のように原点を中心とする半径 $a > b$ の 2 つの球殻がそれぞれ電荷面密度 σ_a, σ_b で一様に帯電している．電場の積分形のガウスの法則を使って位置 $\boldsymbol{r}$ での電場を求めよ．

2.2 図 2.17（前頁）のように原点を中心とする半径 a の球が電荷密度 ρ_0 で一様に帯電している．電場の積分形のガウスの法則を使って位置 $\boldsymbol{r}$ での電場を，球の持つ全電荷 Q を使って表せ．

2.3 図 2.18 のように z 軸を軸とする半径 a の無限に長い円柱が電荷密度 ρ_0 で一様に帯電している．電場の積分形のガウスの法則を使って位置 $\boldsymbol{r} = (x, y, z)$ での電場を求めよ．

2.4 xy 平面上に置かれた無限に広い平板が電荷面密度 σ_0 で一様に帯電している．電場の積分形のガウスの法則を使って $\boldsymbol{r} = (x, y, z)$ での電場を求めよ．

2.5 図 2.19 のように，xy 平面に平行で z 座標が $+a$ と $-a$ の十分広く端の効果の無視できる 2 枚の平板が，電荷面密度 $+\sigma_0$ と $-\sigma_0$ で一様に帯電している．電場の積分形のガウスの法則を使って $\boldsymbol{r} = (x, y, z)$ での電場を求めよ．

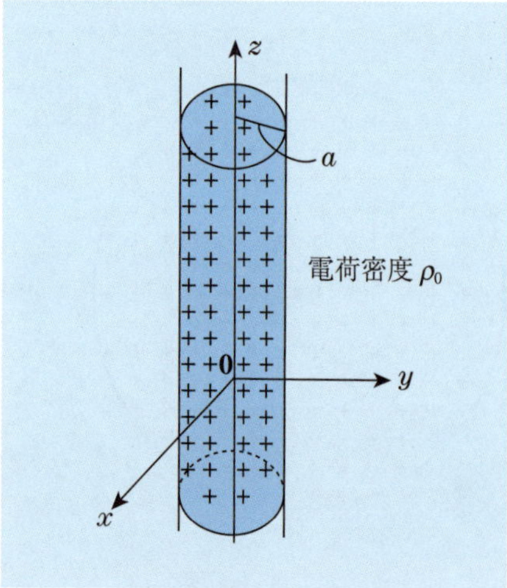

図 2.18　電荷密度 ρ_0 で一様に帯電している z 軸を軸とする半径 a の無限に長い円柱.

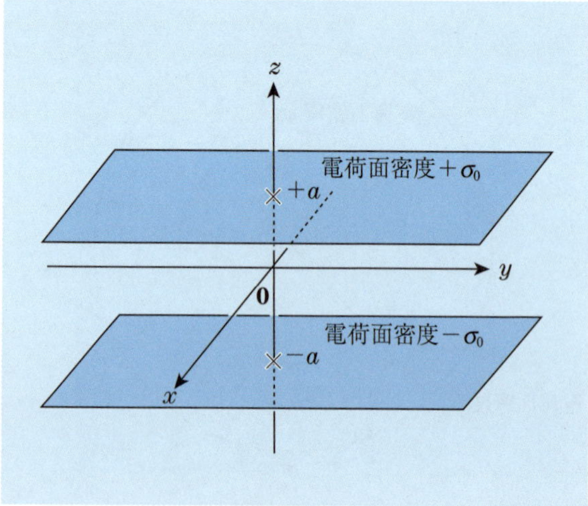

図 2.19　それぞれ電荷面密度 $+\sigma_0$ と $-\sigma_0$ で一様に帯電している十分広く xy 平面に平行な 2 枚の平板.

3

電位差（電圧）と静電ポテンシャル

この章ではまず電場中で電荷を移動するときの仕事を考え，これから静電ポテンシャル（電位）というものを導入する．そして静電ポテンシャルを用いて電場を表す．さらに導体の周りの電場，電気容量，電場のエネルギーを考える．

本章の内容

電位差（電圧）
保存力とスカラーポテンシャル
静電ポテンシャル（電位）
章末問題

3.1 電位差（電圧）

第1章で学んだように電場 $\boldsymbol{E}(\boldsymbol{r})$ の中では点電荷 q は電場から $q\boldsymbol{E}(\boldsymbol{r})$ の力を受ける．この電場の中で点電荷を望みの方向に動かすには $-q\boldsymbol{E}(\boldsymbol{r})$ の力を外から加えねばならない†．この電荷を位置 $\boldsymbol{r}_{\mathrm{A}}$ から $\boldsymbol{r}_{\mathrm{B}}$ まで曲線Cにそって動かすのに要する仕事 $W(\mathrm{C}:\boldsymbol{r}_{\mathrm{A}}\to\boldsymbol{r}_{\mathrm{B}})$ を考えよう．いま図3.1のように曲線Cを微小な線分に分割し，それぞれをベクトル $\Delta\boldsymbol{r}_1,\Delta\boldsymbol{r}_2,\ldots,\Delta\boldsymbol{r}_i,\ldots,\Delta\boldsymbol{r}_N$ で表す．

点電荷 q を微小なベクトル $\Delta\boldsymbol{r}_i$ だけ移動するのに外からする仕事は $-q\boldsymbol{E}(\boldsymbol{r}_i)\cdot\Delta\boldsymbol{r}_i$ である（力と変位の内積）．曲線Cにそって位置 $\boldsymbol{r}_{\mathrm{A}}$ から $\boldsymbol{r}_{\mathrm{B}}$ まで電荷を運ぶのに要する仕事はこれを足しあわせればよい．よって

$$W(\mathrm{C}:\boldsymbol{r}_{\mathrm{A}}\to\boldsymbol{r}_{\mathrm{B}})\simeq\sum_i -q\boldsymbol{E}(\boldsymbol{r}_i)\cdot\Delta\boldsymbol{r}_i$$

上の式が $\simeq$ となっているのはもともとの曲線Cを微小なベクトル $\Delta\boldsymbol{r}_1,\Delta\boldsymbol{r}_2,\ldots,\Delta\boldsymbol{r}_i,\ldots,\Delta\boldsymbol{r}_N$ に分割して近似しているからである．微小ベクトル $\Delta\boldsymbol{r}_i$ の長さを無限小に持っていく極限をとれば，この分割は厳密にな

† 厳密にいえば，電場から受ける力 $q\boldsymbol{E}(\boldsymbol{r})$ に対して外から $-q\boldsymbol{E}(\boldsymbol{r})$ の力を点電荷に加えれば点電荷に働く力はつり合い，最初，静止している点電荷は静止し続ける．点電荷を動かすには動かしたい方向に無限小の力をさらに外から加えればよい．この力は無限小の大きさでよいので，電場の中で電荷を動かすのに外から加えねばならない力は $-q\boldsymbol{E}(\boldsymbol{r})$ である，といえる．

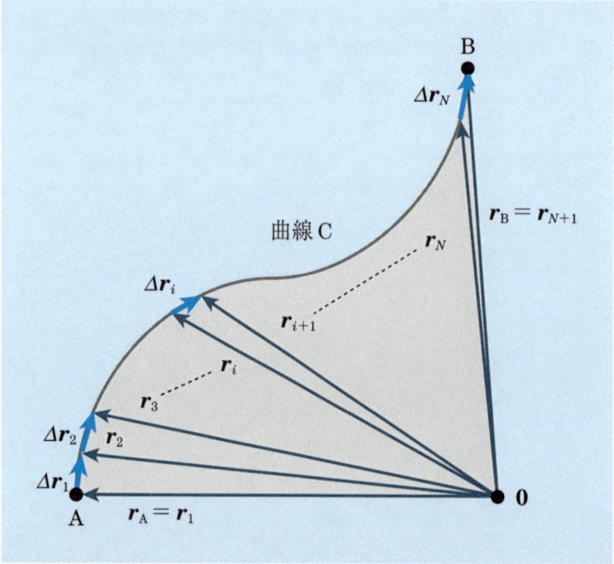

図3.1　曲線Cを微小なベクトル $\Delta\boldsymbol{r}_1,\Delta\boldsymbol{r}_2,\ldots,\Delta\boldsymbol{r}_i,\ldots,\Delta\boldsymbol{r}_N$ に分割する．

る．この極限で和は線積分になり次のように表される．

$$\begin{aligned} W(\mathrm{C}:\boldsymbol{r}_\mathrm{A}\to\boldsymbol{r}_\mathrm{B}) &= \lim_{\{|\Delta\boldsymbol{r}_i|\}\to 0}\sum_i -q\boldsymbol{E}(\boldsymbol{r}_i)\cdot\Delta\boldsymbol{r}_i \\ &= \int_{\mathrm{C}:\boldsymbol{r}_\mathrm{A}\to\boldsymbol{r}_\mathrm{B}} -q\boldsymbol{E}(\boldsymbol{r})\cdot d\boldsymbol{r} \\ &= -q\int_{\mathrm{C}:\boldsymbol{r}_\mathrm{A}\to\boldsymbol{r}_\mathrm{B}} \boldsymbol{E}(\boldsymbol{r})\cdot d\boldsymbol{r} \end{aligned}$$

ここで $\int_{\mathrm{C}:\boldsymbol{r}_\mathrm{A}\to\boldsymbol{r}_\mathrm{B}} d\boldsymbol{r}$ は曲線 C にそって位置 $\boldsymbol{r}_\mathrm{A}$ から $\boldsymbol{r}_\mathrm{B}$ まで線積分するという意味である．ここでの線積分はベクトル関数と無限小の大きさのベクトル $d\boldsymbol{r}$ との内積の線積分である（〔下欄〕**線積分** 参照）．ここで

$$\phi(\mathrm{C}:\boldsymbol{r}_\mathrm{A}\to\boldsymbol{r}_\mathrm{B}) = -\int_{\mathrm{C}:\boldsymbol{r}_\mathrm{A}\to\boldsymbol{r}_\mathrm{B}} \boldsymbol{E}(\boldsymbol{r})\cdot d\boldsymbol{r} \tag{3.1}$$

を位置 $\boldsymbol{r}_\mathrm{B}$ と位置 $\boldsymbol{r}_\mathrm{A}$ の**電位差**または**電圧**と呼ぶ．単位は V（ボルト）で表す．1 C の電荷を 2 点間移動するのに要する仕事が 1 J（ジュール）のとき，その 2 点間の電位差または電圧を 1 V とする．したがって

$$1\,\mathrm{V} = 1\,\mathrm{J}\cdot\mathrm{C}^{-1} = 1\,\mathrm{m}^2\cdot\mathrm{kg}\cdot\mathrm{s}^{-3}\cdot\mathrm{A}^{-1}$$

これを使うと仕事 $W(\mathrm{C}:\boldsymbol{r}_\mathrm{A}\to\boldsymbol{r}_\mathrm{B})$ は

$$W(\mathrm{C}:\boldsymbol{r}_\mathrm{A}\to\boldsymbol{r}_\mathrm{B}) = +q\phi(\mathrm{C}:\boldsymbol{r}_\mathrm{A}\to\boldsymbol{r}_\mathrm{B}) \tag{3.2}$$

と表すことができる．上の式で C をわざわざ書いているのは，この電荷 q を

線積分

位置 $\boldsymbol{r}$ での $\boldsymbol{E}(\boldsymbol{r})$ と $d\boldsymbol{r}$ のなす角度を $\theta(\boldsymbol{r})$ とすると

$$\boldsymbol{E}(\boldsymbol{r})\cdot d\boldsymbol{r} = E(\boldsymbol{r})\cos\theta(\boldsymbol{r})dr$$

だから

$$\int_{\mathrm{C}:\boldsymbol{r}_\mathrm{A}\to\boldsymbol{r}_\mathrm{B}} \boldsymbol{E}(\boldsymbol{r})\cdot d\boldsymbol{r} = \int_{\mathrm{C}:\boldsymbol{r}_\mathrm{A}\to\boldsymbol{r}_\mathrm{B}} E(\boldsymbol{r})\cos\theta(\boldsymbol{r})dr$$

となって，左辺のベクトルと $d\boldsymbol{r}$ の内積の線積分はスカラー関数 $E(\boldsymbol{r})\cos\theta(\boldsymbol{r})$ の線積分で表される．また線積分では $d\boldsymbol{r}, dr$ のかわりに $d\boldsymbol{s}, ds$ を使うこともある．したがってこの式は

$$\int_{\mathrm{C}:\boldsymbol{r}_\mathrm{A}\to\boldsymbol{r}_\mathrm{B}} \boldsymbol{E}(\boldsymbol{r})\cdot d\boldsymbol{s} = \int_{\mathrm{C}:\boldsymbol{r}_\mathrm{A}\to\boldsymbol{r}_\mathrm{B}} E(\boldsymbol{r})\cos\theta(\boldsymbol{r})ds$$

と書くこともある．

$\boldsymbol{r}_\mathrm{A}$ から $\boldsymbol{r}_\mathrm{B}$ まで移動させるのに要する仕事 W はその移動の経路 C による可能性があるからである．だが実はこれは経路 C によらない．次節以降でこのことを示していく．

3.2 保存力とスカラーポテンシャル

3.2.1 保存力とスカラーポテンシャル

ある力 $\boldsymbol{F}(\boldsymbol{r})$ の場を考えよう．力 $\boldsymbol{F}(\boldsymbol{r})$ を受けながらあるものを曲線 C にそって位置 $\boldsymbol{r}_\mathrm{A}$ から $\boldsymbol{r}_\mathrm{B}$ まで動かすのに外からする仕事 $W(\mathrm{C}:\boldsymbol{r}_\mathrm{A}\to\boldsymbol{r}_\mathrm{B})$ は次のように表されることは 3.1 節の議論からすぐにわかるだろう．

$$W(\mathrm{C}:\boldsymbol{r}_\mathrm{A}\to\boldsymbol{r}_\mathrm{B}) = -\int_{\mathrm{C}:\boldsymbol{r}_\mathrm{A}\to\boldsymbol{r}_\mathrm{B}} \boldsymbol{F}(\boldsymbol{r})\cdot d\boldsymbol{r}$$

これが始点 $\boldsymbol{r}_\mathrm{A}$ と終点 $\boldsymbol{r}_\mathrm{B}$ だけにより途中の経路（曲線 C）によらないとき，$\boldsymbol{F}(\boldsymbol{r})$ を**保存力**と呼ぶ（図 3.2）（〔下欄〕**保存力の性質** 参照）．このとき，$W(\mathrm{C}:\boldsymbol{r}_\mathrm{A}\to\boldsymbol{r}_\mathrm{B})$ は積分の始点 $\boldsymbol{r}_\mathrm{A}$ と終点 $\boldsymbol{r}_\mathrm{B}$ だけの関数なので次のように表すことができる．

$$W(\boldsymbol{r}_\mathrm{A}\to\boldsymbol{r}_\mathrm{B}) = -\int_{\boldsymbol{r}_\mathrm{A}}^{\boldsymbol{r}_\mathrm{B}} \boldsymbol{F}(\boldsymbol{r})\cdot d\boldsymbol{r} = \psi(\boldsymbol{r}_\mathrm{B}) - \psi(\boldsymbol{r}_\mathrm{A}) \qquad (3.3)$$

$W(\mathrm{C}:\boldsymbol{r}_\mathrm{A}\to\boldsymbol{r}_\mathrm{B})$ は経路 C にはよらないので，W の式のなかで C を省いた．ここで $\psi(\boldsymbol{r})$ は位置 $\boldsymbol{r}$ のスカラー関数である．この $\psi(\boldsymbol{r})$ を $\boldsymbol{F}(\boldsymbol{r})$ の**スカラーポテンシャル**という．

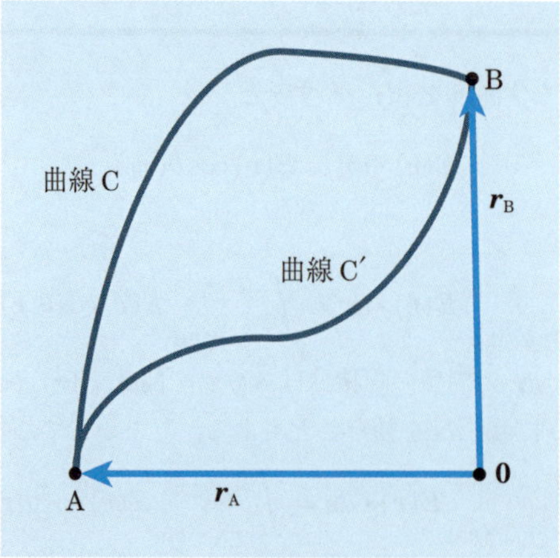

図 3.2 保存力の場合は力 $\boldsymbol{F}(\boldsymbol{r})$ を受けながらあるものを位置 $\boldsymbol{r}_\mathrm{A}$ から $\boldsymbol{r}_\mathrm{B}$ まで動かすのに外からする仕事 W は，曲線 C にそって動かしたときも，曲線 C′ にそって動かしたときも，他の $\boldsymbol{r}_\mathrm{A}$ と $\boldsymbol{r}_\mathrm{B}$ を結ぶどんな曲線にそって動かしたときも変わらない．

このスカラーポテンシャルを用いて，もとの力 $\boldsymbol{F}(\boldsymbol{r})$ を表すことができる．いま，$\boldsymbol{r}_\mathrm{B}$ から $\boldsymbol{r}_\mathrm{B}+(\Delta x,\Delta y,\Delta z)$ まで力 $\boldsymbol{F}(\boldsymbol{r})$ を受けながら物を動かすのに要する仕事は式 (3.3) より

$$W(\boldsymbol{r}_\mathrm{B}\to\boldsymbol{r}_\mathrm{B}+(\Delta x,\Delta y,\Delta z)) = -\int_{\boldsymbol{r}_\mathrm{B}}^{\boldsymbol{r}_\mathrm{B}+(\Delta x,\Delta y,\Delta z)}\boldsymbol{F}(\boldsymbol{r})\cdot d\boldsymbol{r}$$
$$=\psi\big(\boldsymbol{r}_\mathrm{B}+(\Delta x,\Delta y,\Delta z)\big)-\psi(\boldsymbol{r}_\mathrm{B}) \tag{3.4}$$

となる．$(\Delta x,\Delta y,\Delta z)$ が十分小さければ，積分区間内で $\boldsymbol{F}(\boldsymbol{r})$ はほとんど変わらず積分の始点でのベクトル $\boldsymbol{F}(\boldsymbol{r}_\mathrm{B})$ のまま一定とみなせる．したがって積分の中の $\boldsymbol{F}(\boldsymbol{r})$ を $\boldsymbol{F}(\boldsymbol{r}_\mathrm{B})$ で置き換え，積分の外に出してしまえる．

$$\int_{\boldsymbol{r}_\mathrm{B}}^{\boldsymbol{r}_\mathrm{B}+(\Delta x,\Delta y,\Delta z)}\boldsymbol{F}(\boldsymbol{r})\cdot d\boldsymbol{r}\simeq\boldsymbol{F}(\boldsymbol{r}_\mathrm{B})\cdot\int_{\boldsymbol{r}_\mathrm{B}}^{\boldsymbol{r}_\mathrm{B}+(\Delta x,\Delta y,\Delta z)}d\boldsymbol{r}$$
$$=\boldsymbol{F}(\boldsymbol{r}_\mathrm{B})\cdot(\Delta x,\Delta y,\Delta z)=\big\{F_x(\boldsymbol{r}_\mathrm{B})\Delta x+F_y(\boldsymbol{r}_\mathrm{B})\Delta y+F_z(\boldsymbol{r}_\mathrm{B})\Delta z\big\}$$

はベクトル $\boldsymbol{F}(\boldsymbol{r}_\mathrm{B})$ とベクトル $(\Delta x,\Delta y,\Delta z)$ の内積である．これより

$$\boldsymbol{F}(\boldsymbol{r}_\mathrm{B})\cdot(\Delta x,\Delta y,\Delta z)=-\big\{\psi(\boldsymbol{r}_\mathrm{B}+(\Delta x,\Delta y,\Delta z))-\psi(\boldsymbol{r}_\mathrm{B})\big\} \tag{3.5}$$

を得る．これから先に計算を進めるにはテイラー展開を使わねばならない．

3.2.2　多変数関数のテイラー展開と偏微分

一般にある 1 変数関数 $f(x)$ があるとき，x から微小量 Δx だけずれた場所

保存力の性質

保存力 $\boldsymbol{F}(\boldsymbol{r})$ を受けながらある物を点 A から出発して閉曲線 C にそって 1 周動かし，再び A に戻るまでに外からする仕事 $W(\mathrm{C}:\boldsymbol{r}_\mathrm{A}\to\boldsymbol{r}_\mathrm{A})$ を考える（図 3.3）．

$$W(\mathrm{C}:\boldsymbol{r}_\mathrm{A}\to\boldsymbol{r}_\mathrm{A})=\int_{\mathrm{C}:\boldsymbol{r}_\mathrm{A}\to\boldsymbol{r}_\mathrm{B}}\boldsymbol{F}(\boldsymbol{r})\cdot d\boldsymbol{r}$$

この C の途中の点 B を考え，C を図のように A から B までの曲線 C_1 と B から A までの曲線 C_2 に分けると

$$W(\mathrm{C}:\boldsymbol{r}_\mathrm{A}\to\boldsymbol{r}_\mathrm{A})=\int_{\mathrm{C}_1:\boldsymbol{r}_\mathrm{A}\to\boldsymbol{r}_\mathrm{B}}\boldsymbol{F}(\boldsymbol{r})\cdot d\boldsymbol{r}+\int_{\mathrm{C}_2:\boldsymbol{r}_\mathrm{B}\to\boldsymbol{r}_\mathrm{A}}\boldsymbol{F}(\boldsymbol{r})\cdot d\boldsymbol{r}$$

となる．ここで上の式の右辺第 2 項で C_2 を逆に A から B までたどることにすれば始点と終点が逆になるので符号が変わり

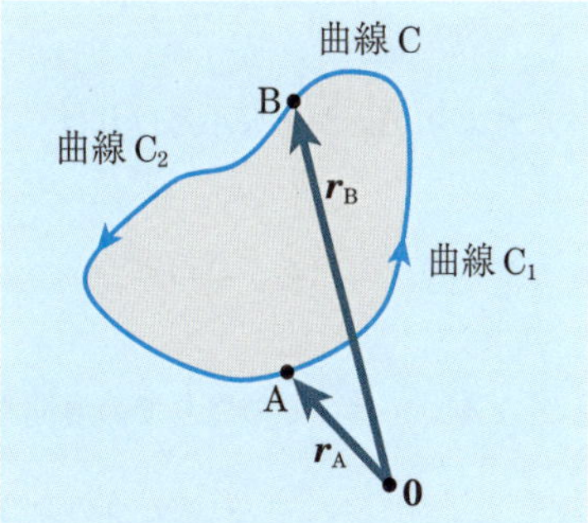

図 3.3

$$W(\mathrm{C}:\boldsymbol{r}_\mathrm{A}\to\boldsymbol{r}_\mathrm{A})=\int_{\mathrm{C}_1:\boldsymbol{r}_\mathrm{A}\to\boldsymbol{r}_\mathrm{B}}\boldsymbol{F}(\boldsymbol{r})\cdot d\boldsymbol{r}-\int_{\mathrm{C}_2:\boldsymbol{r}_\mathrm{A}\to\boldsymbol{r}_\mathrm{B}}\boldsymbol{F}(\boldsymbol{r})\cdot d\boldsymbol{r}=0$$

最後に $\boldsymbol{F}(\boldsymbol{r})$ は保存力なので，その A から B に向かう線積分は途中の経路によらないことを使った．このように保存力の場合，ある閉曲線にそって 1 周したときの仕事は 0 となる．

での関数 $f(x)$ の値 $f(x+\Delta x)$ は**テイラー**（Taylor）**展開**を用いて，Δx の1次までは次のように表される（〔下欄〕**テイラー展開** 参照）.

$$f(x+\Delta x) \simeq f(x) + \frac{df(x)}{dx}\Delta x \tag{3.6}$$

では2変数 x_1, x_2 の関数 $f(x_1, x_2)$ のときはどうなるのであろうか？ x_1, x_2 がそれぞれ微小量 $\Delta x_1, \Delta x_2$ だけ変化したときの関数の値 $f(x_1+\Delta x_1, x_2+\Delta x_2)$ を考えてみよう．$\Delta x_1, \Delta x_2$ が十分小さければこの値は $f(x_1, x_2)$ に，x_1 が Δx_1 だけ変化したことによる関数 $f(x_1, x_2)$ の変化分と，x_2 が Δx_2 だけ変化したことによる変化分を加えれば得られる．1変数関数のテイラー展開の式の類推から前者は

$$\frac{\partial f(x_1, x_2)}{\partial x_1}\Delta x_1$$

によって，後者は

$$\frac{\partial f(x_1, x_2)}{\partial x_2}\Delta x_2$$

によって与えられることがわかるだろう．ここで

$$\frac{\partial f(x_1, x_2)}{\partial x_1} \equiv \lim_{\Delta x_1 \to 0} \frac{f(x_1+\Delta x_1, x_2) - f(x_1, x_2)}{\Delta x_1}$$

は2変数関数 $f(x_1, x_2)$ の変数 x_1 に関する偏微分であり，x_2 は一定のまま止めておいて，x_1 に関して微分することを意味する．同様に

$$\frac{\partial f(x_1, x_2)}{\partial x_2} \equiv \lim_{\Delta x_2 \to 0} \frac{f(x_1, x_2+\Delta x_2) - f(x_1, x_2)}{\Delta x_2}$$

は $f(x_1, x_2)$ の x_2 に関する偏微分である．

テイラー展開

式 (3.6) は微分の定義の式に戻れば理解できる．関数 $f(x)$ の微分 $\dfrac{df(x)}{dx}$ は次式で定義される．

$$\frac{df(x)}{dx} \equiv \lim_{\Delta x \to 0} \frac{f(x+\Delta x) - f(x)}{\Delta x}$$

これより Δx が十分小さければ

$$\frac{df(x)}{dx} \simeq \frac{f(x+\Delta x) - f(x)}{\Delta x}$$

となるので，$f(x+\Delta x)$ は

$$f(x+\Delta x) \simeq f(x) + \frac{df(x)}{dx}\Delta x$$

となる．$x=a$ での周りでの展開なら

$$f(a+\Delta x) \simeq f(a) + \left.\frac{df(x)}{dx}\right|_{x=a}\Delta x = f(a) + \left.\frac{df(a+x)}{dx}\right|_{x=0}\Delta x$$

である．例えば1.2.4項で用いた x が十分小さい場合に成り立つ近似式 $(1+x)^\alpha \simeq 1+\alpha x$ は上の式で $a=1, \Delta x = x$ とおいて

$$(1+x)^\alpha \simeq 1 + \left.\frac{d(1+x)^\alpha}{dx}\right|_{x=0} x = 1+\alpha x$$

のように導かれる．

よって2変数関数の場合の1次までのテイラー展開の式は次のようになる．

$$f(x_1+\Delta x_1, x_2+\Delta x_2) \simeq f(x_1,x_2) + \frac{\partial f(x_1,x_2)}{\partial x_1}\Delta x_1 + \frac{\partial f(x_1,x_2)}{\partial x_2}\Delta x_2 \tag{3.7}$$

3.2.3　グラジェントとスカラーポテンシャル

さて式 (3.5) をもう一度みてみよう．ここに登場するのは 3 変数 $(x_\mathrm{B}, y_\mathrm{B}, z_\mathrm{B}) = \boldsymbol{r}_\mathrm{B}$ の関数である．3 変数関数も 2 変数関数と同様にテイラー展開できる．$(\Delta x, \Delta y, \Delta z)$ が十分小さければ次のようになる．

$$\begin{aligned}
&\psi\big(\boldsymbol{r}_\mathrm{B} + (\Delta x, \Delta y, \Delta z)\big) - \psi(\boldsymbol{r}_\mathrm{B}) \\
&\simeq \left.\frac{\partial \psi(\boldsymbol{r})}{\partial x}\right|_{\boldsymbol{r}=\boldsymbol{r}_\mathrm{B}} \Delta x + \left.\frac{\partial \psi(\boldsymbol{r})}{\partial y}\right|_{\boldsymbol{r}=\boldsymbol{r}_\mathrm{B}} \Delta y + \left.\frac{\partial \psi(\boldsymbol{r})}{\partial z}\right|_{\boldsymbol{r}=\boldsymbol{r}_\mathrm{B}} \Delta z \\
&= \left.\left(\frac{\partial \psi(\boldsymbol{r})}{\partial x}, \frac{\partial \psi(\boldsymbol{r})}{\partial y}, \frac{\partial \psi(\boldsymbol{r})}{\partial z}\right)\right|_{\boldsymbol{r}=\boldsymbol{r}_\mathrm{B}} \cdot (\Delta x, \Delta y, \Delta z)
\end{aligned} \tag{3.8}$$

上の式で $\dfrac{\partial \psi(\boldsymbol{r})}{\partial x}$ などについている $\Big|_{\boldsymbol{r}=\boldsymbol{r}_\mathrm{B}}$ は位置 $\boldsymbol{r}_\mathrm{B}$ での値であることを示す．式 (3.8) の最後の形はベクトル $\left.\left(\dfrac{\partial \psi(\boldsymbol{r})}{\partial x}, \dfrac{\partial \psi(\boldsymbol{r})}{\partial y}, \dfrac{\partial \psi(\boldsymbol{r})}{\partial z}\right)\right|_{\boldsymbol{r}=\boldsymbol{r}_\mathrm{B}}$ とベクトル $(\Delta x, \Delta y, \Delta z)$ の内積である．この式はベクトル微分演算子 ∇（ナブラ）

$$\nabla = \left(\frac{\partial}{\partial x}, \frac{\partial}{\partial y}, \frac{\partial}{\partial z}\right) \tag{3.9}$$

テイラー（Taylor）展開は次のようにも考えることができる．図 3.4 をみていただきたい．どんな関数もその極めて狭い一部分だけをみれば直線で近似することができる．x でのその直線の傾きは $\dfrac{df(x)}{dx}$ である．したがって $x+\Delta x$ での f の値 $f(x+\Delta x)$ の近似値は，$f(x)$ に x が Δx だけ増えたことによる増分

$$\frac{df(x)}{dx}\Delta x$$

を加えれば得ることができる．

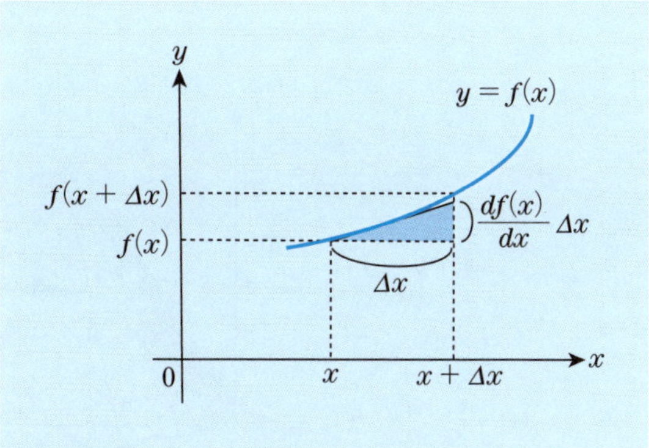

図 3.4　関数 $f(x)$ の x での周りの1次までのテイラー展開．

を使って

$$\nabla\psi(\boldsymbol{r})\Big|_{\boldsymbol{r}=\boldsymbol{r}_\mathrm{B}}\cdot(\Delta x,\Delta y,\Delta z) \tag{3.10}$$

と表される．$\nabla\psi(\boldsymbol{r})$ は

$$\nabla\psi(\boldsymbol{r})=\operatorname{grad}\psi(\boldsymbol{r}) \tag{3.11}$$

とも表す．ここで grad は**グラジエント**または**勾配**（こうばい）と呼ぶ．

ちょっと grad の意味を考えてみよう．簡単のため，2 変数 (x,y) の関数 $f(x,y)$ を考える．(x,y) を成分とする 2 次元ベクトル $\boldsymbol{r}=(x,y)$ を考えれば，$f(x,y)$ はベクトル $\boldsymbol{r}$ の関数とみなせる．つまり，$f(x,y)=f(\boldsymbol{r})$．ある点 $\boldsymbol{r}=(x,y)$ での関数 $f(\boldsymbol{r})$ の値を a とする．この点 $\boldsymbol{r}=(x,y)$ から出発し，点の位置をずらしても関数 f の値は a のまま変わらない点を探そう（図 3.5）．それには点 $\boldsymbol{r}=(x,y)$ から出発し，x 座標をちょっとずらしたときに，それによる関数 f の変化をちょうど打ち消すように y 座標も変化させてやればよい．式 (3.7) からわかるように x,y 座標をそれぞれ $\Delta x,\Delta y$ だけずらしたときの関数 $f(\boldsymbol{r})=f(x,y)$ の変化分は $\dfrac{\partial f(x,y)}{\partial x}\Delta x+\dfrac{\partial f(x,y)}{\partial y}\Delta y$ である．これが 0 になればよい．

$$\frac{\partial f(x,y)}{\partial x}\Delta x+\frac{\partial f(x,y)}{\partial y}\Delta y=0 \tag{3.12}$$

上の式はずらした分の座標の 2 次元ベクトル $\Delta\boldsymbol{r}=(\Delta x,\Delta y)$ を使って

$$\left(\frac{\partial f(x,y)}{\partial x},\frac{\partial f(x,y)}{\partial y}\right)\cdot(\Delta x,\Delta y)=\left(\frac{\partial f(x,y)}{\partial x},\frac{\partial f(x,y)}{\partial y}\right)\cdot\Delta\boldsymbol{r}=0$$

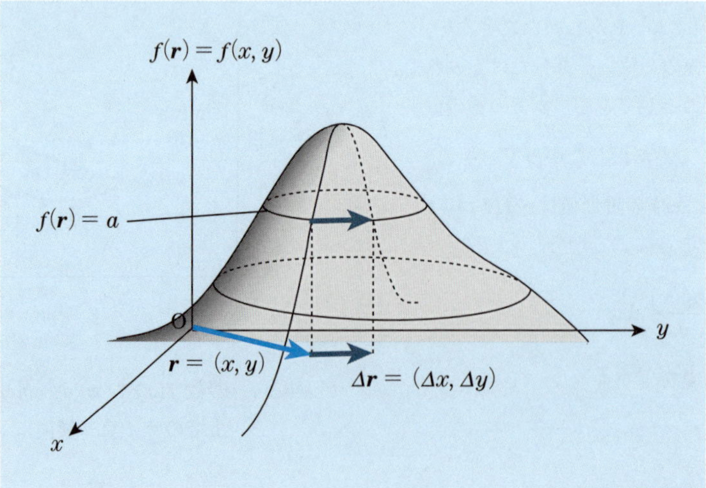

図 3.5　点 $\boldsymbol{r}=(x,y)$ から出発し，点の位置をずらしても関数 f の値は a のまま変わらない点を探す．

となる．ここで，$\left(\frac{\partial f(x,y)}{\partial x}, \frac{\partial f(x,y)}{\partial y}\right) \cdot \boldsymbol{\Delta r}$ は 2 つの 2 次元ベクトル $\left(\frac{\partial f(x,y)}{\partial x}, \frac{\partial f(x,y)}{\partial y}\right)$ と $\boldsymbol{\Delta r}$ の内積である．2 つのベクトルの内積が 0 となるのだから，この 2 つのベクトルは直交することになる．さて，式 (3.12) より x 座標をずらす大きさ Δx が十分小さければ y 座標をずらす大きさ Δy も十分小さくてすむ．いま点 (x,y) から出発して式 (3.12) を満たす $(\Delta x, \Delta y)$ だけずらした点 $(x+\Delta x, y+\Delta y)$ でも，関数 $f(x,y)$ の値は変わらない．今度はあらたに $(x+\Delta x, y+\Delta y)$ を (x,y) とおき，上と同様の手続きで関数 $f(x,y)$ の値が変わらない新しい点を探していく．これを繰り返して次々に新しい点を探していく．そうやってできた点の集合は 2 次元平面 (x,y) 内の 1 つの曲線となる．

$f(x,y) = f(\boldsymbol{r})$ が位置 $\boldsymbol{r} = (x,y)$ での地面の高さを表すと考えれば，そうしてできた 2 次元平面内の曲線は等高線となる．式 (3.12) で 2 次元ベクトル $\boldsymbol{\Delta r} = (\Delta x, \Delta y)$ は，そちらの方向へずれても高さ $f(x,y) = f(\boldsymbol{r})$ が変わらないのであるから，点 (x,y) でのその等高線の接線である．そして，$\left(\frac{\partial f(x,y)}{\partial x}, \frac{\partial f(x,y)}{\partial y}\right)$ はその接線と直交するので，高さがもっとも変化する方向を向いている．

では減る方向，それとも増える方向，どちらを向いているのであろうか？それは〔下欄〕**増える方向，減る方向?** に示すように，増える方向を向いて

増える方向，減る方向?

$\left(\frac{\partial f(x,y)}{\partial x}, \frac{\partial f(x,y)}{\partial y}\right)$ が $f(x,y) = f(\boldsymbol{r})$ の増える方向に向いているのか，逆に減る方向に向いているのかを調べるため，点 (x,y) から $\left(\frac{\partial f(x,y)}{\partial x}, \frac{\partial f(x,y)}{\partial y}\right)\delta$ だけずれた点 $\left(x + \frac{\partial f(x,y)}{\partial x}\delta, y + \frac{\partial f(x,y)}{\partial y}\delta\right)$ での関数 $f(x,y)$ の値を，テイラー展開を用いて計算してみよう．ここで δ は正の微小な定数である．

$$
\begin{aligned}
f\left(x + \frac{\partial f(x,y)}{\partial x}\delta, y + \frac{\partial f(x,y)}{\partial y}\delta\right) &\simeq f(x,y) + \frac{\partial f(x,y)}{\partial x}\frac{\partial f(x,y)}{\partial x}\delta + \frac{\partial f(x,y)}{\partial y}\frac{\partial f(x,y)}{\partial y}\delta \\
&= f(x,y) + \left(\frac{\partial f(x,y)}{\partial x}\right)^2 \delta + \left(\frac{\partial f(x,y)}{\partial y}\right)^2 \delta \qquad (3.13)
\end{aligned}
$$

上の式で最後の右辺第 2 項と第 3 項は明らかに正である．つまり，点 $\left(x + \frac{\partial f(x,y)}{\partial x}\delta, y + \frac{\partial f(x,y)}{\partial y}\delta\right)$ での関数 $f(\boldsymbol{r}) = f(x,y)$ の値は点 $\boldsymbol{r} = (x,y)$ での値より大きい．よって，$\left(\frac{\partial f(x,y)}{\partial x}, \frac{\partial f(x,y)}{\partial y}\right)$ は $f(x,y) = f(\boldsymbol{r})$ の増える方向に向いている．

いる．よって $\left(\dfrac{\partial f(x,y)}{\partial x}, \dfrac{\partial f(x,y)}{\partial y}\right)$ は点 $\boldsymbol{r}=(x,y)$ で関数 $f(\boldsymbol{r})=f(x,y)$ がもっとも増加する方向を向いている（図 3.6）．

次に 3 次元空間の点 $\boldsymbol{r}=(x,y,z)$ の関数 $g(\boldsymbol{r})=g(x,y,z)$ を考える．2 次元のときの結果を素直に拡張すれば

$$\left(\frac{\partial g(x,y,z)}{\partial x}, \frac{\partial g(x,y,z)}{\partial y}, \frac{\partial g(x,y,z)}{\partial z}\right) = \nabla g(x,y,z) = \mathrm{grad}\, g(\boldsymbol{r}) \tag{3.14}$$

は関数 $g(\boldsymbol{r})$ がもっとも増加する方向，つまり上りの勾配がもっとも大きな方向を向いているベクトルであることがわかるだろう．これが grad が勾配と呼ばれる理由である．

さて式 (3.5)

$$\boldsymbol{F}(\boldsymbol{r}_{\mathrm{B}})\cdot(\Delta x,\Delta y,\Delta z) = -\{\psi(\boldsymbol{r}_{\mathrm{B}}+(\Delta x,\Delta y,\Delta z))-\psi(\boldsymbol{r}_{\mathrm{B}})\}$$

に戻ろう．この式の右辺を $\Delta x, \Delta y, \Delta z$ についてテイラー展開し，式 (3.8), (3.10) を使うと $\boldsymbol{F}(\boldsymbol{r}_{\mathrm{B}})\cdot(\Delta x,\Delta y,\Delta z) = -\nabla\psi(\boldsymbol{r})\big|_{\boldsymbol{r}=\boldsymbol{r}_{\mathrm{B}}}\cdot(\Delta x,\Delta y,\Delta z)$ を得る．これがどんな位置 $\boldsymbol{r}_{\mathrm{B}}$ でも，微小でさえあればどんな $(\Delta x,\Delta y,\Delta z)$ についても成り立つのであるから

$$\boldsymbol{F}(\boldsymbol{r}) = -\nabla\psi(\boldsymbol{r}) \tag{3.15}$$

となる．このように

保存力 $\boldsymbol{F}(\boldsymbol{r})$ はスカラーポテンシャル $\psi(\boldsymbol{r})$ を使って表すことができる．

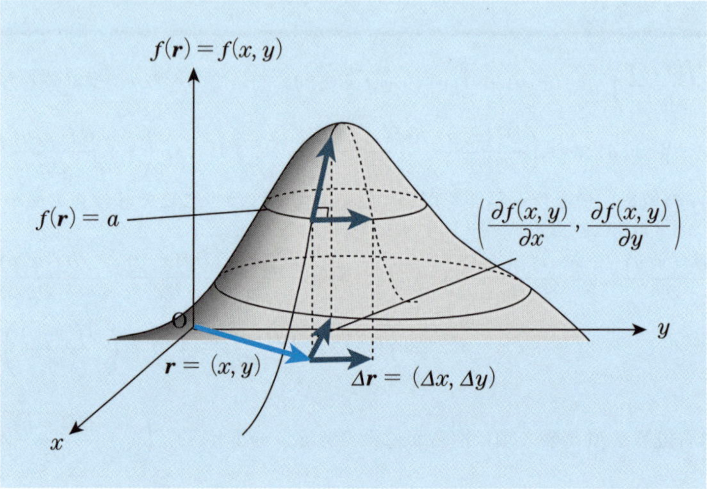

図 3.6　$\left(\dfrac{\partial f(x,y)}{\partial x}, \dfrac{\partial f(x,y)}{\partial y}\right)$ は点 $\boldsymbol{r}=(x,y)$ で関数 $f(\boldsymbol{r})=f(x,y)$ がもっとも増加する方向を向いている．

3.3 静電ポテンシャル（電位）

3.3.1 仕事と静電ポテンシャル

クーロン力は保存力である．クーロン力は電場に電荷の大きさをかければ得られるのであるから，このことは線積分

$$q\int_{\mathrm{C}:\boldsymbol{r}_{\mathrm{A}}\to\boldsymbol{r}_{\mathrm{B}}}\boldsymbol{E}(\boldsymbol{r})\cdot d\boldsymbol{r} \tag{3.16a}$$

が始点 $\boldsymbol{r}_{\mathrm{A}}$ と終点 $\boldsymbol{r}_{\mathrm{B}}$ だけにより途中の経路 C によらないということである．ではこれを証明してみよう．

任意の電場は点電荷の作る電場を足しあわせてやればできる．したがって，点電荷の作る電場を式 (3.16a) に代入した結果が経路 C によらないことを示せば，任意の電場を式 (3.16a) に代入した結果が経路 C によらないことを示せたことになり，クーロン力が保存力であることを示せたことになる．点電荷の大きさを q' とし，その位置を原点にとろう．このとき式 (3.16a) は

$$q\int_{\mathrm{C}:\boldsymbol{r}_{\mathrm{A}}\to\boldsymbol{r}_{\mathrm{B}}}\boldsymbol{E}(\boldsymbol{r})\cdot d\boldsymbol{r} \quad = q\int_{\mathrm{C}:\boldsymbol{r}_{\mathrm{A}}\to\boldsymbol{r}_{\mathrm{B}}}E(\boldsymbol{r})\boldsymbol{e}_r\cdot d\boldsymbol{r} \tag{3.16b}$$

となる．ここで電場の方向の単位ベクトルを $\boldsymbol{e}_r$ とした．$\boldsymbol{e}_r = \dfrac{\boldsymbol{r}}{|\boldsymbol{r}|}$ であるが，位置 $\boldsymbol{r}$ の原点からの距離を R とおくと $\boldsymbol{e}_r = \boldsymbol{r}/R$ と表すことができる（〔下欄〕**$\boldsymbol{r}$ と $\boldsymbol{R}$ の違い** 参照）．いま，図 3.7 で $d\boldsymbol{r}$ の大きさは無限小なので図の直角 3 角形 OPQ の底辺の長さ $\overline{\mathrm{OP}}$ は斜辺の長さ $\overline{\mathrm{OQ}} = |\boldsymbol{r}+d\boldsymbol{r}| = R + dR$ と等

$\boldsymbol{r}$ と $\boldsymbol{R}$ の違い

式 (3.16b) の $d\boldsymbol{r}$ は位置 $\boldsymbol{r}$ での曲線 C にそった無限小のベクトルである．したがって，$dr = |d\boldsymbol{r}|$ も曲線 C にそった無限小の長さの変化分である．以下ではこの dr を原点からの距離の無限小の変化分 dR と区別する必要があるので，原点からの距離を R と書くことにする．

しくなる．よって図より $\boldsymbol{e}_r \cdot d\boldsymbol{r} = dR$ を得る（〔下欄〕$\boldsymbol{e}_r \cdot d\boldsymbol{r} = dR$ **の別の説明** 参照）．これより式 (3.16b) は

$$q \int_{\mathrm{C}:\boldsymbol{r}_\mathrm{A} \to \boldsymbol{r}_\mathrm{B}} E(R)dR = \frac{qq'}{4\pi\varepsilon_0} \int_{r_\mathrm{A}}^{r_\mathrm{B}} \frac{1}{R^2} dR$$

となる．$r_\mathrm{A} = |\boldsymbol{r}_\mathrm{A}|$, $r_\mathrm{B} = |\boldsymbol{r}_\mathrm{B}|$ である．ここで

$$E(\boldsymbol{r}) = E(R) = \frac{q'}{4\pi\varepsilon_0 R^2}$$

を使った．上の式の積分はすぐに実行できて

$$\frac{qq'}{4\pi\varepsilon_0} \int_{r_\mathrm{A}}^{r_\mathrm{B}} \frac{1}{R^2} dR = -\frac{qq'}{4\pi\varepsilon_0} \left[\frac{1}{R}\right]_{r_\mathrm{A}}^{r_\mathrm{B}} = -\frac{qq'}{4\pi\varepsilon_0} \left(\frac{1}{r_\mathrm{B}} - \frac{1}{r_\mathrm{A}}\right)$$

となる．これは明らかに r_A と r_B を結ぶ途中の経路 C によらない．よって

クーロン力は保存力である．

式 (3.16a) が経路 C によらないのだから式 (3.1)

$$\phi(\mathrm{C} : \boldsymbol{r}_\mathrm{A} \to \boldsymbol{r}_\mathrm{B}) = -\int_{\mathrm{C}:\boldsymbol{r}_\mathrm{A} \to \boldsymbol{r}_\mathrm{B}} \boldsymbol{E}(\boldsymbol{r}) \cdot d\boldsymbol{r}$$

の電位差 $\phi(\mathrm{C} : \boldsymbol{r}_\mathrm{A} \to \boldsymbol{r}_\mathrm{B})$ も経路によらない．したがって

$$-\int_{\mathrm{C}:\boldsymbol{r}_\mathrm{A} \to \boldsymbol{r}_\mathrm{B}} \boldsymbol{E}(\boldsymbol{r}) \cdot d\boldsymbol{r} = -\int_{\boldsymbol{r}_\mathrm{A}}^{\boldsymbol{r}_\mathrm{B}} \boldsymbol{E}(\boldsymbol{r}) \cdot d\boldsymbol{r}$$
$$= \phi(\boldsymbol{r}_\mathrm{A} \to \boldsymbol{r}_\mathrm{B}) = \phi(\boldsymbol{r}_\mathrm{B}) - \phi(\boldsymbol{r}_\mathrm{A}) \tag{3.17}$$

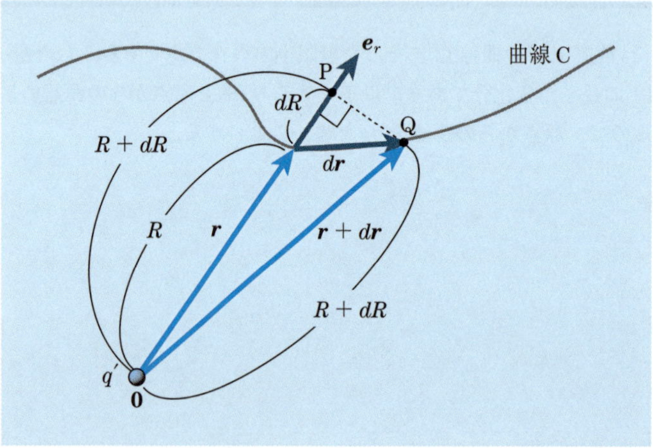

図 3.7 位置 R での曲線 C にそった無限小のベクトルの $d\boldsymbol{r}$，原点からの距離の変化分 dR，および位置ベクトル $\boldsymbol{r}$ の方向の単位ベクトル $\boldsymbol{e}_r = \dfrac{\boldsymbol{r}}{R}$．ここで R は原点からの距離．$d\boldsymbol{r}$ の大きさは無限小なので $\overline{\mathrm{OP}} = \overline{\mathrm{OQ}}$ となる．

と表すことができる．この式は式 (3.1) の位置 $\boldsymbol{r}_{\rm B}$ と位置 $\boldsymbol{r}_{\rm A}$ の**電位差**となっている．ここで，$\phi(\boldsymbol{r})$ を**静電ポテンシャル**または**電位**と呼ぶ．単位は電位差と同じく V（ボルト）である．式 (3.17) は式 (3.3) と同じ形をしている．よって，式 (3.10) と同じように，電場 $\boldsymbol{E}(\boldsymbol{r})$ は静電ポテンシャル $\phi(\boldsymbol{r})$ を使って

$$\boldsymbol{E}(\boldsymbol{r}) = -\nabla\phi(\boldsymbol{r}) = -\mathrm{grad}\ \phi(\boldsymbol{r}) \tag{3.18}$$

と表すことができる．

さて，式 (3.17) だけでは，位置 $\boldsymbol{r}_{\rm B}$ の静電ポテンシャル $\phi(\boldsymbol{r}_{\rm B})$ は決まらず，位置 $\boldsymbol{r}_{\rm B}$ と位置 $\boldsymbol{r}_{\rm A}$ の**電位差**

$$\phi(\boldsymbol{r}_{\rm A} \to \boldsymbol{r}_{\rm B}) = \phi(\boldsymbol{r}_{\rm B}) - \phi(\boldsymbol{r}_{\rm A})$$

だけが決まる．しかし位置 $\boldsymbol{r}$ の静電ポテンシャル $\phi(\boldsymbol{r})$ が決められると便利なことが多い．そこである基準点 $\boldsymbol{r}_0$ を考え，そこでの静電ポテンシャル $\phi(\boldsymbol{r}_0)$ を 0 と決めてしまおう．すると

$$\phi(\boldsymbol{r}) = \phi(\boldsymbol{r}_0 \to \boldsymbol{r}) + \phi(\boldsymbol{r}_0) = \phi(\boldsymbol{r}_0 \to \boldsymbol{r}) = -\int_{\boldsymbol{r}_0}^{\boldsymbol{r}} \boldsymbol{E}(\boldsymbol{r}')\cdot d\boldsymbol{r}' \tag{3.19}$$

となり $\phi(\boldsymbol{r})$ が決まる．もちろんこの $\phi(\boldsymbol{r})$ は基準点 $\boldsymbol{r}_0$ の決め方によって変わる．

ここで，原点に点電荷 q があるときの位置 $\boldsymbol{r}$ での静電ポテンシャル $\phi(\boldsymbol{r})$ を求めてみよう．図 3.8（次頁）のように，原点といまポテンシャル $\phi(\boldsymbol{r})$ を求めたい位置 $\boldsymbol{r}$ を結んだ直線上の原点からの距離 r_0 が無限大の点を基準点 $\boldsymbol{r}_0$ とする．すると

$\boldsymbol{e}_r \cdot d\boldsymbol{r} = dR$ の別の説明

$\boldsymbol{e}_r \cdot d\boldsymbol{r} = dR$ となることは次のようにしても示すことができる．位置 $\boldsymbol{r}+d\boldsymbol{r}$ の原点からの距離は $R+dR$ であるから

$$\begin{aligned} R+dR &= |\boldsymbol{r}+d\boldsymbol{r}| = \{(\boldsymbol{r}+d\boldsymbol{r})\cdot(\boldsymbol{r}+d\boldsymbol{r})\}^{1/2} = (\boldsymbol{r}\cdot\boldsymbol{r} + 2\boldsymbol{r}\cdot d\boldsymbol{r} + d\boldsymbol{r}\cdot d\boldsymbol{r})^{1/2} \\ &= \left\{R^2 + 2\boldsymbol{r}\cdot d\boldsymbol{r} + (dr)^2\right\}^{1/2} \end{aligned}$$

ここで，dr は微小量なので上の式の { } 内で第 3 項は無視できる．よって

$$\begin{aligned} R+dR &= \left(R^2 + 2\boldsymbol{r}\cdot d\boldsymbol{r}\right)^{1/2} \simeq R\left(1+\frac{2\boldsymbol{r}\cdot d\boldsymbol{r}}{R^2}\right)^{1/2} \simeq R\left(1+\frac{\boldsymbol{r}\cdot d\boldsymbol{r}}{R^2}\right) \\ &= R + \frac{\boldsymbol{r}\cdot d\boldsymbol{r}}{R} \end{aligned}$$

ここで，x が小さいときの近似式 $(1+x)^\alpha \simeq 1+\alpha x$ を使った．これより

$$dR \simeq \frac{\boldsymbol{r}\cdot d\boldsymbol{r}}{R} = \boldsymbol{e}_r \cdot d\boldsymbol{r}$$

を得る．

$$\phi(\boldsymbol{r}) = -\int_{\boldsymbol{r}_0}^{\boldsymbol{r}} \boldsymbol{E}(\boldsymbol{r}')\cdot d\boldsymbol{r}' = -\frac{q}{4\pi\varepsilon_0}\int_{\boldsymbol{r}_0}^{\boldsymbol{r}} \frac{\boldsymbol{r}'}{r'^3}\cdot d\boldsymbol{r}' = +\frac{q}{4\pi\varepsilon_0}\int_{\boldsymbol{r}}^{\boldsymbol{r}_0} \frac{\boldsymbol{r}'}{r'^3}\cdot d\boldsymbol{r}'$$
$$= +\frac{q}{4\pi\varepsilon_0}\int_{r}^{r_0} \frac{1}{r'^2}dr' = -\frac{q}{4\pi\varepsilon_0}\left[\frac{1}{r}\right]_{r}^{r_0} = \frac{q}{4\pi\varepsilon_0}\left(\frac{1}{r} - \frac{1}{r_0}\right)$$

2 行目から 3 行目へいくところで $\boldsymbol{r}$ から $\boldsymbol{r}_0$ に向かうとき，$\boldsymbol{r}\cdot d\boldsymbol{r} = r dr$ を使った．ここで，$r_0 = |\boldsymbol{r}_0| \to \infty$ とすると

$$\phi(\boldsymbol{r}) = -\int_{\infty}^{\boldsymbol{r}} \boldsymbol{E}(\boldsymbol{r}')\cdot d\boldsymbol{r}' = \frac{q}{4\pi\varepsilon_0 r} \tag{3.20}$$

となる．このように原点からの距離が無限 $r = |\boldsymbol{r}| \to \infty$ の点を基準点 $\boldsymbol{r}_0$ にとることが多い．いまの場合，$|\boldsymbol{r}| \to \infty$ なら $\boldsymbol{r}$ がどんな方向を向いていても電場は 0 になる．このとき電場は無限遠点で 0 になるという．このときは

$$\int_{\boldsymbol{r}_1}^{\boldsymbol{r}_2} \boldsymbol{E}(\boldsymbol{r})\cdot d\boldsymbol{r}$$

は $|\boldsymbol{r}_1|, |\boldsymbol{r}_2| \to \infty$ で 0 となるので，原点からの距離が無限大の点でありさえすれば，どの点を基準点に選んでも，$\phi(\boldsymbol{r})$ は変わらない．そこで式 (3.20) の積分の下限を単に ∞ とした．このとき，基準点を無限遠点にとった，という．このように基準点を選んでいるので，式 (3.20) の $\phi(\boldsymbol{r})$ も当然，$|\boldsymbol{r}| \to \infty$ で 0 となる．一般の場合にも電場 $\boldsymbol{E}(\boldsymbol{r})$ がわかればそれを式 (3.19) のように積分して静電ポテンシャル $\phi(\boldsymbol{r})$ を求めることができる．しかし〔下欄〕**基準点の選び方の注意** で述べるように，いつでも無限遠点を基準点に選べるわけではない．

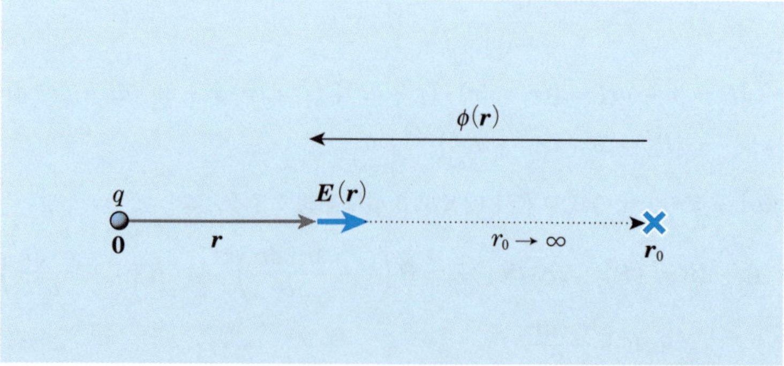

図 3.8　点電荷の作る電場と静電ポテンシャル．原点とポテンシャル $\phi(\boldsymbol{r})$ を求めたい位置 $\boldsymbol{r}$ を結んだ直線上の原点からの距離 r_0 が無限大の点を基準点 $\boldsymbol{r}_0$ とする．

例題 3.1 図 3.9（次頁）のように原点を中心とする半径 a の球殻が電荷面密度 σ_0 で一様に帯電している．位置 $\boldsymbol{r}$ での静電ポテンシャル $\phi(\boldsymbol{r})$ を求めよ．

解答 例題 2.1 (p.48) よりこのときの電場 $\boldsymbol{E}(\boldsymbol{r})$ は

$$\boldsymbol{E}(\boldsymbol{r}) = \begin{cases} \dfrac{Q}{4\pi\varepsilon_0}\dfrac{\boldsymbol{r}}{r^3}, & r \geqq a \\ \boldsymbol{0}, & r < a \end{cases}$$

となる．ここで，$Q = 4\pi a^2\sigma_0$ は球殻の持つ全電荷である．このときも $r \to \infty$ の任意の点を基準点 $\boldsymbol{r}_0$ に選ぶことができる．よってここでも原点といまポテンシャル $\phi(\boldsymbol{r})$ を求めたい位置 $\boldsymbol{r}$ を結んだ直線上の無限遠点を基準点 $\boldsymbol{r}_0$ として計算を進める．$r \geqq a$ での電場 $\boldsymbol{E}(\boldsymbol{r})$ は先に考えた点電荷の場合と同じであり，基準点のとり方も同じなので $\phi(\boldsymbol{r})$ も同じになり

$$\phi(\boldsymbol{r}) = \frac{Q}{4\pi\varepsilon_0}\frac{1}{r}$$

となる．一方，球殻内部すなわち $r < a$ のときは

$$\begin{aligned}\phi(\boldsymbol{r}) &= -\int_{\boldsymbol{r}_0}^{\boldsymbol{r}} \boldsymbol{E}(\boldsymbol{r})\cdot d\boldsymbol{r} \\ &= -\int_{\boldsymbol{r}_0}^{\boldsymbol{r}_{r=a}} \boldsymbol{E}(\boldsymbol{r})\cdot d\boldsymbol{r} - \int_{\boldsymbol{r}_{r=a}}^{\boldsymbol{r}_{r<a}} \boldsymbol{E}(\boldsymbol{r})\cdot d\boldsymbol{r}\end{aligned}$$

というように，積分を無限遠点から球殻表面までの点 $\boldsymbol{r}_{r=a}$ と，球殻表面の点から球殻内部の点 $\boldsymbol{r}_{r<a}$ までの積分に分けることができる．球殻の内部では $\boldsymbol{E}(\boldsymbol{r}) = 0$ なので後者は 0 となり，$r < a$ では

基準点の選び方の注意

無限遠点を基準点に選ぶことができない場合もある．例題 1.1 (p.20) の場合には z 軸上では $|\boldsymbol{E}(\boldsymbol{r})|$ が発散してしまう．また，z 軸をさけて積分

$$-\int_{\boldsymbol{r}_0}^{\boldsymbol{r}} \boldsymbol{E}(\boldsymbol{r}')\cdot d\boldsymbol{r}'$$

を考えても，位置 $\boldsymbol{r}_0$ の z 軸からの距離を無限大とすると積分が発散してしまう．基準点としては z 軸上以外の，z 軸からの距離が有限な点を選ぶしかない．例題 1.2 の場合には xy 平面上では電場が決まらない．また，電場の大きさは $z\ (\neq 0)$ の点では $\boldsymbol{r}$ によらないので，$z \to \infty$ の点を基準点に選ぶと，積分

$$-\int_{\boldsymbol{r}_0}^{\boldsymbol{r}} \boldsymbol{E}(\boldsymbol{r}')\cdot d\boldsymbol{r}'$$

が発散してしまう．したがって，$z \neq 0, \pm\infty$ の点を基準点に選ばざるを得ない．

これらの例のように一般に電荷分布が有限の領域に収まらないとき，無限遠点を基準点に選ぶことはできない．式 (3.21) のあとの説明も参照のこと．

$$\phi(\boldsymbol{r}) = -\int_{\boldsymbol{r}_0}^{\boldsymbol{r}_{r=a}} \boldsymbol{E}(\boldsymbol{r}) \cdot d\boldsymbol{r} = \frac{q}{4\pi\varepsilon_0}\frac{1}{a}$$

となる．結局，まとめると

$$\phi(\boldsymbol{r}) = \begin{cases} \dfrac{Q}{4\pi\varepsilon_0}\dfrac{1}{r}, & r \geqq a \\ \dfrac{Q}{4\pi\varepsilon_0}\dfrac{1}{a}, & r < a \end{cases}$$

となる．図 3.10 にこの静電ポテンシャルを示す． ■

3.3.2 一般の電荷分布が作る静電ポテンシャル

次に複数の点電荷がある場合の静電ポテンシャルの表式を考えよう．原点にある大きさ q の点電荷の作る静電ポテンシャルの式 (3.20) から，位置 $\boldsymbol{r}_i$ にある大きさ q_i の点電荷の作る静電ポテンシャル $\phi_i(\boldsymbol{r})$ は

$$\phi_i(\boldsymbol{r}) = -\int_{\infty}^{\boldsymbol{r}} \boldsymbol{E}_i(\boldsymbol{r}') \cdot d\boldsymbol{r}' = \frac{q_i}{4\pi\varepsilon_0|\boldsymbol{r} - \boldsymbol{r}_i|}$$

となることがわかる．基準点は無限遠点にとっている．ここで $\boldsymbol{E}_i(\boldsymbol{r})$ は位置 $\boldsymbol{r}_i$ に点電荷 q_i だけがあるとき位置 $\boldsymbol{r}$ にできる電場 (1.9) である．複数の点電荷があるときの電場は式 (1.10) のようにそれぞれの点電荷の作る電場 $\boldsymbol{E}_i(\boldsymbol{r})$ の和をとればよいのであった．静電ポテンシャルは単に電場を積分したものだから，複数の電荷があるときの静電ポテンシャルもそれぞれの点電荷の作る静電ポテンシャルの和をとればよい．よって次のようになる．

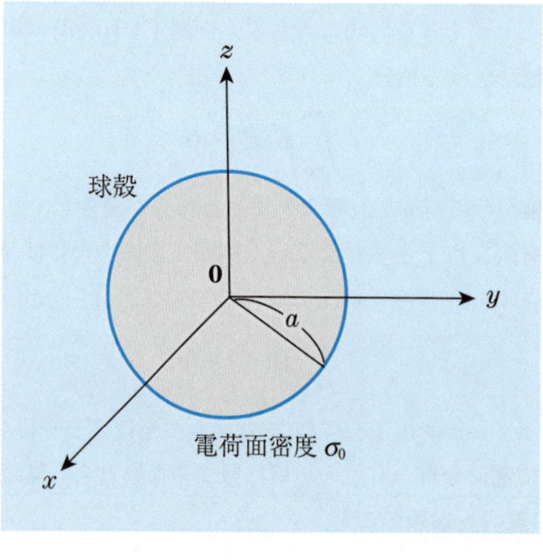

図 3.9 原点を中心とする半径 a の球殻が電荷面密度 σ_0 で一様に帯電している．

$$\phi(\boldsymbol{r}) = -\int_{\infty}^{r} \boldsymbol{E}(\boldsymbol{r}') \cdot d\boldsymbol{r}' = -\int_{\infty}^{r} \sum_i \boldsymbol{E}_i(\boldsymbol{r}') \cdot d\boldsymbol{r}'$$

$$= -\sum_i \int_{\infty}^{r} \boldsymbol{E}_i(\boldsymbol{r}') \cdot d\boldsymbol{r}' = \sum_i \phi_i(\boldsymbol{r}) = \sum_i \frac{q_i}{4\pi\varepsilon_0 |\boldsymbol{r} - \boldsymbol{r}_i|}$$

電荷が連続的に分布している場合はどうなるであろうか？　電荷分布が電荷密度 $\rho(\boldsymbol{r})$ で与えられるときの電場は式 (1.42) で表された．

$$\boldsymbol{E}(\boldsymbol{r}) = \int_{\mathrm{V}} \frac{\rho(\boldsymbol{r}')}{4\pi\varepsilon_0} \frac{\boldsymbol{r} - \boldsymbol{r}'}{|\boldsymbol{r} - \boldsymbol{r}'|^3} dV' \qquad \cdots (1.42)$$

これは，連続的な電荷の分布する空間を細かく分割してそれぞれを点電荷とみなし，それらの作る電場の和をとった式で分割してできた要素の大きさを 0 に持っていく極限をとって得られたものであった．静電ポテンシャルの場合も同様のことを行えば，次の式が得られることがわかるだろう．

$$\phi(\boldsymbol{r}) = \int_{\mathrm{V}} \frac{\rho(\boldsymbol{r}')}{4\pi\varepsilon_0 |\boldsymbol{r} - \boldsymbol{r}'|} dV' \qquad (3.21)$$

これが一般の電荷分布の場合の静電ポテンシャルの表式である．この式は基準点を無限遠点に選んだ点電荷の静電ポテンシャルの式 (3.20) がもとになっている．よって式 (3.21) の静電ポテンシャル $\phi(\boldsymbol{r})$ も $|\boldsymbol{r}| \to \infty$ で 0 となる．

ただし基準点として無限遠点を選ぶことができない場合もある．電荷分布が有限の領域に収まらない場合である（p.67〔下欄〕**基準点の選び方の注意**参照）．その場合，無限遠点でも電場は 0 にならない（原点からの距離が無限大でも電場が 0 にならない点が存在する）．電場が 0 にならなければ無限遠点

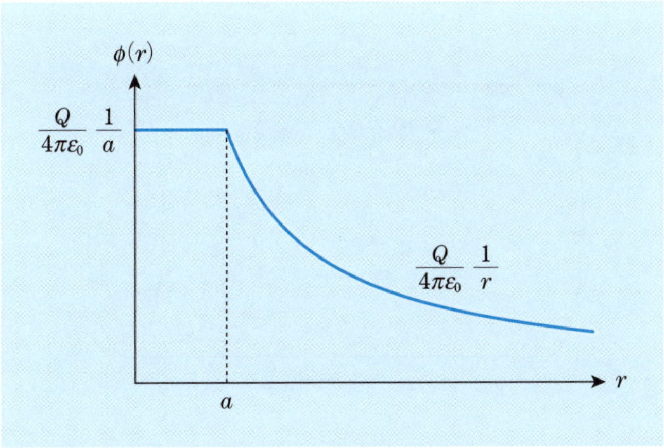

図 3.10　原点を中心とし電荷 Q を持つ半径 a の球殻の作る静電ポテンシャル．

から原点との距離が有限なある点まで電場を積分したとき，積分が発散してしまう．したがって基準点として無限遠点を選ぶことができない．基準点を無限遠点とすることができないのであるから，$|\boldsymbol{r}| \to \infty$ でも式 (3.21) の $\phi(\boldsymbol{r})$ は 0 とはならず，式 (3.21) は成り立たない．逆に $|\boldsymbol{r}| \to \infty$ で $\phi(\boldsymbol{r}) \to 0$ となったということは基準点を無限遠点に選べたということで，そのとき式 (3.21) が成り立つ．したがって，式 (3.21) が成り立つ条件は $|\boldsymbol{r}| \to \infty$ で $\phi(\boldsymbol{r}) \to 0$ となることである．この条件は電荷密度がある有限の領域内でのみ存在することと同じである．

3.3.3　導体の周りの静電場と静電ポテンシャル

ここで少し話を変えて孤立した導体の内部と周りの静電場と静電ポテンシャルを考えてみよう．導体とは電流が流れる物質である．電流の流れは第 1 章の最初に述べたように正味の電荷の移動である．導体とは移動できる正味の電荷がある物質であり，普通は電子が移動する．いま導体内部に静電場があると仮定する．すると導体内の正味の電荷 q は $\boldsymbol{F}(\boldsymbol{r}) = q\boldsymbol{E}(\boldsymbol{r})$ の力を受ける．力を受ければ正味の電荷は動く（図 3.11）．電荷が動くと，式 (1.8) からもわかるように，電場 $\boldsymbol{E}(\boldsymbol{r})$ が変わる．したがって静電場ではなくなってしまう．これは最初の「導体中に静電場がある」とした仮定に反する．よって

導体内では静電場は存在しない．

また導体内に正味の電荷があれば，式 (1.8) から静電場 $\boldsymbol{E}(\boldsymbol{r})$ が生じてしま

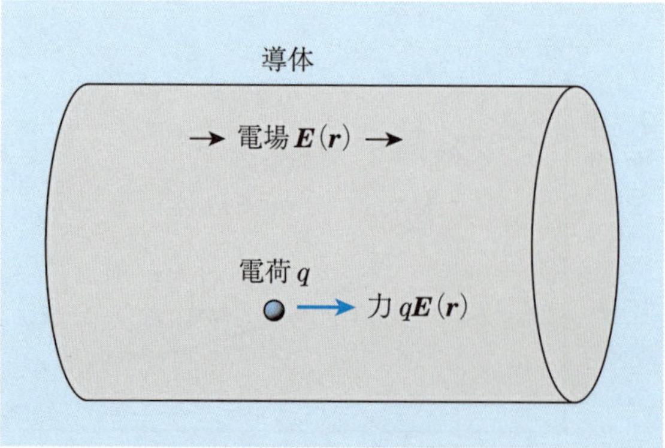

図 3.11　導体内部に電場があれば正味の電荷は力を受け運動を始める．

うので

導体内には正味の電荷も存在しない

ことになる[†]．では，導体が帯電した場合，電荷はどこにいくのか？　導体内には存在できないのであるから

正味の電荷は導体の表面に分布する

のである．

一定の外部電場の中に，全体としては正味の電荷を持たない導体球を入れた場合を考えよう（図 3.12）．すると導体表面には外部からの電気力線がちょうどそこで終わるように正味の電荷が集まり，導体内部には電気力線は入り込まず電場は存在しない．導体の近傍では導体表面の正味の電荷のため電場は一定の外部電場からずれる．導体表面で電場が表面に平行な成分を持っていれば表面の正味の電荷に動く力も表面に平行な成分を持ち，正味の電荷は表面にそって動く．すると静電場ではなくなってしまう．よって電場は導体表面に平行な成分を持つことはできず

導体表面の静電場は常に表面に直交する．

[†]孤立した導体内では電子の電荷はイオンの電荷とつり合って中性になっており，正味の電荷は存在しない．またここでの話は孤立した導体の話であって，外部と電荷のやりとりができれば静電場が存在し電流が流れることができる．これらの場合は次の章以降で考えることにする．

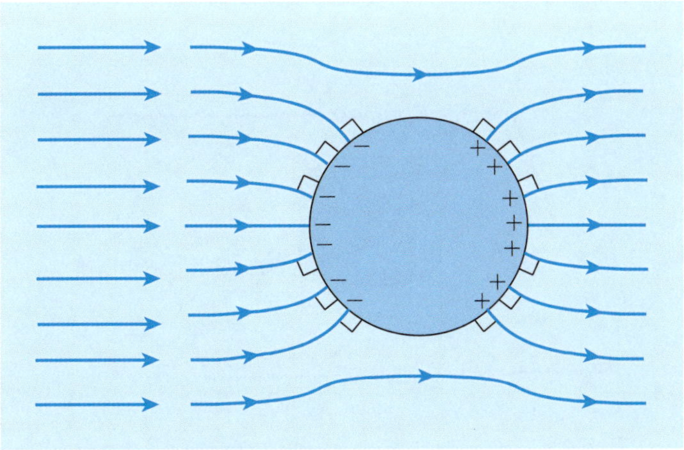

図 3.12　一定の外部電場のもとでの導体の周りの電場の様子を電気力線で表す．導体が全体としては電荷を持っていない場合．

導体表面の電場と電荷はどのような関係にあるのだろうか？　導体表面の微小な一部を取り出す．するとこの部分は平面とみなせるだろう．ここに図 3.13 のような底面が導体表面と平行な微小な円筒を考え，積分形のガウスの法則を適用する．いま円筒の外側の底面を $\mathrm{S_t}$，内側の底面を $\mathrm{S_b}$，側面を $\mathrm{S_s}$ とする．導体表面の電場は常に表面に直交するのだから，電場 $\boldsymbol{E}(\boldsymbol{r})$ は $\mathrm{S_t}$ 上で底面に垂直方向を向く．したがってそこでは $\boldsymbol{E}(\boldsymbol{r})/\!/\boldsymbol{n}(\boldsymbol{r})$ となる．$\boldsymbol{n}(\boldsymbol{r})$ は円筒表面の位置 $\boldsymbol{r}$ での単位法線ベクトルである．では $\mathrm{S_b}$ 上ではどうなるであろうか？　導体内部には電場はないのであるからそこでは $\boldsymbol{E}(\boldsymbol{r})=\boldsymbol{0}$ である．また導体外部の円筒側面 $\mathrm{S_s}$ 上では法線ベクトル $\boldsymbol{n}(\boldsymbol{r})$ と電場 $\boldsymbol{E}(\boldsymbol{r})$ は直交する．したがって，円筒の底面積を ΔS とすると，積分形のガウスの法則 (2.13) は次のようになる．

$$\begin{aligned}\oint_{\mathrm{S}}\boldsymbol{E}(\boldsymbol{r})\cdot\boldsymbol{n}(\boldsymbol{r})dS &= \int_{\mathrm{S_t}}\boldsymbol{E}(\boldsymbol{r})\cdot\boldsymbol{n}(\boldsymbol{r})dS+\int_{\mathrm{S_b}}\boldsymbol{E}(\boldsymbol{r})\cdot\boldsymbol{n}(\boldsymbol{r})dS+\int_{\mathrm{S_s}}\boldsymbol{E}(\boldsymbol{r})\cdot\boldsymbol{n}(\boldsymbol{r})dS\\ &= \int_{\mathrm{S_t}}\boldsymbol{E}(\boldsymbol{r})\cdot\boldsymbol{n}(\boldsymbol{r})dS = E(\boldsymbol{r})\Delta S\\ &= \Delta S\frac{\sigma(\boldsymbol{r})}{\varepsilon_0}\end{aligned}$$

ここで $\sigma(\boldsymbol{r})$ は表面 $\boldsymbol{r}$ での電荷面密度である．これより結局

$$\boldsymbol{E}(\boldsymbol{r})=\frac{\sigma(\boldsymbol{r})}{\varepsilon_0}\boldsymbol{n}(\boldsymbol{r}) \tag{3.22}$$

となる．

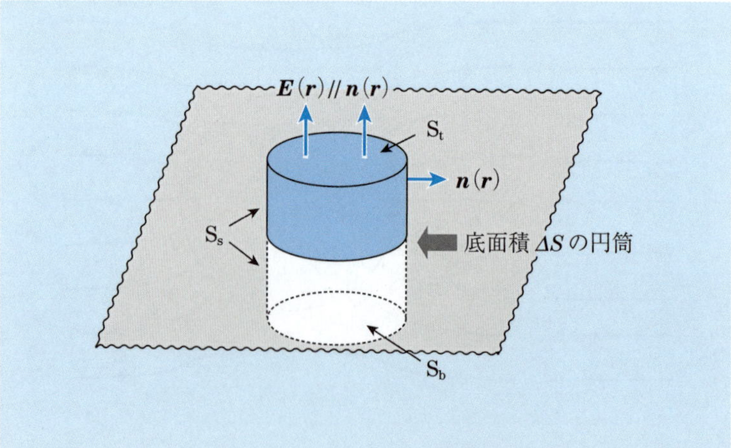

図 3.13　導体表面で底面が導体表面と平行な円筒を考える．

3.3.4 電気容量とコンデンサー

原点を中心とする半径 a の導体球が電荷 Q を持っている．このときの位置 $\boldsymbol{r}$ での静電ポテンシャル $\phi(\boldsymbol{r})$ を求めてみよう．いま電荷 Q は導体球の表面に分布するが，その分布は球対称である．したがって球の外の電場 $\boldsymbol{E}(\boldsymbol{r})$ は例題 2.1 (p.48) の球殻の場合と同じである（図 3.14）．

一方，導体球の内部には電場はないのであるから，このときも電場は例題 2.1 の球殻の場合と同じである．よって電場 $\boldsymbol{E}(\boldsymbol{r})$ は

$$\boldsymbol{E}(\boldsymbol{r}) = \begin{cases} \dfrac{Q}{4\pi\varepsilon_0}\dfrac{\boldsymbol{r}}{r^3}, & r \geqq a \\ \boldsymbol{0}, & r < a \end{cases} \tag{3.23}$$

となる．電場が同じで基準点も同じにとれるので位置 $\boldsymbol{r}$ での静電ポテンシャル $\phi(\boldsymbol{r})$ も例題 3.1 (p.67) と同じになり

$$\phi(\boldsymbol{r}) = \begin{cases} \dfrac{Q}{4\pi\varepsilon_0}\dfrac{1}{r}, & r \geqq a \\ \dfrac{Q}{4\pi\varepsilon_0}\dfrac{1}{a}, & r < a \end{cases}$$

となる．つまり導体内および表面の静電ポテンシャルはどこでも同じで

$$\phi = \frac{Q}{4\pi\varepsilon_0}\frac{1}{a} \tag{3.24}$$

となる．もし，導体内および表面の静電ポテンシャルが位置によると，導体内および表面で電位差が生じることになり，それは静電場が存在することを意味する．導体内には静電場は存在しないのだから

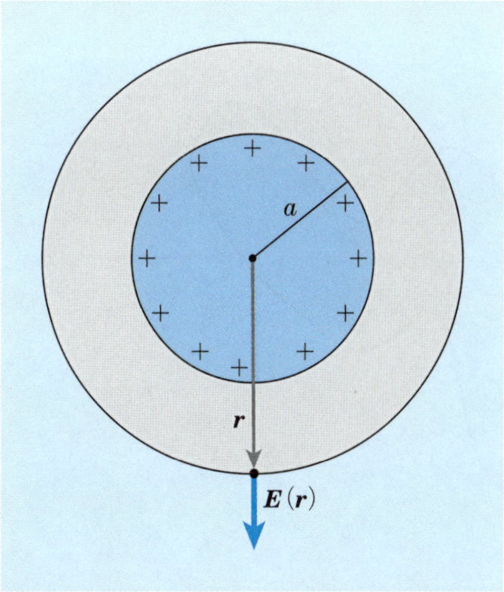

図 3.14 半径 a の導体球とそれが位置 $\boldsymbol{r}$ で作る電場 $\boldsymbol{E}(\boldsymbol{r})$.

導体内および表面の静電ポテンシャルは一定

というのは当然の結果である．さて式 (3.24) のように一般に

導体の電荷 Q と静電ポテンシャル ϕ は比例する．

その比例定数を C と書き，**電気容量**，または**静電容量**，キャパシタンスと呼び，単位は F（ファラッド）で表す．

$$Q = C\phi \tag{3.25}$$

1 C（クーロン）の電荷を与えてその導体の静電ポテンシャルが 1 V となるとき，その導体の電気容量は 1 F である．半径 a の導体球の電気容量は式 (3.24) より $4\pi\varepsilon_0 a$ となる．

電気容量 C の導体を考えこれが最初，電荷を持っていないとする．ここに図 3.15 のように無限遠点から最初に Δq_0，次に Δq_1，$\cdots$，j 回目に Δq_{j-1} というように微小電荷を運ぶことを繰り返す．i 回目での導体の電荷を q_i とするとこれはそれまでに運んだ Δq_j の総和である．このとき導体の静電ポテンシャルは $\phi_i = q_i/C$ で，次の Δq_i を運ぶのに要する仕事は $\Delta W_i = \phi_i \Delta q_i = \dfrac{q_i}{C}\Delta q_i$ となる．これを $q_i = Q$ となるまで繰り返せば，ΔW_i の総和は導体を Q まで帯電させるのに要する仕事 W となる．

$$W = \sum_i \frac{q_i}{C}\Delta q_i$$

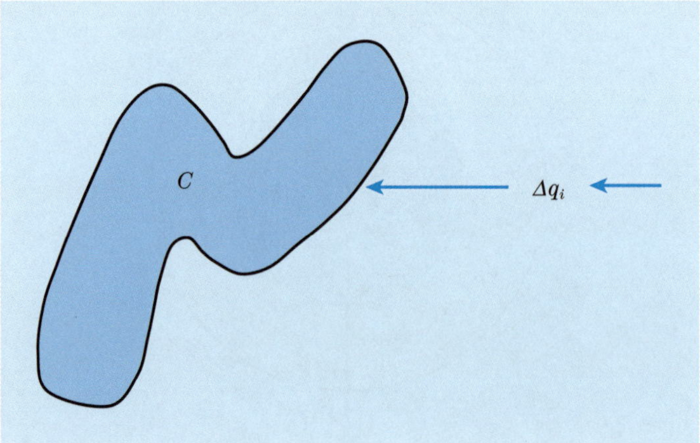

図 3.15　電気容量 C の導体に無限遠点から微小電荷 Δq_i を運ぶことを繰り返す．

微小電荷の大きさを無限小とする極限をとると和は積分となり次式を得る．

$$\begin{aligned} W &= \lim_{\{\Delta q_i\}\to 0} \sum_i \frac{q_i}{C}\Delta q_i = \int_0^Q \frac{q}{C}dq \\ &= \frac{1}{2C}Q^2 \\ &= \frac{1}{2}Q\phi = \frac{1}{2}C\phi^2 \end{aligned} \tag{3.26}$$

ここまでは 1 つの導体を考えてきた．次に図 3.16 のように 2 つの導体を考え，その間の電気容量を定義しよう．はじめは両方の導体とも電荷を持たないとする．右の導体から左の導体へ電荷 $+Q$ を移動すると，結果として右の導体は $-Q$，左の導体は $+Q$ に帯電することになる．このようなものを**コンデンサー**と呼ぶ．このときの 2 つの導体の電位差を ϕ とすると，これは Q に比例する．そして

$$Q = C\phi \tag{3.27}$$

と表したときの C をこのコンデンサーの**電気容量**，または**静電容量**，**キャパシタンス**という．単位はこのときも F（ファラッド）である．最初，両方の導体が帯電していない状態から出発して，右の導体から左の導体へ微小電荷を移動させることを繰り返し，最終的に左右の導体が $\pm Q$ に帯電するまでに要する仕事は式 (3.26) と同じく次のようになることは容易にわかるだろう．

$$W = \frac{1}{2C}Q^2 = \frac{1}{2}Q\phi = \frac{1}{2}C\phi^2 \tag{3.28}$$

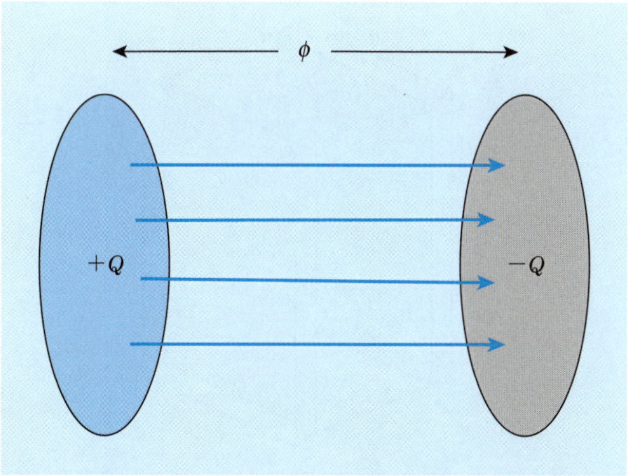

図 3.16　$\pm Q$ に帯電した 2 つの導体とその間の電位差 ϕ．

3.3.5 平行板コンデンサー

コンデンサーのうちで，図 3.17 のように 2 枚の導体平板が平行に並んだものを**平行板コンデンサー**と呼ぶ．この平行板コンデンサーの電気容量を求めよう．導体平板の面積を S，2 枚の導体平板の間隔を d とし，それぞれ $\pm q$ に帯電しているとする．$\pm q$ の電荷は導体平板のどこに分布するのだろうか？先に述べたように導体の中には電荷はないから表面に分布する．このとき，$+$ の電荷は $-$ の電荷と引き合うので，図 3.17 のように $+q$ の電荷は左の導体平板の右側の表面に，$-q$ の電荷は右の導体平板の左側の表面に一様に分布する[†]．まず，この 2 枚の導体平板の間の電場を求めよう．電荷が上に述べたように分布し，導体平板内部では電場はないのだから，2 枚の導体平板の外側でも電場は存在しない．存在するのは 2 枚の平板の内側の面の間だけである．図 3.18 のように底面積が ΔS で軸が平板に直交する円筒を考え，そこで電場の積分形のガウスの法則を使う．対称性から電場の方向は平板に直交し，円筒の軸の方向と一致する．したがって円筒の側面では電場 $\boldsymbol{E}(\boldsymbol{r})$ と側面の法線ベクトルが直交し，そこからの面積分 $\int \boldsymbol{E}(\boldsymbol{r}) \cdot \boldsymbol{n}(\boldsymbol{r}) dS$ への寄与はない．ここで $\boldsymbol{n}(\boldsymbol{r})$ は位置 $\boldsymbol{r}$ での単位法線ベクトルである．

いま円筒の左側の底面を左側の導体平板内部にとり，右側の底面を左右の平板の間にとる．導体内部には電場はないのだから，左側の底面からの面積分

[†] ここでは平板の 1 辺の長さは間隔 d に比べ十分大きく，端の効果は無視できるものとする．

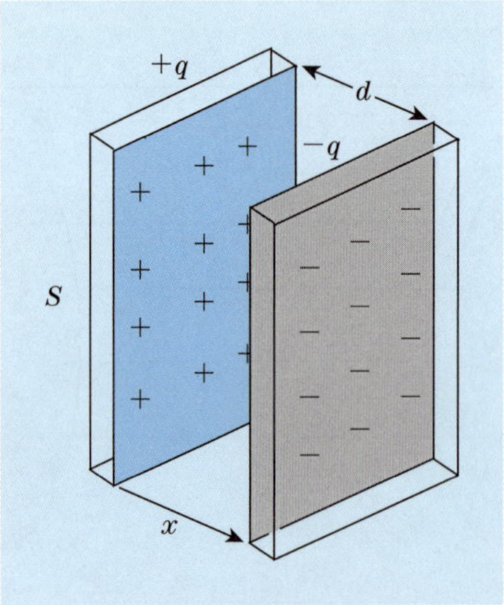

図 3.17 平行板コンデンサー．

$\int \boldsymbol{E}(\boldsymbol{r})\cdot\boldsymbol{n}(\boldsymbol{r})dS$ への寄与はない．右側の底面からの面積分への寄与は $E\Delta S$ となる．ここで E は右側の底面の位置での電場の大きさである．一方この円筒内部の電荷は $q\Delta S/S$ となるから，電場の積分形のガウスの法則 (2.13) は

$$\int \boldsymbol{E}(\boldsymbol{r})\cdot\boldsymbol{n}(\boldsymbol{r})dS = E\Delta S = \frac{q\Delta S}{\varepsilon_0 S}$$

となり，これより

$$E = \frac{q}{\varepsilon_0 S} \tag{3.29}$$

を得る．2 枚の導体平板の間の電場は一定となる．

左の平板と右の平板の間の電位差 $\phi = \phi(0) - \phi(d)$ を計算しよう．図 3.18 のように平板に垂直に x 軸をとると

$$\phi = -\int_d^0 E(\boldsymbol{r})dx = \frac{q}{\varepsilon_0 S}\int_0^d dx = \frac{qd}{\varepsilon_0 S} \tag{3.30}$$

と計算できる．上の式で最初の積分の下限が d，上限が 0 となっているのは $\phi(0) - \phi(d)$ を計算しているからである．これで電位差 $\phi = \dfrac{qd}{\varepsilon_0 S}$ と求まった．これより平行板コンデンサーの電気容量 C は次のようになる．

$$C = \frac{\varepsilon_0 S}{d} \tag{3.31}$$

次に，2 枚の平板がそれぞれ電荷を持っていない状態から出発して，微小電荷の移動を続け $\pm q$ に帯電させるまでに要する仕事を計算する．これは式

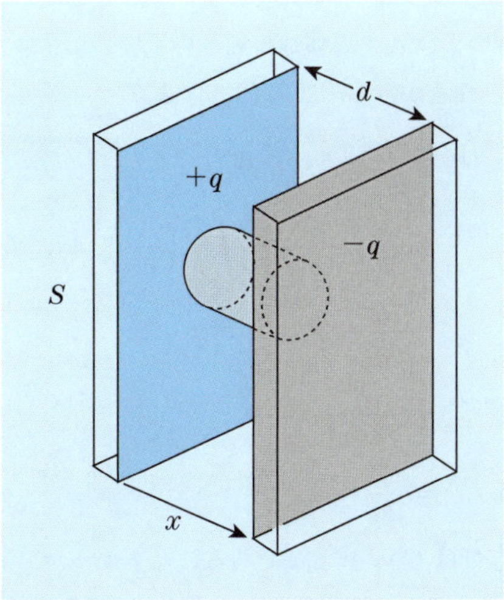

図 3.18　軸が平板に直交する円筒を考え，そこで電場の積分形のガウスの法則を使う．

(3.28) から求まり

$$W = \frac{q^2}{2C} = \frac{d\,q^2}{2\varepsilon_0 S}$$

となるが，平板間の電場の大きさ式 (3.29) を使うと

$$W = \frac{1}{2}Sd\varepsilon_0 E^2 = \frac{1}{2}V\varepsilon_0 E^2 \tag{3.32}$$

となる．ここで V は 2 枚の平板で囲まれた部分の体積，すなわち電場が存在する部分の体積である．さて，この 2 枚の平板を帯電させるのに要した仕事，すなわちエネルギーはどこへいったのであろうか？ 2 枚の平板が帯電する前は，その間に電場はなかった．電場は平板を帯電させることによって生じた．帯電させるのに要した仕事はこの電場のエネルギーとして空間に蓄えられているのである．つまり電場のある空間はない空間よりエネルギーが高くなっているのである．式 (3.32) は一般化できて，**電場のエネルギー** U_{E} は真空中では次のように表される．

$$U_{\mathrm{E}} = \int \frac{\varepsilon_0}{2} E(\boldsymbol{r})^2 dV \tag{3.33}$$

上の式を平行板コンデンサーの場合に適用すれば式 (3.32) が出てくることはすぐにわかるだろう．〔下欄〕**帯電した導体球の作る電場のエネルギー** も参照されたい．

帯電した導体球の作る電場のエネルギー

3.3.4 項で考えた電荷 Q を持つ半径 a の導体球の周りの電場のエネルギー U_{E} を計算してみよう．このときの電場は式 (3.23) で与えられるから U_{E} は式 (3.33) より

$$\begin{aligned} U_{\mathrm{E}} &= \int \frac{\varepsilon_0}{2} E(\boldsymbol{r})^2 dV \\ &= \frac{\varepsilon_0}{2}\left(\frac{Q}{4\pi\varepsilon_0}\right)^2 \int_a^\infty \left(\frac{1}{r^2}\right)^2 4\pi r^2 dr \\ &= \frac{Q^2}{8\pi\varepsilon_0}\int_a^\infty \frac{1}{r^2}dr \\ &= \frac{Q^2}{8\pi\varepsilon_0 a} \\ &= \frac{Q^2}{2C} \end{aligned}$$

ここで半径 a の導体球の静電容量は $C = 4\pi\varepsilon_0 a$ であることを使った．静電場のエネルギーは確かにこの場合も導体球を電荷 Q に帯電させるのに要するエネルギー W，式 (3.26) に等しいことがわかる．

3.4 章末問題

3.1 図 3.19 のように z 軸上に一様な電荷線密度 λ_0 で電荷が分布している．適切に基準点を選んで，位置 $\boldsymbol{r}$ での静電ポテンシャル $\phi(\boldsymbol{r})$ を求めよ．

3.2 xy 平面上に置かれた無限に広い平板が電荷面密度 σ_0 で一様に帯電している．適切に基準点を選んで，位置 $\boldsymbol{r}$ での静電ポテンシャル $\phi(\boldsymbol{r})$ を求めよ．

3.3 図 3.20 のように xy 平面に平行で $z=+a$ と $z=-a$ の位置に十分広く端の効果の無視できる 2 枚の平板が電荷面密度 $+\sigma_0$ と $-\sigma_0$ で一様に帯電している．位置 $\boldsymbol{r}$ での静電ポテンシャル $\phi(\boldsymbol{r})$ を求めよ．

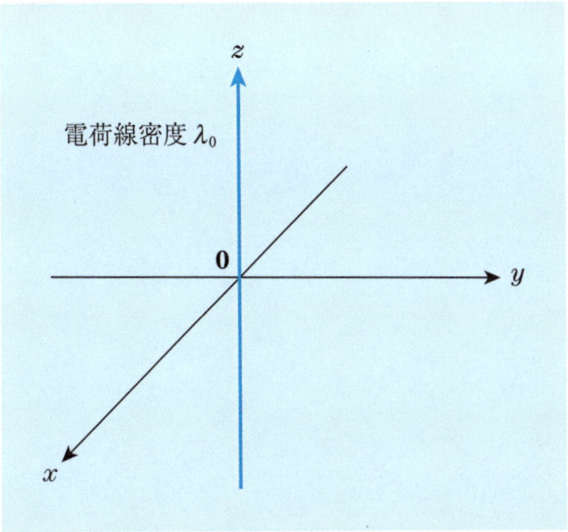

図 3.19 z 軸上に一様な電荷線密度 λ_0 で分布している直線電荷．

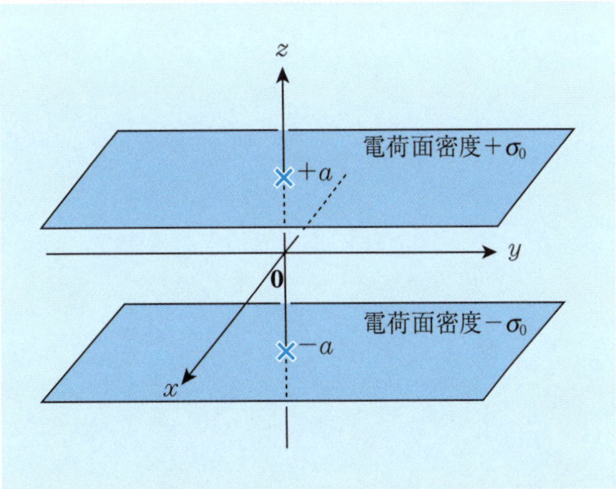

図 3.20 それぞれ電荷面密度 $+\sigma_0$ と $-\sigma_0$ で一様に帯電している十分広く xy 平面に平行な 2 枚の平板．

4

定常電流とオームの法則

前章で孤立した導体の内部には静電場は存在しないことを学んだ．しかし，電池をつなぐなどして電荷の出入りが可能になれば，導体内でも静電場が存在でき電流が流れる．本章では定常電流の場合の電荷保存則を調べたあと，導体を流れる電流と電場の関係であるオームの法則を学ぶ．

本章の内容

定常電流
オームの法則
章末問題

4.1 定常電流

4.1.1 電流と電流密度

前章で学んだように導体の内部には静電場は存在しない．これはより正確にいえば，“孤立した”導体の内部には静電場は存在しないというべきである．ここで，“孤立した”とは“電荷の出入りのない”という意味である．では孤立していない導体ではどうなるのであろうか？ 例として図 4.1 のような電池につながった導線を考えよう．導線は長さ L で一様な断面積 S を持つとしよう．電池につながっているので導線の両端には電位差が生じる．これを V とする．導線が一様だとすると中の電場も一様であろう．したがって導線内部には $E = V/L$ の大きさの静電場が存在することになる．

導線とは動ける正味の電荷を持つものである．いま電場が存在するので正味の電荷は動く．正味の電荷の動きは電流である．つまり電流が流れるのである．導体に電池をつないだことにより正味の電荷の出入りが可能となり，電流が流れるのである．電流の単位は A（アンペア）である．1.1 節に述べたように，この本で使っている SI 単位系ではこの電流の単位が，長さ，質量，時間の単位と並んで基本的な単位となっている．そして 1 A の電流が 1 秒間に運ぶ電荷が 1 C である，として電荷の単位を定義するのである．

導体の中で，動く正味の電荷，つまり電流を担うものは電子である．電子の電荷は $-e$ である．いま，図 4.2 のように導線の断面を S，その面積を S とし，導線を流れる電流の大きさを I，導線中の電子密度を n，電子の平均の速さを

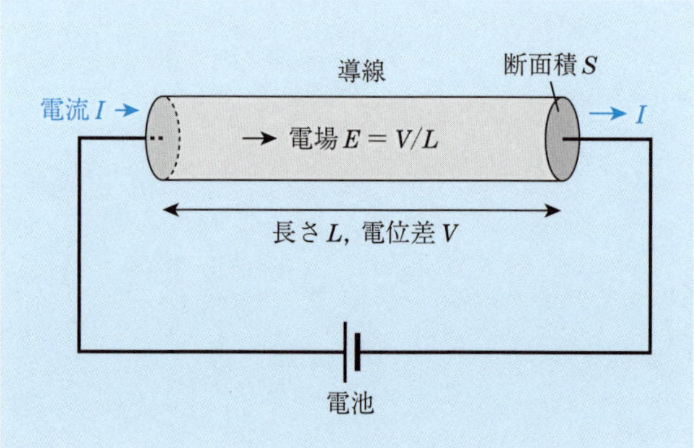

図 4.1 長さ L で一様な断面積を持つ導線に電池をつなぎ，導線の両端に電位差 V をかける．

v としよう．すると Δt 秒間に面 S を通過する電荷の総量 ΔQ は，長さ $v\Delta t$，面積 S の中にある電荷の総量に等しいから

$$\Delta Q = -env\Delta tS$$

となる．1 A の電流が 1 秒間（単位時間）に運ぶ電荷が 1 C であるということは，単位時間あたりの電荷の移動量が電流であるということである．よって導線を流れる電流 I は

$$I = \frac{\Delta Q}{\Delta t} = -envS \tag{4.1}$$

となる．これは導線の全断面積を流れる電流である．単位面積を流れる電流を**電流密度** i という（図 4.3）．

$$i = \frac{I}{S} = -env \tag{4.2}$$

となる．i, n, v は一般には位置の関数であることを考慮し，さらにベクトルで表すと

$$\boldsymbol{i}(\boldsymbol{r}) = -en(\boldsymbol{r})\boldsymbol{v}(\boldsymbol{r}) \tag{4.3}$$

である．電流密度が一様なら断面積 S の導線では

$$\boldsymbol{i}(\boldsymbol{r}) = \boldsymbol{i} = \frac{\boldsymbol{I}}{S} \tag{4.4}$$

となる．ここで $\boldsymbol{I}$ はその大きさが I に等しく，電流の流れる方向を向いた電流ベクトルである．

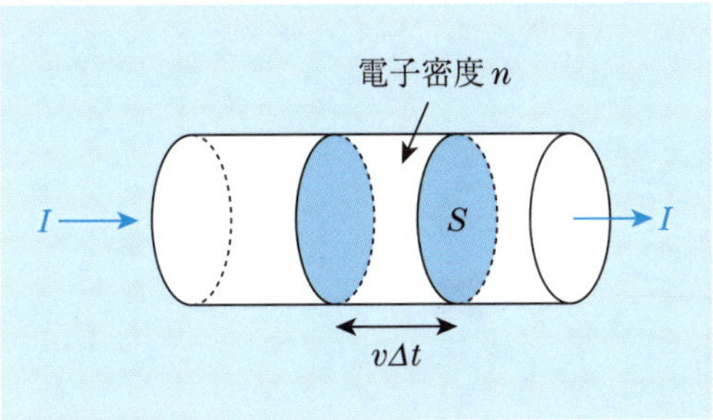

図 4.2 断面積 S の導線に I の電流が流れる．

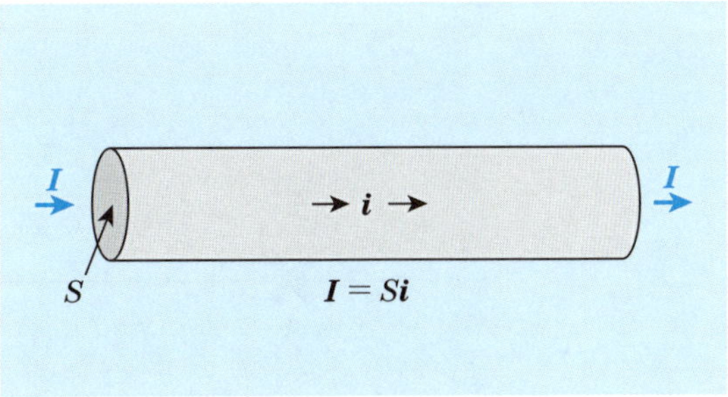

図 4.3 断面積 S の導線を流れる電流ベクトル $\boldsymbol{I}$ と電流密度ベクトル $\boldsymbol{i}$．

4.1.2 定常電流と電荷保存則

流れの様子が時間変化しない電流を**定常電流**という．1 本の導線を流れる定常電流の大きさはどこでも同じである．図 4.4 をみてみよう．A 点と B 点を流れる電流の大きさを $I_{\mathrm{A}}, I_{\mathrm{B}}$ とする．もし $I_{\mathrm{A}} > I_{\mathrm{B}}$ なら途中の A–B 間に入ってくる電流の方が出ていく電流より多いのだから，A–B 間にどんどん電荷が貯まることになる．そうすると A 点，B 点の電位が時間とともに上がる．4.2 節でも述べるが，一般にある点の電位が変わればそこを流れる電流も変わる．よって A 点，B 点を流れる電流の大きさが時間変化してしまう．電流の大きさが時間変化するということは，定常電流ではなくなったということである．これは定常電流が流れるとした最初の仮定に反する．$I_{\mathrm{A}} < I_{\mathrm{B}}$ なら逆に A–B 間の電荷がどんどん減っていってしまい電位が下がる．そして A 点と B 点を流れる電流の大きさが時間変化してしまうことになり，やはり定常電流が流れるとした最初の仮定に反してしまう．したがって，$I_{\mathrm{A}} = I_{\mathrm{B}}$ でなければならない．A 点と B 点は導線のどこでも構わないから，結局

1 本の導線を流れる定常電流の大きさはどこでも同じ

ことになる．

次に図 4.5 のように分岐点のある回路を流れる定常電流を考えよう．このときも各分岐点に流れ込む電流の大きさとそこから流れ出す電流の大きさは変わらない．そうでないと分岐点の電荷が時間変化してしまい，上で述べたのと同じように定常電流という仮定が成り立たなくなってしまうからである．

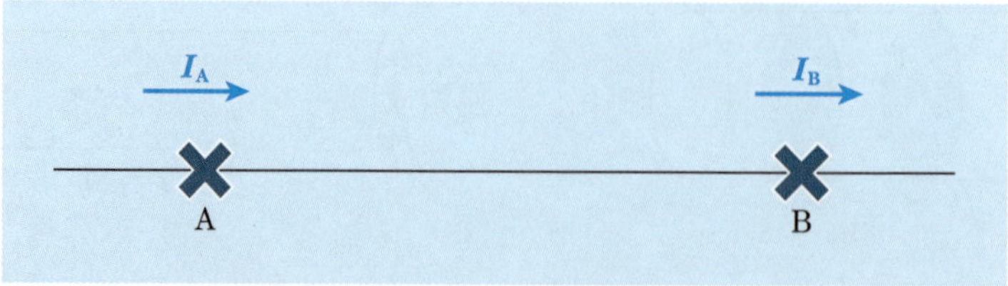

図 4.4 1 本の導線を流れる電流．

したがって図 4.5 の回路では分岐点 A で

$$I_1 = I_2 + I_3$$

分岐点 B で

$$I_3 = I_4 + I_5 + I_6$$

となる．ここで各分岐点でそこから流れ出す電流を正にとることにする．つまり流れ込む電流は負の流れ出す電流と勘定するのである．そのように勘定した電流を $\widetilde{I}_j$ と書くことにすると，分岐点 A で

$$\widetilde{I}_1 = -I_1, \quad \widetilde{I}_2 = I_2, \quad \widetilde{I}_3 = I_3$$

分岐点 B で

$$\widetilde{I}_3 = -I_3, \quad \widetilde{I}_4 = I_4, \quad \widetilde{I}_5 = I_5, \quad \widetilde{I}_6 = I_6$$

となるので，分岐点 A で

$$\widetilde{I}_1 + \widetilde{I}_2 + \widetilde{I}_3 = 0$$

分岐点 B で

$$\widetilde{I}_3 + \widetilde{I}_4 + \widetilde{I}_5 + \widetilde{I}_6 = 0$$

となる．面倒なので I の上の $\sim$ をはずしてしまうと，各分岐点で

$$\sum_j I_j = 0 \tag{4.5}$$

が成り立つことになる．つまり

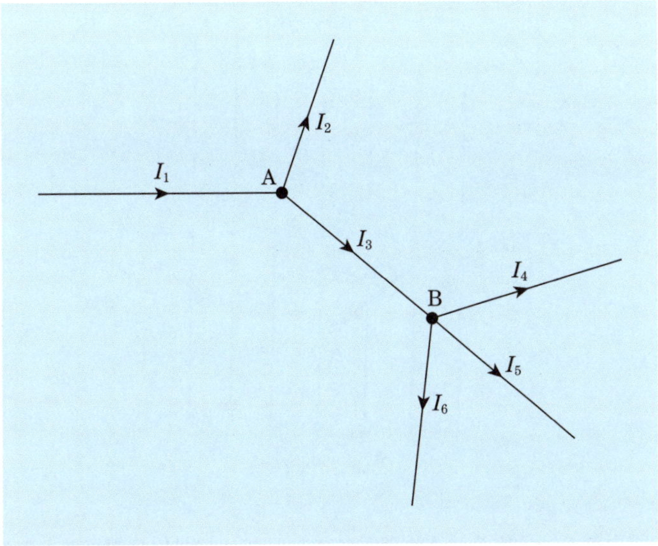

図 4.5　分岐点のある回路を流れる電流．

各分岐点においてそこから流れ出す定常電流の総和は 0 である．

式 (4.5) をキルヒホフ（Kirchhoff）の法則という．

さてこれをもっと小さいスケールでみることにしよう．定常電流の流れている導線の中のある平面 S を通る電流は図 4.6 のように電流密度ベクトル $\boldsymbol{i}(\boldsymbol{r})$ の平面 S の法線ベクトルの方向の成分 $\boldsymbol{i}(\boldsymbol{r})\cdot\boldsymbol{n}(\boldsymbol{r})$ を S にわたって面積分すれば得られる．

$$\int_{\mathrm{S}} \boldsymbol{i}(\boldsymbol{r})\cdot\boldsymbol{n}(\boldsymbol{r})dS \tag{4.6}$$

ここで $\boldsymbol{n}(\boldsymbol{r})$ は位置 $\boldsymbol{r}$ での面 S の単位法線ベクトルである．これから定常電流の流れている導線の中の閉じた面 S_1 で囲まれた立方体 C_1 から流れ出す電流は

$$\oint_{\mathrm{S}_1} \boldsymbol{i}(\boldsymbol{r})\cdot\boldsymbol{n}(\boldsymbol{r})dS \tag{4.7}$$

で表される（図 4.7）．ここで単位法線ベクトル $\boldsymbol{n}(\boldsymbol{r})$ は立方体 C_1 の内から外へ向く方向にとることにする．したがって式 (4.7) では式 (4.5) と同様，S_1 から流れ出す電流を正，流れ込む電流は負の流れ出す電流として勘定していることになる．もしこれが 0 でないとこの立方体の中の電荷が時間とともに変化することになり，それは立方体の電位の変化，ひいてはそこを流れる電流の変化をもたらし，定常電流が流れているという最初の条件と矛盾してしまう．これは何も閉曲面 S_1 で囲まれた立方体 C_1 に限らない．任意の閉曲面 S で囲まれた領域について同じことがいえる．したがって

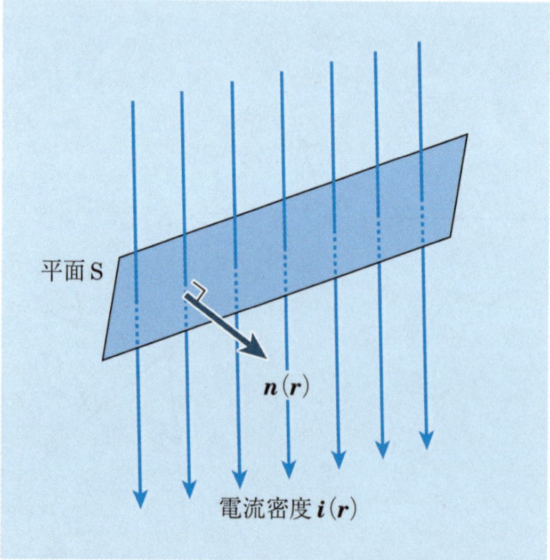

図 4.6 平面 S を通る電流は電流密度ベクトル $\boldsymbol{i}(\boldsymbol{r})$ の単位法線ベクトル $\boldsymbol{n}(\boldsymbol{r})$ の方向の成分 $\boldsymbol{i}(\boldsymbol{r})\cdot\boldsymbol{n}(\boldsymbol{r})$ を S にわたって面積分すれば得られる．

$$\oint_S \boldsymbol{i}(\boldsymbol{r}) \cdot \boldsymbol{n}(\boldsymbol{r}) dS = 0 \tag{4.8}$$

言葉で書けば

閉曲面から流れ出す電流を正，流れ込む電流を負の流れ出す電流と勘定すると，任意の閉曲面に囲まれた領域から流れ出す全定常電流は 0 である．

または

任意の閉曲面に囲まれた領域に流れ込む電流と流れ出す電流は等しい

ということである．電荷の振る舞いでいえば

定常電流の場合，任意の領域内の全電荷は変化しない．

式で表せば電荷密度を $\rho(\boldsymbol{r})$，任意の領域を V として

$$\int_V \rho(\boldsymbol{r}) dV = 一定 \tag{4.9}$$

となる．式 (4.8), (4.9) を定常電流の保存則，または定常電流の場合の電荷保存則と呼ぶ．

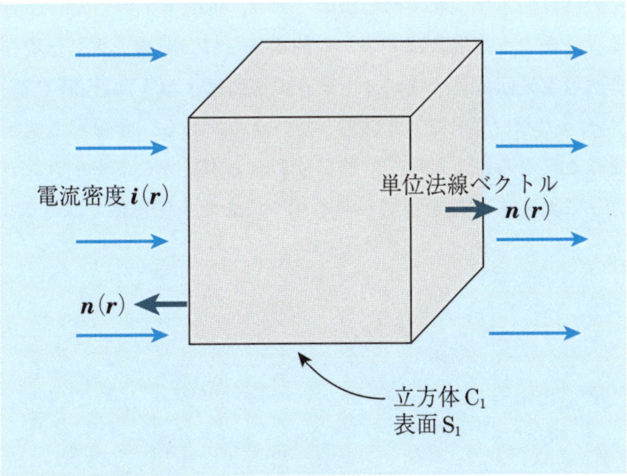

図 4.7 表面 S_1 を持つ立方体 C_1 から流れ出す電流．

4.2 オームの法則

4.2.1 オームの法則

再び長さ L の一様な導線を考えよう．この導線の両端の電位差を V，導線に流れる電流の大きさを I とするとき，I は V に比例する．

$$I \propto V$$

この比例定数を $1/R$ とおくと

$$I = \frac{V}{R}, \quad V = IR \tag{4.10}$$

となる．これを**オーム（Ohm）の法則**という（〔下欄〕**オームの法則についての注意** 参照）．ここで，R は導線の**電気抵抗**であり導線の電気の流れにくさを表す量である．その単位は Ω（オーム）である．$1\,\Omega$ の抵抗とは $1\,\mathrm{V}$ の電位差をかけたとき $1\,\mathrm{A}$ の電流が流れる抵抗である．したがって $\Omega = \mathrm{V} \cdot \mathrm{A}^{-1} = \mathrm{m}^2 \cdot \mathrm{kg} \cdot \mathrm{s}^{-3} \cdot \mathrm{A}^{-2}$ である．

図 4.8 のように同じ抵抗 R の導線を 2 個直列につないで，同じ電位差 V をかけてみよう．このとき 2 本の導線全体に電位差 V がかかるので，導線の中の電場の大きさは $V/(2L)$ である．したがって 1 本の導線の両端の電位差は $V/2$ である．よって導線を流れる電流は

$$I = \frac{1}{R}\frac{V}{2} = \frac{V}{2R}, \quad V = 2RI$$

オームの法則についての注意

オームの法則は多くの物質の示す現象論的な法則であり，電磁気学の基礎的な関係ではない．I が V に比例しない場合もある．そのような場合は非オーム的電気伝導，非線形電気伝導などと呼ばれ，そのような性質を示す物質を非線形電気伝導体と呼ぶ．オームの法則は I は V に比例するという“線形”の関係が成り立つことなので，そうでない場合を“非線形”というのである．非線形電気伝導の場合，電気抵抗は電圧によって変化することになる．また電子回路に使われるダイオードやトランジスターは複数の物質を接合してできているが，これらも非線形電気伝導を示す．また超伝導体では電気抵抗が 0 になる．

となる．最後の式から，抵抗 R の導線を 2 本，直列につなげば全体としての抵抗は $2R$ になることがわかる．同様に，抵抗 R の導線を N 本，直列につなげば全体としての抵抗は NR になることもわかるだろう．これを拡張して考えれば，同じ導線を直列につないでいけば全体としての抵抗は，導線全体の長さ L に比例することもわかるだろう．

では次に図 4.9 のように，上と同じ抵抗 R の導線を 2 個並列につないで，同じ電流 I を流してみよう．このとき 1 本の導線を流れる電流は $I/2$ となる．抵抗は R だから導線の両端の電位差 V は

$$V = \frac{I}{2}R = I\frac{R}{2}, \quad I = \frac{V}{R/2}$$

となる．最後の式から，抵抗 R の導線を 2 本，並列につなげば全体としての抵抗は $R/2$ になることがわかる．同様に，抵抗 R の導線を N 本，並列につなげば全体としての抵抗は R/N になることもわかるだろう．このとき導線全体の断面積は当然，1 本の導線の断面積の N 倍になっている．これを拡張して考えれば，同じ導線を並列につないでいけば全体としての抵抗は，導線全体の断面積 S に反比例することもわかるだろう．

さて，これまでみたように抵抗は物質の性質だけでは決まらず，長さや断面積に依存する．これでは物質の電気的性質を議論するとき不便なことが多い．長さや断面積によらず，物質の電気の流れにくさを表すものを考えよう．いまみてきたように導線の抵抗は長さ L に比例し断面積 S に反比例する．したがって次のように表すことができる．

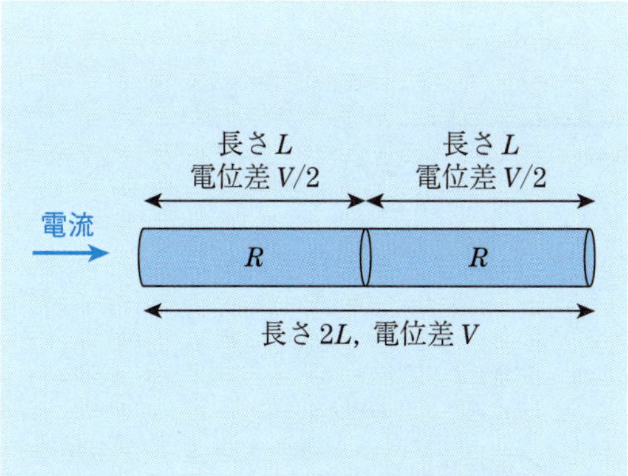

図 4.8　同じ抵抗 R の導線を 2 個直列につないで，電位差 V をかける．

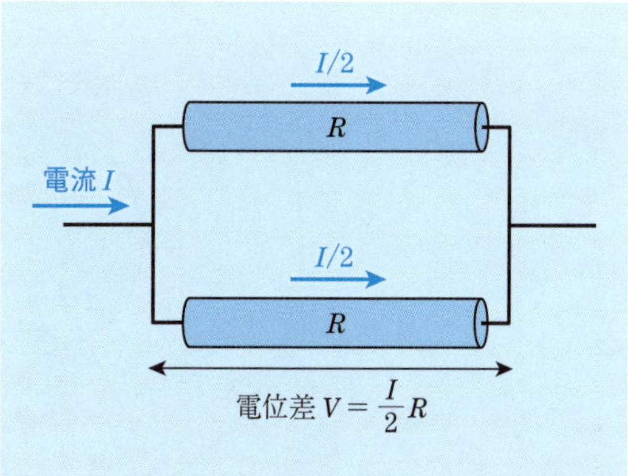

図 4.9　同じ抵抗 R の導線を 2 個並列につないで，電流 I を流す．

$$R = \rho \frac{L}{S} \tag{4.11}$$

このように表すと ρ（ロー）は導線の長さや断面積によらず物質の電気の流れにくさを表す量となる．これを**電気抵抗率**と呼ぶ．その単位は $\Omega \cdot \mathrm{m} = \mathrm{m}^3 \cdot \mathrm{kg} \cdot \mathrm{s}^{-3} \cdot \mathrm{A}^{-2}$ である．また ρ の逆数を**電気伝導率**または**電気伝導度**と呼ぶ．物質の電気の流れやすさを表す量であり，普通は σ（シグマ）を使って表す．

$$\sigma = 1/\rho \tag{4.12}$$

単位は $\Omega^{-1} \cdot \mathrm{m}^{-1} = \mathrm{m}^{-3} \cdot \mathrm{kg}^{-1} \cdot \mathrm{s}^3 \cdot \mathrm{A}^2$ である．

先ほどのオームの法則を電気抵抗率 ρ，電気伝導率 σ を使って表そう．式 (4.10) より

$$I = \frac{SV}{\rho L}, \quad \frac{I}{S} = \frac{V}{\rho L}$$

となる．ここで，$\dfrac{I}{S}$ は電流密度の大きさ i であり，$\dfrac{V}{L}$ は電場の大きさ E だから

$$i = \frac{1}{\rho} E = \sigma E \tag{4.13a}$$

となる．ベクトルで表せば

$$\boldsymbol{i}(\boldsymbol{r}) = \frac{1}{\rho(\boldsymbol{r})} \boldsymbol{E}(\boldsymbol{r}) = \sigma(\boldsymbol{r}) \boldsymbol{E}(\boldsymbol{r}) \tag{4.13b}$$

ここで，$\boldsymbol{i}, \rho, \sigma, \boldsymbol{E}$ が位置とともに変わる場合も考慮し，位置 $\boldsymbol{r}$ の関数とした．

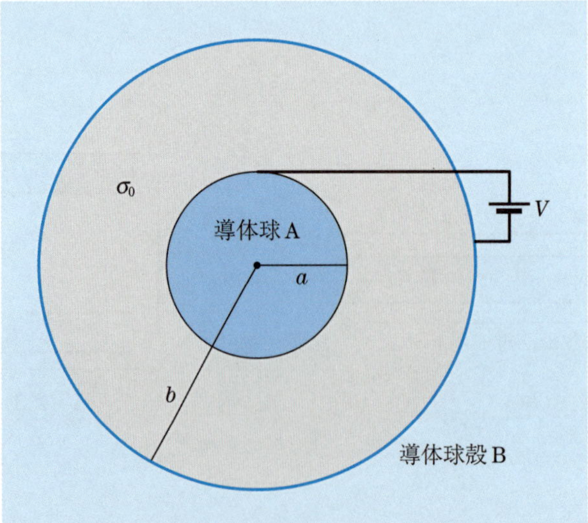

図 4.10　電気伝導率 σ_0 の物質が間に詰まった半径 a の導体球 A と半径 b の導体球殻 B の間に電位差 V をかける．

例題 4.1 図 4.10 のように同じ中心を持つ半径 a の導体球 A と半径 b の導体球殻 B の間に電気伝導率 σ_0 の物質を詰め，AB 間に電位差 V をかける．このとき AB 間に流れる定常電流 I と抵抗 R を求めよ．

解答 球の中心を原点とする．この系は原点の周りで球対称である．よって AB 間に流れる電流密度も球対称であり，その大きさ i は中心からの距離 r だけの関数 $i(r)$ である．また AB 間の位置 $\boldsymbol{r}$ での電流密度の方向は対称性から $\boldsymbol{r}$ の方向に等しい．したがって

$$\boldsymbol{i}(\boldsymbol{r}) = i(r)\frac{\boldsymbol{r}}{r}$$

である．いま，図 4.11 のように A, B と中心が同じで半径 R $(a < R < b)$ の球面 S を考え，この上で電流密度 $\boldsymbol{i}(\boldsymbol{r})$ と球面の単位法線ベクトル $\boldsymbol{n}(\boldsymbol{r})$ の内積をとり S 上で面積分すると

$$\begin{aligned}\oint_{\mathrm{S}} \boldsymbol{i}(\boldsymbol{r})\cdot\boldsymbol{n}(\boldsymbol{r})dS &= \oint_{\mathrm{S}} i(r)\frac{\boldsymbol{r}}{r}\cdot\boldsymbol{n}(\boldsymbol{r})dS \\ &= i(R)\oint_{\mathrm{S}} dS \\ &= 4\pi R^2 i(R)\end{aligned}$$

となる．ここで

$$\frac{\boldsymbol{r}}{r} = \boldsymbol{n}(\boldsymbol{r})$$

を使った．上の積分の結果は球面 S を通る電流 I であり，定常電流の保存則 (4.8)

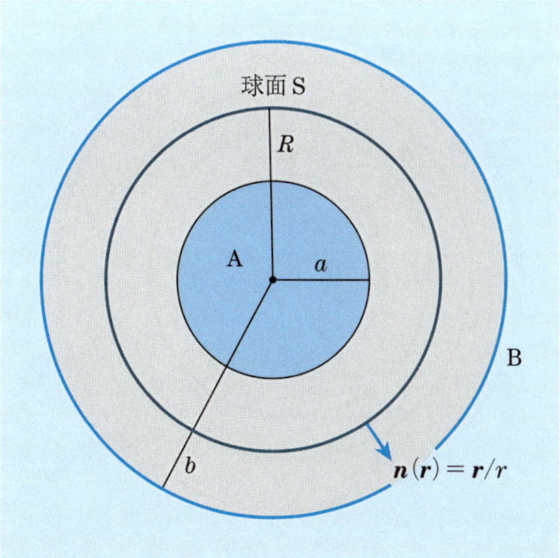

図 4.11 A, B と中心が同じで半径 R $(a < R < b)$ の球面 S を考える．

より半径 R によらない[†]．よって

$$I = 4\pi R^2 i(R)$$

より

$$i(R) = \frac{I}{4\pi R^2}, \quad i(r) = \frac{I}{4\pi r^2}$$

となる．一方，オームの法則 (4.13) から

$$i(r) = \sigma_0 E(r), \quad E(r) = i(r)/\sigma_0$$

となる．ここで E は電場の大きさであるが，これも対称性より中心からの距離だけの関数となり，電場 $\boldsymbol{E}(\boldsymbol{r})$ は $\boldsymbol{r}$ の方向を向く．

$$\boldsymbol{E}(\boldsymbol{r}) = \frac{i(r)}{\sigma_0}\frac{\boldsymbol{r}}{r}$$

この電場を積分すれば AB 間の電位差 V を得る．

$$\begin{aligned} V &= -\int_b^a \boldsymbol{E}(\boldsymbol{r})\cdot d\boldsymbol{r} = -\int_b^a \frac{i(r)}{\sigma_0}\frac{\boldsymbol{r}\cdot d\boldsymbol{r}}{r} \\ &= \int_a^b \frac{i(r)}{\sigma_0}dr = \frac{I}{4\pi\sigma_0}\int_a^b \frac{1}{r^2}dr \end{aligned}$$

[†]図 4.12 のように A, B と同じ中心を持つ半径 R_1 $(a < R_1 < b)$ の球面 S_1 と半径 R_2 $(a < R_1 < R_2 < b)$ の球面 S_2 を考え，S_1 と S_2 で囲まれた有限の厚さの球殻の領域 V において定常電流の保存則を適用する．S_1 を内から外へ通る電流を I_1，S_2 を内から外へ通る電流を I_2 とすると I_1 は領域 V に流れ込む電流であり I_2 は流れ出す電流である．したがって式 (4.8) より $-I_1 + I_2 = 0$ となり $I_1 = I_2$ を得る．つまり，I は R によらない．

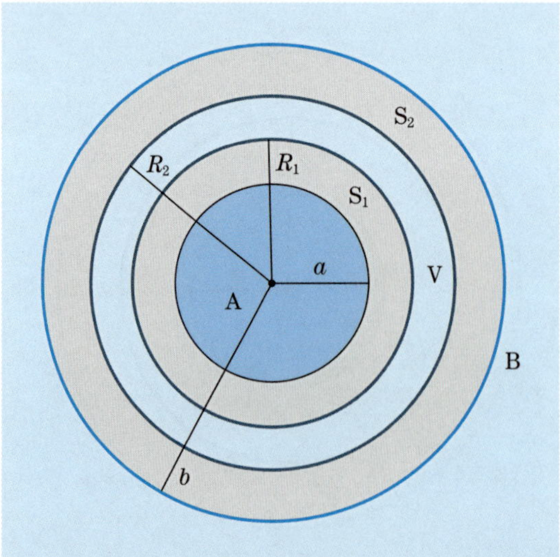

図 4.12　A, B と同じ中心を持つ半径 R_1 $(a < R_1 < b)$ の球面 S_1 と半径 R_2 $(a < R_1 < R_2 < b)$ の球面 S_2 を考える．

$$= \frac{I}{4\pi\sigma_0}\left(\frac{1}{a} - \frac{1}{b}\right)$$

$$= \frac{1}{4\pi\sigma_0}\frac{b-a}{ab}I$$

これより

$$I = 4\pi\sigma_0 \frac{ab}{b-a}V$$

と I が求まる．また AB 間の電気抵抗 R はこれより

$$R = \frac{V}{I} = \frac{1}{4\pi\sigma_0}\frac{b-a}{ab}$$

となる． ■

例題 4.2　図 4.13 のように左側が電気伝導率 σ_{L}，右側が電気伝導率 σ_{R} の物質からなる断面積 S のまっすぐな導線に電流 I を左から右へ流す．このとき 2 つの物質中の電場の大きさを計算し，さらに 2 つの物質の境界面に貯まる電荷の総量 Q を求めよ．

解答　系の形状より電流は導線の軸の方向に断面積 S の中を一様に流れる．いま電流 I は左の物質中でも右の物質中でも変わらない．したがって電流密度の大きさはどこでも $i = I/S$ である．電場の方向は系の形状よりどこでも右向きである．しかしその大きさは左右の物質中で異なる．

オームの法則 (4.13) より左側の物質中の電場の大きさ E_{L} は

$$E_{\mathrm{L}} = \frac{i}{\sigma_{\mathrm{L}}}$$

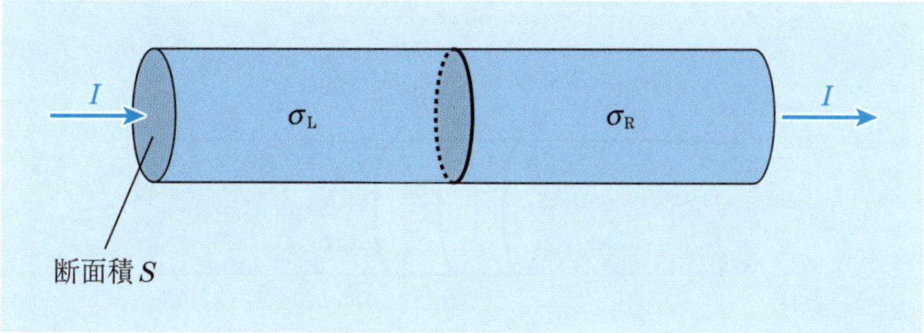

図 4.13　左側が電気伝導率 σ_{L}，右側が電気伝導率 σ_{R} の物質からなる断面積 S のまっすぐな導線に電流 I を左から右へ流す．

右側の物質中の電場の大きさ E_R は

$$E_\mathrm{R} = \frac{i}{\sigma_\mathrm{R}}$$

となり，$\sigma_\mathrm{L} \neq \sigma_\mathrm{R}$ なら左右で電場の大きさが異なる．

ここで図 4.14 のように左右の物質の境界面を $\mathrm{S_B}$ とし，これを含み断面積が導線と同じで左右の導線に広がる十分薄い円筒 C を考える．C の左側の底面を $\mathrm{S_L}$，右側の底面を $\mathrm{S_R}$，側面を $\mathrm{S_S}$ とし，電場の積分形のガウスの法則を使うと

$$\begin{aligned}\oint_\mathrm{C} \boldsymbol{E}(\boldsymbol{r})\cdot\boldsymbol{n}(\boldsymbol{r})dS &= \int_{\mathrm{S_L}} \boldsymbol{E}(\boldsymbol{r})\cdot\boldsymbol{n}(\boldsymbol{r})dS + \int_{\mathrm{S_R}} \boldsymbol{E}(\boldsymbol{r})\cdot\boldsymbol{n}(\boldsymbol{r})dS + \int_{\mathrm{S_S}} \boldsymbol{E}(\boldsymbol{r})\cdot\boldsymbol{n}(\boldsymbol{r})dS \\ &= (-E_\mathrm{L} + E_\mathrm{R})S \\ &= \frac{Q}{\varepsilon_0}\end{aligned}$$

ここで，円筒の左の底面では電場と法線ベクトルが逆向きだが，右の底面では同じ向きであること，側面では電場と法線ベクトルが直交することを使った．これより

$$\begin{aligned}Q &= \varepsilon_0 I\left(\frac{1}{\sigma_\mathrm{R}} - \frac{1}{\sigma_\mathrm{L}}\right) \\ &= \varepsilon_0 I\left(\frac{\sigma_\mathrm{L} - \sigma_\mathrm{R}}{\sigma_\mathrm{L}\sigma_\mathrm{R}}\right)\end{aligned}$$

ここで出てくる Q が左右の物質の境界に貯まっている電荷であり，これが左右の電場の違いを生み出している． ■

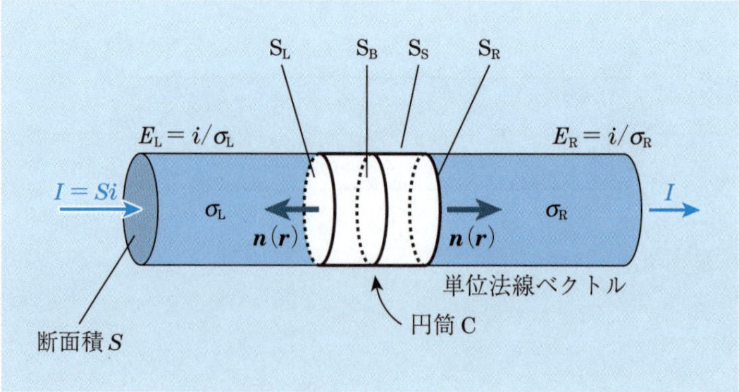

図 4.14 左右の物質の境界面を $\mathrm{S_B}$ とし，これを含み断面積が導線と同じで左右の導線に広がる十分薄い円筒 C を考える．

4.2.2 電力とジュール熱

4.1.1 項でみたように電流および電流密度を担うのは電子の流れである．電場 $\boldsymbol{E}(\boldsymbol{r})$ のもとでは 1 つの電子に $-e\boldsymbol{E}(\boldsymbol{r})$ の力が働くので，電場が単位体積中の密度 $n(\boldsymbol{r})$ の電子全体に単位時間にする仕事 $w(\boldsymbol{r})$ は電子の速度を $\boldsymbol{v}(\boldsymbol{r})$ として

$$\begin{aligned} w(\boldsymbol{r}) &= n(\boldsymbol{r}) \times \{-e\boldsymbol{E}(\boldsymbol{r})\boldsymbol{v}(\boldsymbol{r})\} \\ &= \boldsymbol{i}(\boldsymbol{r}) \cdot \boldsymbol{E}(\boldsymbol{r}) = i(\boldsymbol{r})E(\boldsymbol{r}) \end{aligned}$$

と電流密度 $\boldsymbol{i}(\boldsymbol{r})$ を使って表すことができる．長さ L，断面積 S の導線中の電子全体に電場がする仕事 W は

$$\begin{aligned} W &= LSw(\boldsymbol{r}) \\ &= Si(\boldsymbol{r})LE(\boldsymbol{r}) = IV \end{aligned}$$

となる．ここで $V = LE$ は導線の両端の電位差（電圧）であり，導線内では電場は一様で電流密度と同じ方向であることを使った．つまり抵抗 R の導線に電圧 V をかけて電流 I を流すためには単位時間あたり

$$W = IV = RI^2 = \frac{1}{R}V^2 \tag{4.14}$$

の仕事が必要であることがわかる．この W を**電力**という．この仕事は導線に電流を流すために用いた電池や起電力がしたことになる（〔下欄〕**交流の実効値** 参照）．

交流の実効値

いま角振動数 ω の交流電圧 $V(t) = V_0 \cos\omega t$ を大きさ R の電気抵抗に加えると $I(t) = I_0 \cos\omega t = \dfrac{V_0}{R}\cos\omega t$ の電流が流れる．このとき抵抗にかかる電圧がする単位時間あたりの仕事 $W(t)$ は

$$W(t) = I(t) \times V(t) = RI_0^2 \cos^2 \omega t = \frac{1}{R}V_0^2 \cos^2 \omega t$$

と時間変化する．1 周期 $T = 2\pi/\omega$ あたりの平均の仕事 $\overline{W}$ は

$$\begin{aligned} \overline{W} &= \frac{1}{T}\int_0^T W(t)dt \\ &= \frac{RI_0^2}{T}\int_0^T \cos^2 \omega t dt = \frac{RI_0^2}{T}\int_0^T \frac{1}{2}(\cos 2\omega t + 1)dt \\ &= \frac{RI_0^2}{2} = RI_{\mathrm{eff}}^2 = \frac{1}{R}\frac{V_0^2}{2} = \frac{1}{R}V_{\mathrm{eff}}^2 \end{aligned} \tag{4.15}$$

となる．ここで $I_{\mathrm{eff}} = I_0/\sqrt{2}$, $V_{\mathrm{eff}} = V_0/\sqrt{2}$ はそれぞれ交流電流，交流電圧の実効値と呼ばれる量で，直流電流，電圧の場合の電力と等しくなる交流電流，電圧の大きさである．家庭のコンセントの電圧が 100 V であるとは，実効値が 100 V ということである．

定常状態では電圧 V のもと導線に流れる電流は一定である．では外からした単位時間あたり W の仕事はどこへいったのであろうか？　定常状態で電流が一定ということは平均の電子の速度も一定ということである．一方，各電子は $-e\boldsymbol{E}(\boldsymbol{r})$ の力を受けている．それにも関わらず平均の速度が一定なのは，電子が衝突によってエネルギーと運動量を失っているからである．衝突の相手は導線を作っているイオンの運動などである．この衝突が電気抵抗の原因となる（〔下欄〕**電子は何と衝突するのか?** 参照）．この衝突により導線中のイオンはエネルギーをもらい，そのため導線は熱を発生する．この熱は**ジュール**（Joule）**熱**と呼ばれる．外からした単位時間あたり W の仕事はこのジュール熱に変わったのである．電球を灯していると熱くなることは知っているだろう．これもジュール熱のためである．

電子は何と衝突するのか?

結晶中ではイオンはほぼ周期的に並んでいる．電子やイオンなどの微視的な物体の振る舞いは量子力学で説明されるが，それによれば完全に周期的に並んでいるイオンは電子と衝突しないことが知られている．電子が衝突によってエネルギーや運動量を渡す相手は，周期的な位置からずれたイオンの運動である．この他，不純物なども電子は衝突する．これらの衝突が電気抵抗の原因となる．

4.3 章末問題

4.1 回路の導線の材料としてよく用いられる銅の室温での電気伝導率は約 $6 \times 10^7\ \Omega^{-1} \cdot \mathrm{m}^{-1}$ である．半径 $1 \times 10^{-4}\ \mathrm{m} = 0.1\ \mathrm{mm}$ の銅でできている導線 1 m の電気抵抗はいくらか？

4.2 図 4.15 のように軸と高さ l が同じ半径 a の導体円柱 A と半径 b の導体円筒 B の間に電気伝導率 σ_0 の物質を詰め，AB 間に電位差 V をかける．このとき，AB 間に流れる電流 I を求めよ．円筒と円柱の端の効果は無視できるとする．

4.3 図 4.16 のように上の問題の AB 間の導体を除き，半径 c $(a < c < b)$ までは電気伝導率 σ_c の物質を，半径 c から b までは電気伝導率 σ_b の物質を詰め，AB 間に電位差 V を与える．このとき AB 間に流れる電流 I および半径 c の 2 つの物質の境界の円筒上に貯まる全電荷 Q を求めよ．

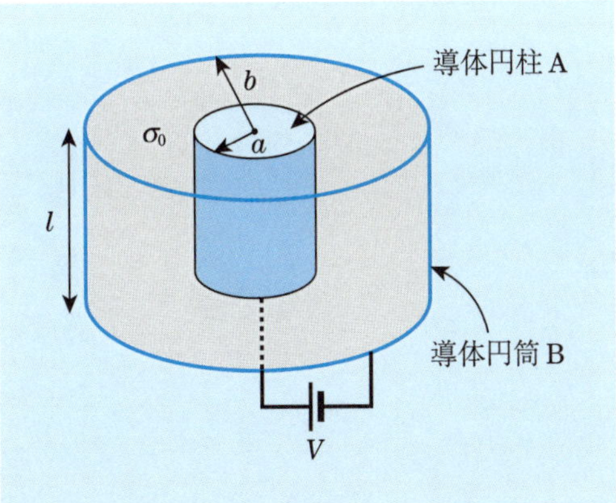

図 4.15 軸と高さ l が同じ半径 a の導体円柱 A と半径 b の導体円筒 B の間に電気伝導率 σ_0 の物質を詰め，AB 間に電位差 V を与える．

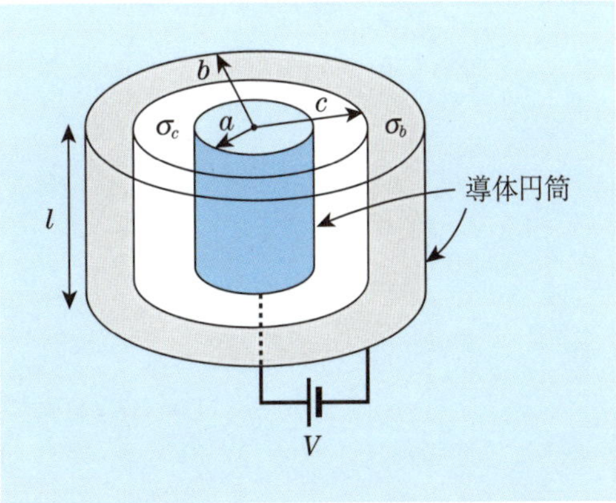

図 4.16 半径 c $(a < c < b)$ までは電気伝導率 σ_c の物質を，半径 c から b までは電気伝導率 σ_b の物質を詰め，AB 間に電位差 V を与える．

5

磁場と電流

磁石があればその周りに磁場ができる．しかし磁場を作るものは磁石だけではない．電流が流れても磁場ができる．この章では定常電流と磁場の関係を学んでいく．

本章の内容

磁場と磁束密度
ローレンツ力
ビオ-サバールの法則
アンペールの法則
章末問題

5.1 磁場と磁束密度

5.1.1 磁 石 と 磁 場

第 1 章で学んだように電荷には正と負の電荷があり，同じ符号の電荷同士は反発し合い，異なる符号の電荷同士は引きつけ合う．我々は磁石も同じような性質を持つことを知っている．つまり磁石には N 極と S 極があり，同じ極同士は反発し合い異なる極同士は引きつけ合う．磁石が地球上で方角を示すことはよく知られている．本来，磁石の N 極とは North Pole（北極）という意味であり，その名前の通り北を向こうとする．これは図 5.1 に示すように地球自体が大きな磁石であり，北極が地球の S 極であり，N 極と S 極同士で引きつけ合うからである†．このような磁石の性質を利用した物が方角を示すコンパスである．

しかし，電荷と磁石の間には大きな違いがある．それは，電荷の場合，正と負の電荷というものがそれぞれ単独で存在し得るのに対して

磁石の N 極と S 極は必ず対になって現れ，電荷に対応した磁荷（じか）というものは単独では取り出せない

† 正確にいえば磁石としての地球の N 極と S 極を結ぶ軸は地球の自転軸からは約 10 度ほどずれている．またこれまでの地球の歴史において N 極と S 極は何度も反転している．

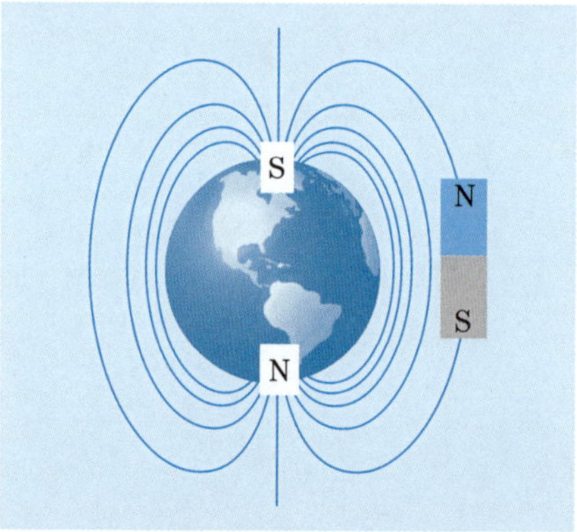

図 5.1　地球は大きな磁石であり北極が S 極で，南極が N 極である．このため磁石の N 極と S 極は地球の北極と南極を指す．

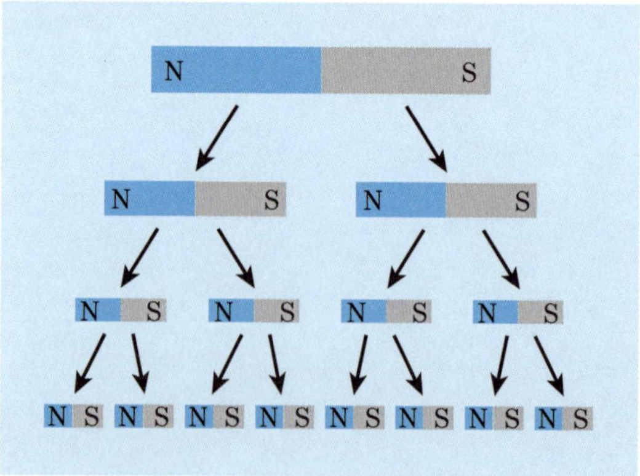

図 5.2　磁石の N 極と S 極を分けようとしてこの棒磁石を何度，切っても切り口にまた S 極と N 極が現れる．このように磁石の N 極と S 極は必ず対で現れる．

という点である．図 5.2 のような 1 本の棒磁石を考えよう．左側が N 極で右側が S 極である．ここで，N 極と S 極を分けようとしてこの棒磁石を切ってしまうと，切り口に新たに S 極と N 極が現れる．さらに何回切っても同じである．必ず切り口に新たに S 極と N 極が現れ，N 極と S 極が対になった小さな棒磁石がどんどんできるだけである．

さて，電荷の間に働く力は，電場というものを介して働くことを第 1 章で学んだ．1 つ電荷を置いただけで周りの空間に電場ができ，そこにもう 1 つの電荷を置くとその電荷は電場から力を受けるのである．この電場の様子は電気力線で表すことができた．電気力線の方向はその点での電場の方向に一致し，密度はそこでの電場の強さに比例した．

では磁石の間に働く力はどうであろうか？　このときも同様に**磁場**（じば）というものが磁石の周りにできる．この磁場は電場の場合の電気力線と同様，**磁力線**（じりょくせん）というもので表すことができる．つまり磁力線の向きはそこでの磁場の向きに一致し，その密度はそこでの磁場の強さに比例する．地球の作る磁場の磁力線の様子を図 5.1 に，棒磁石の周りの磁力線の様子を図 5.3 に示す．電場は正の電荷から負の電荷の方へ向かったが，磁場は N 極から S 極へ向かうという約束であり，磁力線もそのように向く．

そのような磁場を表す物理量として**磁束密度** $\boldsymbol{B}$ を使う．単位は T（テスラ）である．ちょっと後になるが，例題 5.1（p.107）で示すように，電流 I の流れる直線の導線をそれと直交する方向の磁束密度 $\boldsymbol{B}$ に中に置くと，導線に力

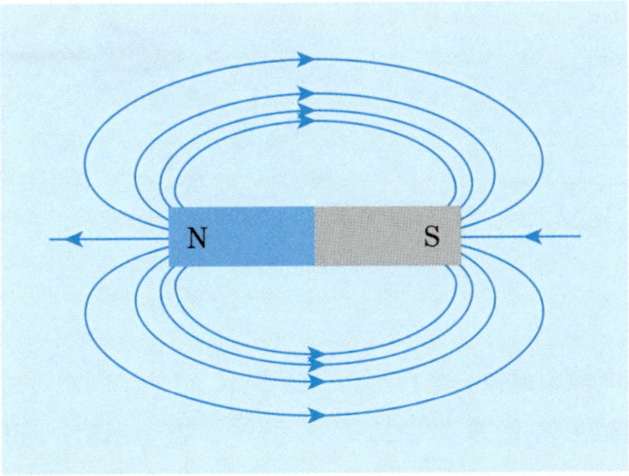

図 5.3　棒磁石の周りの磁力線の様子．

が働く（図 5.4）†．その力は I と導線の長さに比例する．

I が 1 A のとき，それに作用する導線 1 m あたりの力が 1 N の場合の B の大きさを 1 T とする．

すなわち

$$1\,\mathrm{T} = 1\,\mathrm{N}\cdot\mathrm{A}^{-1}\cdot\mathrm{m}^{-1} = 1\,\mathrm{kg}\cdot\mathrm{s}^{-2}\cdot\mathrm{A}^{-1}$$

である．磁束密度の単位としてはこの T の他に SI 単位系ではないが，G（ガウス）もよく使われる．$1\,\mathrm{G} = 1\times10^{-4}\,\mathrm{T}$ である．後で，磁場 $\boldsymbol{H}$ 自身も登場し磁束密度と磁場は比例関係にあることがわかるが，この磁束密度の方がいまのところ便利なのでこれを使う．ちょっとややこしいかもしれないが磁場があれば磁束密度も有限になるので，しばらくは磁場と磁束密度はちょっと定数倍違うだけで同じようなものだと思っていて頂きたい．そしてこれ以降，磁力線の向きはそこでの磁束密度の向きに，その密度は磁束密度の強さに比例するとする．また特に混乱の恐れがないときは，慣例に従い磁束密度のことを単に磁場と呼ぶこともある．

† 一般的に紙面に垂直で奥から手前に向かう方向（つまり自分に向かう方向）を表すのに，⊙ を書いて，逆に手前から奥に向かう方向（自分から逃げていく方向）を表すのに，⊗ を書いて表す．この 2 つの記号は図 5.5 に示すように自分に向かってくる矢，自分から逃げていく矢をみた様子からきている．

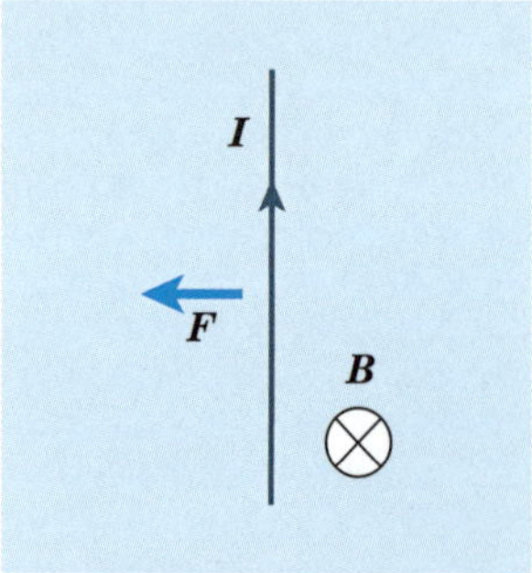

図 5.4　電流 $\boldsymbol{I}$ の流れる直線の導線をそれと直交する方向の磁束密度 $\boldsymbol{B}$ に中に置くと，導線に力 $\boldsymbol{F}$ が $\boldsymbol{I}$ と $\boldsymbol{B}$ に垂直な方向に働く．

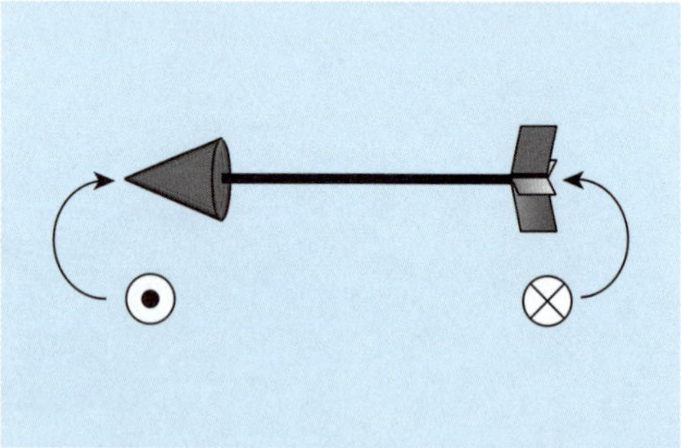

図 5.5　自分に向かってくる矢は先端がみえるので，紙面に垂直で奥から手前に向かう方向は ⊙ を書いて，逆に自分から逃げていく矢は後ろ端の羽根がみえるので，手前から奥に向かう方向は ⊗ を書いて表す．

5.1.2 磁場の積分形のガウスの法則

このことは磁力線ではどう表されるのであろうか？ 磁力線は磁石のN極からS極に向かい，図5.2のように1本の磁石をどんなに細かく分割しても必ずN極とS極が対でできる．分割を無限回行った場合を考えれば，磁力線は切れることなくつながっていることがわかるだろう．つまり

磁力線には端がなく輪になってつながっている．

ここで，3次元空間の任意の閉曲面Sを考えてみよう．2.1節 **閉曲面を貫く電気力線の数** および2.2節 **電場の積分形のガウスの法則** で示したように，電場の場合には任意の閉曲面Sを貫く電気力線の数 N_{L} は式(2.11) (p.46)で与えられSの中の電荷 Q だけで決まった．磁力線は常につながっていて，どこかで生まれることもなくどこかで消えることもない．これは電荷がない場所での電気力線の振る舞いと同じである．電荷がない場所では式(2.11)より $N_{\mathrm{L}}=0$ であり，電場は積分形のガウスの法則(2.13) (p.47)より

$$\oint_{\mathrm{S}} \boldsymbol{E}(\boldsymbol{r})\cdot\boldsymbol{n}(\boldsymbol{r})dS=0$$

を満たす．電荷がないので，ある閉曲面で囲まれた領域に入ってくる電気力線の数と出ていく電気力線の数は等しく，上の面積分は0となる．単独の**磁荷**というものは存在しないので磁力線の振る舞いは電荷がない場所の電気力線の振る舞いと同じになる．よって任意の閉曲面Sを貫く磁力線の数 N_{B} は $N_{\mathrm{B}}=0$ となり，比例定数を C とすると $N_{\mathrm{B}}=C\oint_{\mathrm{S}}\boldsymbol{B}(\boldsymbol{r})\cdot\boldsymbol{n}(\boldsymbol{r})dS$ と表さ

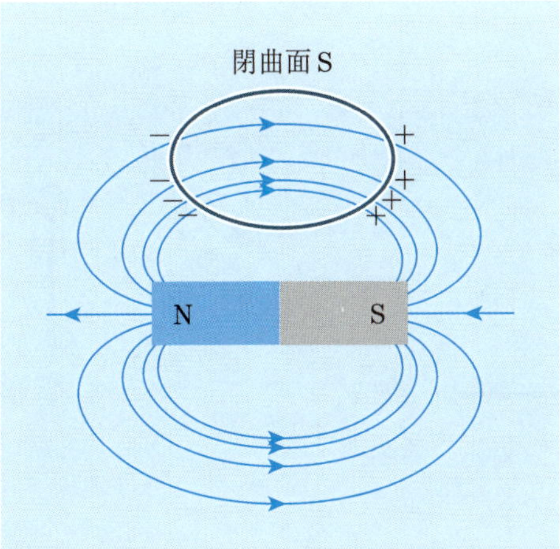

図5.6 任意の閉曲面Sを貫く磁力線の数は常に0となる．

れるので

$$\oint_S \boldsymbol{B}(\boldsymbol{r}) \cdot \boldsymbol{n}(\boldsymbol{r}) dS = 0 \tag{5.1}$$

となる．これを**磁場の積分形のガウスの法則**という．図 5.6（前頁）のように

任意の閉曲面 S を貫く磁力線の数は常に 0 となる．

5.2 ローレンツ力

磁場の中に磁石を置けば力を受ける．しかし磁場から力を受けるものは磁石だけではない．

電荷を持った粒子が磁場の中を運動すると力を受ける．

この力は**ローレンツ力**と呼ばれ

$$\boldsymbol{F} = q\boldsymbol{v} \times \boldsymbol{B} \tag{5.2}$$

と表される．ここで，q は粒子の持つ電荷，$\boldsymbol{v}$ はその速度ベクトルである（図 5.7）．× は外積（ベクトル積）を表している．成分で表すと

$$\boldsymbol{A} \times \boldsymbol{B} = (A_y B_z - A_z B_y, A_z B_x - A_x B_z, A_x B_y - A_y B_x)$$

となる．これがもとの 2 つのベクトル $\boldsymbol{A}, \boldsymbol{B}$ と直交することは容易に示すことができる（〔下欄〕**外積の性質** 参照）．ローレンツ力を成分で表すと次のよ

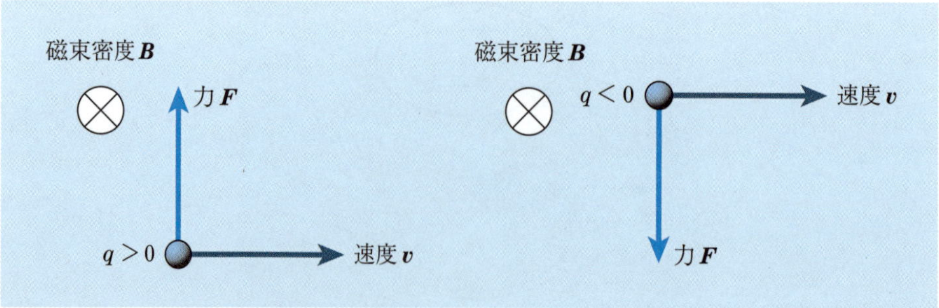

図 5.7　電荷 q を持つ荷電粒子が磁束密度 $\boldsymbol{B}$ から受ける力．

うになる．

$$F_x = q(v_y B_z - v_z B_y)$$
$$F_y = q(v_z B_x - v_x B_z)$$
$$F_z = q(v_x B_y - v_y B_x)$$

ここで，z 軸方向の一様な磁場のもとで xy 平面内を運動する電子の運動を考えてみよう．いま磁束密度 $\boldsymbol{B}$ は $\boldsymbol{B} = (0, 0, B)$ と表される．電子の電荷は $-e$ であり，その質量を m，時刻 t での速度を $\boldsymbol{v}(t) = (v_x(t), v_y(t), 0)$ とすると，電子に働く力は式 (5.2) で与えられるから運動方程式は

$$m\frac{d\boldsymbol{v}(t)}{dt} = -e\boldsymbol{v}(t) \times \boldsymbol{B} \tag{5.3}$$

となる．成分ごとに表せば

$$m\frac{dv_x(t)}{dt} = -e(\boldsymbol{v}(t) \times \boldsymbol{B})_x = -ev_y(t)B \tag{5.4a}$$

$$m\frac{dv_y(t)}{dt} = -e(\boldsymbol{v}(t) \times \boldsymbol{B})_y = ev_x(t)B \tag{5.4b}$$

である．ここで式 (5.4a) を時刻 t でもう 1 回微分し，出てきた $\dfrac{dv_y}{dt}$ を式 (5.4b) を使って表せば

$$m\frac{d^2 v_x(t)}{dt^2} = -eB\frac{dv_y(t)}{dt} = -\frac{(eB)^2}{m}v_x(t)$$

外積の性質

2 つのベクトル $\boldsymbol{A}, \boldsymbol{B}$ の外積 $\boldsymbol{A} \times \boldsymbol{B}$ は $\boldsymbol{A}, \boldsymbol{B}$ と直交する．$\boldsymbol{A} \times \boldsymbol{B}$ と $\boldsymbol{A}$ が直交することを示すには，この 2 つの内積が 0 になることを示せばよい．

$$\begin{aligned}\boldsymbol{A} \cdot (\boldsymbol{A} \times \boldsymbol{B}) &= A_x (\boldsymbol{A} \times \boldsymbol{B})_x + A_y (\boldsymbol{A} \times \boldsymbol{B})_y + A_z (\boldsymbol{A} \times \boldsymbol{B})_z \\ &= A_x (A_y B_z - A_z B_y) + A_y (A_z B_x - A_x B_z) + A_z (A_x B_y - A_y B_x) \\ &= 0\end{aligned}$$

同様に $\boldsymbol{A} \times \boldsymbol{B}$ と $\boldsymbol{B}$ が直交するとことも示すことができる．2 つのベクトル $\boldsymbol{A}$ と $\boldsymbol{B}$ は 1 つの平面を作るので，これより外積 $\boldsymbol{A} \times \boldsymbol{B}$ はその平面に直交することになる．

また外積の大きさ $|\boldsymbol{A} \times \boldsymbol{B}|$ は 2 つのベクトル $\boldsymbol{A}, \boldsymbol{B}$ のなす角度を θ として

$$|\boldsymbol{A} \times \boldsymbol{B}| = AB \sin\theta$$

と表される．ここで A, B はそれぞれ $\boldsymbol{A}, \boldsymbol{B}$ の大きさである．証明は省略する．これより平行な 2 つのベクトル（$\theta = 0$）の外積は 0 となり，直交する 2 つのベクトル（$\theta = \pi/2$）の外積の大きさは 2 つのベクトルの大きさの積となることがわかる．

となり，これより

$$\frac{d^2 v_x(t)}{dt^2} = -\omega_c^2 v_x$$

$$\omega_c = \frac{eB}{m} \tag{5.5}$$

を得る．ここで ω_c は**サイクロトロン角振動数**と呼ばれる量である．上の方程式は $v_x(t)$ を t で 2 階微分すると $-$(定数 $\times$ $v_x(t)$) になるという式であるから，調和振動子の運動方程式と同じである．よってその解は 2 つの積分定数 C_1, C_2 を使って

$$v_x(t) = C_1 \cos(\omega_c t + C_2)$$

と表される．$v_x(t)$ がわかれば式 (5.4a) より

$$v_y(t) = C_1 \sin(\omega_c t + C_2)$$

を得る．時刻 $t = 0$ で $\boldsymbol{v}(t = 0) = (v_{x0}, 0, 0)$ とすると，$C_1 = v_{x0}, C_2 = 0$ となり

$$v_x(t) = v_{x0} \cos(\omega_c t)$$
$$v_y(t) = v_{x0} \sin(\omega_c t)$$

これより電子の座標 $\boldsymbol{r}(t) = (x(t), y(t), 0)$ は

サイクロトロン

サイクロトンとは電子や陽子など電荷を持った粒子を加速する加速器の一種である．基本的には運動面に垂直に磁場をかけ円運動をさせ，その間に電場をタイミングよく調節してかけて，電場による力で粒子を加速する．加速に伴い円運動の半径は大きくなる．加速器にはいろいろな種類がある．現在，世界最大の加速器（2008 年 10 月現在，運転準備中）は欧州原子核研究機構が建設した LHC と呼ばれるサイクロトロンと同様の円形加速器である．スイスとフランスの国境をまたがる全周 27 km の巨大な施設で，光速の 99.9999991%の速さまで加速した陽子をぶつけ合い，宇宙誕生直後の高エネルギー状態を再現しその様子を探ることを目的としている．

$$x(t) = \frac{v_{x0}}{\omega_c}\sin(\omega_c t)$$
$$y(t) = -\frac{v_{x0}}{\omega_c}\cos(\omega_c t)$$

となることはすぐにわかるだろう．ただし，$x(t=0)=0,\ y(t=0)=-\frac{v_{x0}}{\omega_c}$ とした．上の式は角速度 ω_c の等速円運動を表している．運動の様子を図 5.8 に示す．このように一様磁場中の荷電粒子は磁場に垂直な方向には等速円運動をするのである．

例題 5.1 一様な磁場の中に置かれた電流ベクトル $\boldsymbol{I}$ が流れている導線に働く単位長さあたりの力を求めよ．

解答 電流密度ベクトル $\boldsymbol{i}$ は $\boldsymbol{i} = -ne\boldsymbol{v}$ と表されるので，単位体積あたりの電子に働くローレンツ力は式 (5.2) より $\boldsymbol{f} = -ne\boldsymbol{v}\times\boldsymbol{B} = \boldsymbol{i}\times\boldsymbol{B}$ となる．導線の断面積を S とすると $\boldsymbol{I} = S\boldsymbol{i}$ であるから (単位長さあたりの導線に働く力) = (導線中の単位長さあたりの電子に働く力$\boldsymbol{F}$) は

$$\begin{aligned}\boldsymbol{F} &= S\boldsymbol{i}\times\boldsymbol{B}\\ &= \boldsymbol{I}\times\boldsymbol{B}\end{aligned} \tag{5.6}$$

となる．この式からわかるように 1 T の磁束密度に垂直に置かれた 1 A の電流が流れる導線には 1 m あたり 1 N の力が働く．ちなみに強力な円筒状の磁石の作る磁束密度の大きさは，その底面の近くで 0.5 T の程度である． ■

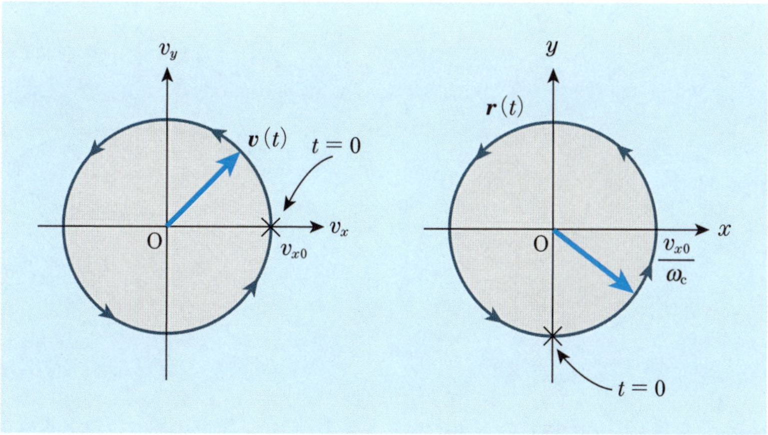

図 5.8 一様磁場中の荷電粒子の運動．

5.3 ビオ-サバールの法則

5.3.1 直線電流が作る磁束密度

方角を示す磁石であるコンパスの近くに置いた導線に電流を流すとどうなるだろうか？ 図 5.9 のように導線に電流を流すと磁石の N 極と S 極の指す方向が地球の北極と南極からずれる．磁石に力を及ぼすのは磁場だから，電流が磁場を作りそのため磁石の位置での磁場の方向が地球の作る磁場の方向からずれたためと考えられる．

ではそのときできる磁場はどちらを向いていて，どのくらいの強さなのだろうか？ 図 5.10 のような電流 I の流れているまっすぐな導線を考える．ビオ (Biot) とサバール (Savart) は導線から距離 R の位置にできる磁束密度 $\boldsymbol{B}(R)$ の大きさ $B(R)$ は

$$B(R) = \mu_0 \frac{I}{2\pi R} \tag{5.7}$$

となることを見い出した．そしてその方向は，導線を流れる電流の方向に右ねじ（右向き，つまり時計回りに回転したとき前に進むねじ）が進んだとき，右ねじが回転する方向となるのである．これを**右ねじの法則**という．ここで μ_0 は真空の**透磁率**と呼ばれる量で，この本で我々が使っている SI 単位系では

$$\mu_0 = 4\pi \times 10^{-7}\,\mathrm{N \cdot A^{-2}} \tag{5.8}$$

となる．

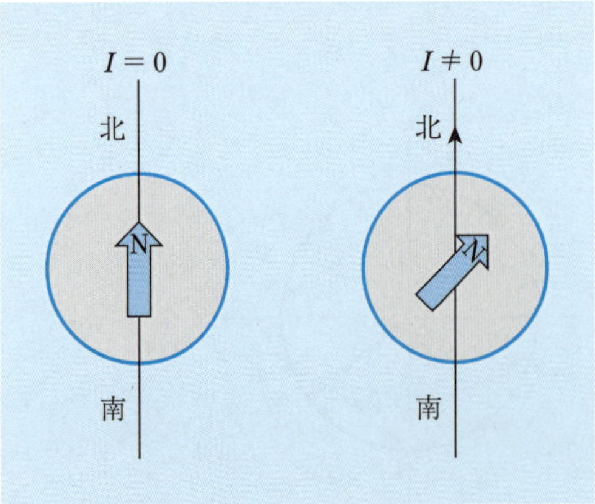

図 5.9 最初，北を指していた磁石の N 極は電流を流すと向きを変える．

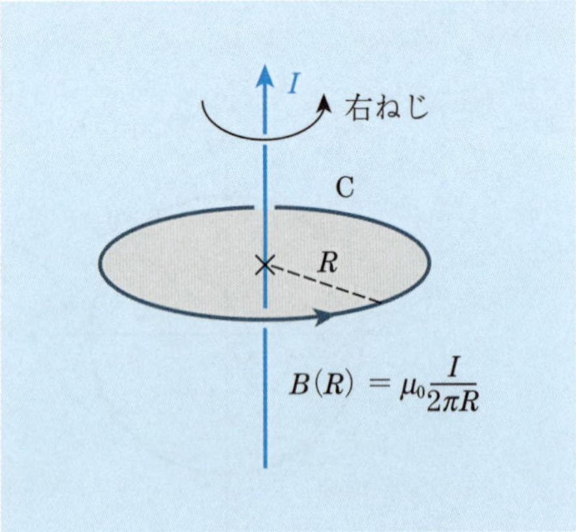

図 5.10 電流の周りに生じる磁束密度は右ねじの方向を向き，その大きさは $B(R) = \mu_0 \dfrac{I}{2\pi R}$ となる．

例題 5.2 図 5.11 のように電流の流れる 2 本の平行導線間に働く力を求めよ．

解答 平行導線の間の距離を a とする．まず図 5.11 左のように 2 本の平行導線に同じ向きの電流が流れている場合を考える．このとき 1 番目の導線に流れる電流 I_1 が 2 番目の導線の位置に作る磁束密度 $\boldsymbol{B}_1$ の方向は，右ねじの法則より図中に示すように紙面に垂直で手前から奥に向かう．その大きさは式 (5.7) より

$$B_1 = \mu_0 \frac{I_1}{2\pi a}$$

となる．I_2 の電流が流れている 2 番目の導線が 1 番目の導線から受ける単位長さあたりの力 $\boldsymbol{F}_{21}$ は $\boldsymbol{B}_1$ によって受ける力である．式 (5.6) よりこの力の向きは 1 番目の導線に向かう方向である．$\boldsymbol{B}_1$ と導線の向きが直交するので，大きさは

$$F_{21} = B_1 I_2 = \frac{\mu_0}{2\pi} \frac{I_1 I_2}{a} \tag{5.9}$$

となる（p.105〔下欄〕**外積の性質** 参照）．1 番目の導線が 2 番目の導線から受ける単位長さ当たりの力 $\boldsymbol{F}_{12}$ は，作用－反作用の法則から $\boldsymbol{F}_{12} = -\boldsymbol{F}_{21}$ となる．このように同じ向きに流れる電流の間には引力が働く．

次に図 5.11 右のように $\boldsymbol{I}_2$ の向きが逆で，2 本の平行導線に逆向きの電流が流れている場合を考える．このとき 1 番目の導線が 2 番目の導線の位置に作る磁束密度 $\boldsymbol{B}_1$ は上の場合と変わらず，$\boldsymbol{I}_2$ の大きさも同じなので $\boldsymbol{F}_{21}$ の大きさは式 (5.9) と同じである．しかし $\boldsymbol{I}_2$ の向きが逆なので，その向きは上の場合と逆，1 番目の導線から離れようとする方向となる．$\boldsymbol{F}_{12}$ も，その大きさは上の場合と同じだが，その向きは逆となる．つまり逆の向きに流れる電流の間には斥力が働く． ■

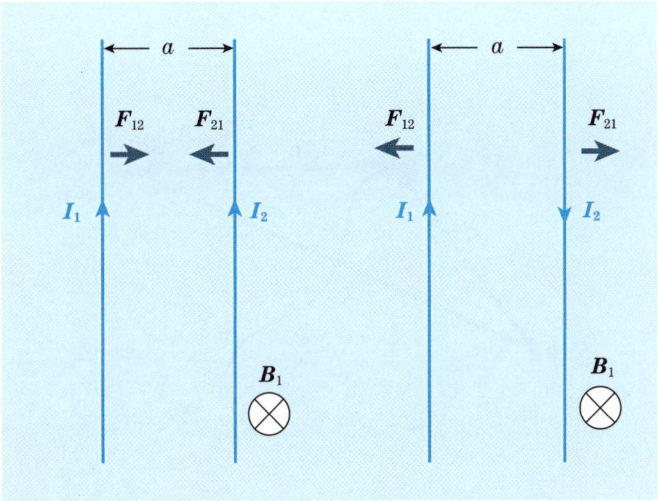

図 5.11 2 本の平行導線の間に働く力．左は 2 本の導線を流れる電流が同じ向きのときで，このとき引力が働く．右は電流が逆向きのときで斥力が働く．

実は，上で求めた電流の流れる 2 本の導線間に働く力 $F = \dfrac{\mu_0}{2\pi}\dfrac{I_1 I_2}{a}$ が電流の大きさ A の定義に使われるのである．すなわち

1 A の電流とは，同じ電流の流れる間隔 1 m の平行な導線間に働く力が導線の長さ 1 m あたり 2×10^{-7} N になる電流の大きさである．

5.3.2 一般の電流が作る磁束密度

直線電流の作る磁束密度はわかった．では一般的な曲線状の導線を流れる電流はどのような磁束密度を作るのであろうか？ これを考えるため，図 5.12 のように電流 I が流れている太さの無視できる曲線状の導線の微小な一部が作る磁束密度を考えよう．この導線の一部の長さ Δr_i は十分短く，線分とみなせるとする．その位置ベクトルを $\boldsymbol{r}_i$，そこでの導線の方向の単位ベクトル，すなわち**単位接線ベクトル**を $\boldsymbol{t}(\boldsymbol{r}_i)$ としよう．この微小な部分が位置 $\boldsymbol{r}$ に作る磁束密度 $\Delta\boldsymbol{B}_i(\boldsymbol{r})$ を考えるのである．直線電流の作る磁束密度なら実験で測ることができるが，電流の微小部分が作る磁束密度 $\Delta\boldsymbol{B}_i(\boldsymbol{r})$ を測るのは容易ではない．だが，理論的考察と直線電流の作る磁束密度の式 (5.7) から，$\Delta\boldsymbol{B}_i(\boldsymbol{r})$ の式を導くことができる．

$\Delta\boldsymbol{B}_i(\boldsymbol{r})$ は当然，ベクトルである．そしてそれは

$$\mu_0, I, \Delta r_i, \boldsymbol{r}, \boldsymbol{r}_i, \boldsymbol{t}(\boldsymbol{r}_i)$$

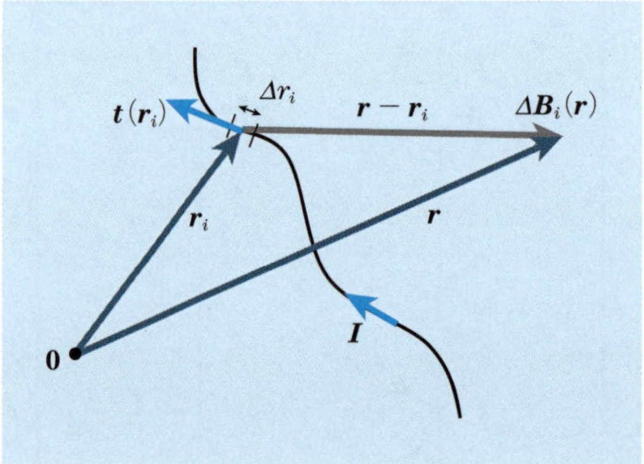

図 5.12 電流 I が流れている太さの無視できる曲線状の導線の微小な一部が作る磁束密度を考えよう．

によって決まるだろう．この 6 つの量のうちベクトルは最後の 3 つである．$\Delta \boldsymbol{B}_i(\boldsymbol{r})$ の方向を決めるのはこの 3 つのベクトル

$$\boldsymbol{r},\ \boldsymbol{r}_i,\ \boldsymbol{t}(\boldsymbol{r}_i)$$

しかない．いま電流の流れる位置と磁束密度のできる位置をともに同じだけずらしても，できる磁束密度は変わらない．このことは $(\boldsymbol{r}-\boldsymbol{r}_i)$ を一定に保って，$\boldsymbol{r}, \boldsymbol{r}_i$ を変えても $\Delta \boldsymbol{B}_i(\boldsymbol{r})$ は変わらないことを意味する（〔下欄〕**原点の選び方** 参照）．したがって，$\boldsymbol{r}$ と $\boldsymbol{r}_i$ は $(\boldsymbol{r}-\boldsymbol{r}_i)$ の形でのみ，$\Delta \boldsymbol{B}_i(\boldsymbol{r})$ を決める式の中に登場することになる．よって $\Delta \boldsymbol{B}_i(\boldsymbol{r})$ の方向は 2 つのベクトル

$$\boldsymbol{t}(\boldsymbol{r}_i),\ (\boldsymbol{r}-\boldsymbol{r}_i)$$

によって決まる．ここで直線電流が作る磁場 $\boldsymbol{B}(\boldsymbol{r})$ をもう一度考えてみると，図 5.14 からわかるように，$\boldsymbol{t}(\boldsymbol{r}_i)$ と $(\boldsymbol{r}-\boldsymbol{r}_i)$ が作る平面に直交する方向を向いていることがわかる．これから $\Delta \boldsymbol{B}_i(\boldsymbol{r})$ も $\boldsymbol{t}(\boldsymbol{r}_i)$ と $(\boldsymbol{r}-\boldsymbol{r}_i)$ が作る平面に直交する方向を向いていると考えられる（次頁〔下欄〕**$\Delta \boldsymbol{B}_i(\boldsymbol{r})$ が $\boldsymbol{t}(\boldsymbol{r}_i)$ と $(\boldsymbol{r}-\boldsymbol{r}_i)$ が作る平面に直交すること** 参照）．そのような方向は $\boldsymbol{t}(\boldsymbol{r}_i)$ と $(\boldsymbol{r}-\boldsymbol{r}_i)$ の外積の方向である．よって $\Delta \boldsymbol{B}_i(\boldsymbol{r})$ の向きは $\boldsymbol{t}(\boldsymbol{r}_i)\times(\boldsymbol{r}-\boldsymbol{r}_i)$ の方向となる．これより

$$\Delta \boldsymbol{B}_i(\boldsymbol{r}) = g\boldsymbol{t}(\boldsymbol{r}_i)\times(\boldsymbol{r}-\boldsymbol{r}_i) \tag{5.10}$$

となる．ここで g はまだわからない定数のスカラー量である．さて，先に学んだ直線電流の作る磁束密度の式から g は電流の大きさ I と真空の透磁率 μ_0 に比

原点の選び方

このことは磁束密度 $\Delta \boldsymbol{B}_i(\boldsymbol{r})$ が座標軸の原点のとり方に依存しないということと同じことである．座標軸の原点は我々が勝手に決めることができる．しかしそれによって現れる物理量が変わってしまうことはない．いま，$\boldsymbol{r}, \boldsymbol{r}_i$ は原点のとり方を変えれば変わる．図 5.13 のように $\boldsymbol{0}$ を原点とする座標系での位置ベクトル $\boldsymbol{r}, \boldsymbol{r}_i$ は $\boldsymbol{0}$ から $\boldsymbol{r}_0$ だけ離れた $\boldsymbol{0}'$ を原点とする座標系ではそれぞれ

$$\boldsymbol{r}' = \boldsymbol{r}-\boldsymbol{r}_0, \quad \boldsymbol{r}'_i = \boldsymbol{r}_i-\boldsymbol{r}_0$$

となる．しかし，

$$\boldsymbol{r}-\boldsymbol{r}_i = \boldsymbol{r}'-\boldsymbol{r}'_i$$

となり，$(\boldsymbol{r}-\boldsymbol{r}_i)$ は変わらない．

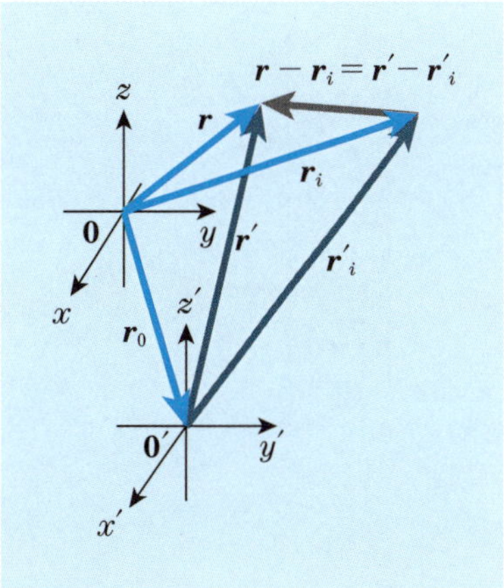

図 5.13　$\boldsymbol{r}-\boldsymbol{r}_i$ は原点の選び方によらない．

例するだろう．考えている導線の一部の長さが長ければそれだけできる磁束密度も強いだろうから，Δr_i にも比例するだろう．一方，電流の流れている位置 $\boldsymbol{r}'$ と磁束密度のできる位置 $\boldsymbol{r}$ が離れていれば，磁束密度はやはり弱くなるだろう．その弱くなり方は $|\boldsymbol{r}-\boldsymbol{r}'|$ の何乗かに反比例すると考えるのは自然である．よって $\Delta \boldsymbol{B}_i(\boldsymbol{r})$ は次のように表されると考えられる．

$$\Delta \boldsymbol{B}_i(\boldsymbol{r}) = g'\mu_0 I \frac{\boldsymbol{t}(\boldsymbol{r}_i)\times(\boldsymbol{r}-\boldsymbol{r}_i)}{|\boldsymbol{r}-\boldsymbol{r}_i|^n}\Delta r_i \tag{5.11}$$

ここまでで，$\Delta \boldsymbol{B}_i(\boldsymbol{r})$ が $\mu_0, I, \Delta r_i, \boldsymbol{r}, \boldsymbol{r}', \boldsymbol{t}(\boldsymbol{r}_i)$ にどのように依存するかは決まったので，g' は単なる無次元の定数である．あとはこの定数 g' と $|\boldsymbol{r}-\boldsymbol{r}'|$ のべき n を決めればよい．n は簡単に決まる．それには次元解析を用いてやればよい（〔下欄〕**次元解析** 参照）．

$\Delta \boldsymbol{B}(\boldsymbol{r})$ の大きさは直線電流の作る磁束密度 (5.7)

$$B(R) = \mu_0 \frac{I}{2\pi R} \qquad \cdots (5.7)$$

と，当然，同じ次元を持つ．式 (5.7) の次元は $[\mu_0 \cdot \mathrm{A} \cdot \mathrm{m}^{-1}]$ である．$\Delta \boldsymbol{B}(\boldsymbol{r})$ の式 (5.11) の次元は $[\mu_0 \cdot \mathrm{A} \cdot \mathrm{m}^{2-n}]$ である．$\boldsymbol{t}$ は単位長さのベクトルなので，無次元である．この 2 つが等しいという条件から $n=3$ となる．これから

$$\Delta \boldsymbol{B}_i(\boldsymbol{r}) = g'\mu_0 I \frac{\boldsymbol{t}(\boldsymbol{r}_i)\times(\boldsymbol{r}-\boldsymbol{r}')}{|\boldsymbol{r}-\boldsymbol{r}'|^3}\Delta r_i$$

を得る．

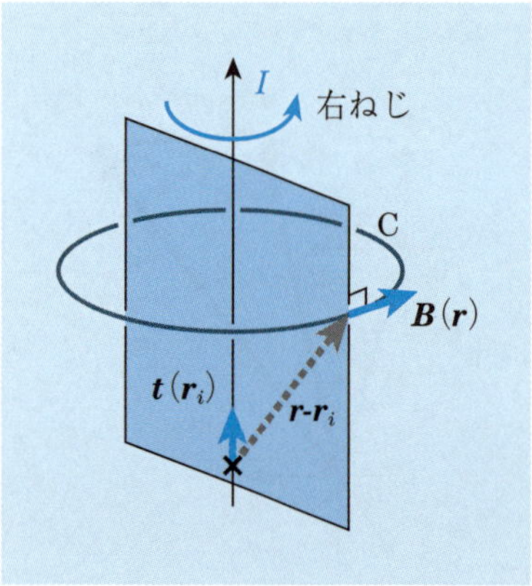

図 5.14 $\boldsymbol{B}(\boldsymbol{r})$ は $\boldsymbol{t}(\boldsymbol{r}_i)$ と $(\boldsymbol{r}-\boldsymbol{r}_i)$ が作る平面に垂直な方向を向いている．

$\Delta \boldsymbol{B}_i(\boldsymbol{r})$ が $\boldsymbol{t}(\boldsymbol{r}_i)$ と $(\boldsymbol{r}-\boldsymbol{r}_i)$ が作る平面に直交すること

もし $\Delta \boldsymbol{B}_i(\boldsymbol{r})$ が $\boldsymbol{t}(\boldsymbol{r}_i)$ と $(\boldsymbol{r}-\boldsymbol{r}_i)$ が作る平面に垂直ではなくその平面内の成分を持っていると，$\Delta \boldsymbol{B}_i(\boldsymbol{r})$ が a, b を定数として $a\boldsymbol{t}(\boldsymbol{r}_i)+b(\boldsymbol{r}-\boldsymbol{r}_i)$ と表される成分を持っていることになる．すると直線電流の場合，例題 5.3 でするのと同様な計算によって，$\Delta \boldsymbol{B}_i(\boldsymbol{r})$ を足しあわせてできる $\boldsymbol{B}(\boldsymbol{r})$ もその平面内の成分を持つことを示すことができる．これは右ねじの法則に反してしまう．したがって $\Delta \boldsymbol{B}_i(\boldsymbol{r})$ は $\boldsymbol{t}(\boldsymbol{r}_i)$ と $(\boldsymbol{r}-\boldsymbol{r}_i)$ が作る平面内の成分を持たず，$\boldsymbol{t}(\boldsymbol{r}_i)$ と $(\boldsymbol{r}-\boldsymbol{r}_i)$ が作る平面に直交する．

曲線 C 上を流れる電流が位置 $\boldsymbol{r}$ に作る磁束密度 $\boldsymbol{B}(\boldsymbol{r})$ は $\Delta\boldsymbol{B}_i(\boldsymbol{r})$ を i について和をとってやれば求まる．その和の式ですべての Δr_i を 0 に持っていく極限をとれば和は曲線 C にそっての線積分となり次のように表される．

$$\begin{aligned}\boldsymbol{B}(\boldsymbol{r}) &= \lim_{\{\Delta r_i\}\to 0}\sum_i \Delta\boldsymbol{B}_i(\boldsymbol{r}) \\ &= \lim_{\{\Delta r_i\}\to 0}\sum_i g'\mu_0 I\frac{\boldsymbol{t}(\boldsymbol{r}_i)\times(\boldsymbol{r}-\boldsymbol{r}_i)}{|\boldsymbol{r}-\boldsymbol{r}_i|^3}\Delta r_i \\ &= g'\mu_0 I\int_{\mathrm{C}}\frac{\boldsymbol{t}(\boldsymbol{r}')\times(\boldsymbol{r}-\boldsymbol{r}')}{|\boldsymbol{r}-\boldsymbol{r}'|^3}dr' \qquad (5.12)\end{aligned}$$

あとは無次元の定数 g' を決めてやればよい．これを決めるために直線電流の作る磁束密度の式 (5.7) を使おう．式 (5.12) を使って直線電流の作る磁束密度を求めればそれは当然，式 (5.7) と一致しなければならない．そのようにして g' を決めてやると，$g' = \dfrac{1}{4\pi}$ となり，結局

$$\Delta\boldsymbol{B}_i(\boldsymbol{r}) = \frac{\mu_0 I}{4\pi}\frac{\boldsymbol{t}(\boldsymbol{r}_i)\times(\boldsymbol{r}-\boldsymbol{r}_i)}{|\boldsymbol{r}-\boldsymbol{r}_i|^3}\Delta r_i \qquad (5.13)$$

$$\boldsymbol{B}(\boldsymbol{r}) = \frac{\mu_0 I}{4\pi}\int_{\mathrm{C}}\frac{\boldsymbol{t}(\boldsymbol{r}')\times(\boldsymbol{r}-\boldsymbol{r}')}{|\boldsymbol{r}-\boldsymbol{r}'|^3}dr' \qquad (5.14)$$

となる（例題 5.3 参照）．これを**ビオ-サバールの法則**という．

次元解析

1.1 節で述べたように，本書に登場する m, kg, s, A 以外の単位はこの 4 つを使って表すことができる．同じ種類の量は当然，同じ単位を持つ．このことから，ある量を他の量の組合せで表そうとするとき，その組合せの仕方は制限を受ける．

例として図 5.15 のように一端が固定された横向きのバネにとりつけられなめらかな水平面上を動くおもりの運動の周期 T を考えよう．T は時間の次元を持っている．これを T の次元は [s] である，という．おもりの運動に関係するのはバネ定数 k とおもりの質量 m である．k は単位長さ（いまの場合 1 m）バネが伸びたときの力なので

$$[\mathrm{N}\cdot\mathrm{m}^{-1}] = [\mathrm{kg}\cdot\mathrm{s}^{-2}]$$

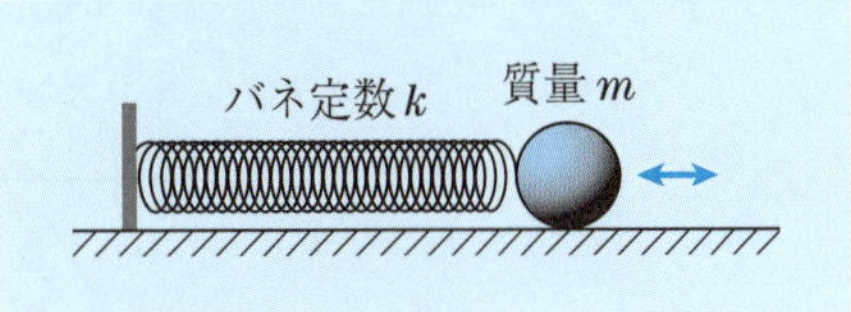

図 5.15 横向きのバネにとりつけられたおもりの運動

の次元を持つ．m の次元は [kg] である．この 2 つの量の組合せで時間の次元 [s] を持った量を作ろうとすると，$\sqrt{m/k}$ しかない．したがって，T は $\sqrt{m/k}$ に比例する．

このような解析の方法を次元解析という．次元解析は上の欄で行っているように物理量を m, kg, s, A で表さなくとも，その組合せの量（上の場合，μ_0）で表しても行うことができる．

例題 5.3 式 (5.12) より直線電流の作る磁束密度を求め，これが式 (5.7) と一致するという条件から無次元の定数 g' を決定せよ．

解答 図 5.16 のように電流が流れる直線を z 軸とし，位置 $\boldsymbol{r}=(x,y,z)$ にできる磁束密度を計算する．z 方向には一様だから，磁束密度は z にはよらない．またこの系は z 軸の周りで円対称なので磁束密度の大きさは z 軸からの距離 R だけに依存する．よって $\boldsymbol{r}=(R,0,0)$ での磁束密度を調べれば十分である．式 (5.12)

$$\boldsymbol{B}(\boldsymbol{r})=g'\mu_0 I\int_{\mathrm{C}}\frac{\boldsymbol{t}(\boldsymbol{r}')\times(\boldsymbol{r}-\boldsymbol{r}')}{|\boldsymbol{r}-\boldsymbol{r}'|^3}dr'$$

において，$\boldsymbol{r}'=(0,0,z')$, $dr'=dz'$ であり，$\boldsymbol{t}(\boldsymbol{r}')=(0,0,1)$, $\boldsymbol{r}-\boldsymbol{r}'=(R,0,-z')$ である．$\boldsymbol{e}_y$ を y 方向の単位ベクトルとすると

$$\boldsymbol{t}(\boldsymbol{r}')\times(\boldsymbol{r}-\boldsymbol{r}')=(0,0,1)\times(R,0,-z')=R\boldsymbol{e}_y$$

となるので次式を得る．

$$\boldsymbol{B}(\boldsymbol{r})=g'\mu_0 IR\boldsymbol{e}_y\int_{-\infty}^{\infty}\frac{1}{(R^2+z'^2)^{3/2}}dz'$$

ここで $z'=R\tan\theta$ とおいて置換積分をすると，$dz'=\dfrac{R}{\cos^2\theta}d\theta$ だから

$$\boldsymbol{B}(\boldsymbol{r})=g'\mu_0 IR\boldsymbol{e}_y\int_{-\pi/2}^{\pi/2}\frac{\cos^3\theta}{R^3}\frac{R}{\cos^2\theta}d\theta=\frac{g'\mu_0 I\boldsymbol{e}_y}{R}\int_{-\pi/2}^{\pi/2}\cos\theta d\theta$$
$$=\frac{2g'\mu_0 I\boldsymbol{e}_y}{R}$$

となる．これと式 (5.7) を比較して $g'=1/(4\pi)$ を得る． ■

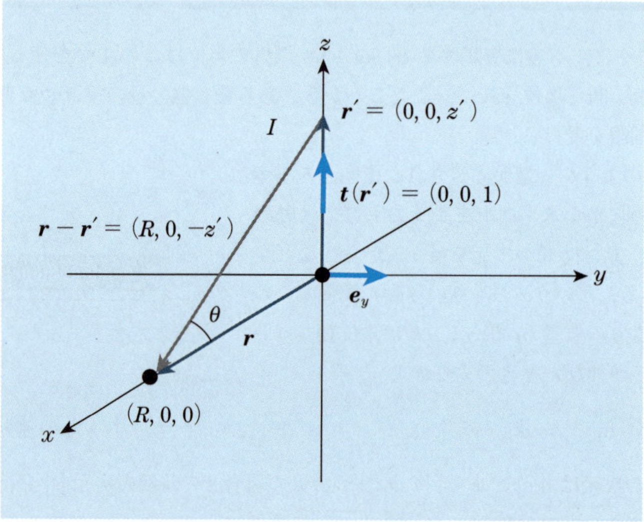

図 5.16 電流が流れる直線を z 軸とし $(R,0,0)$ にできる磁束密度を求める．

例題 5.4　半径 a の円形コイルに電流 I が流れている．このコイルの中心を通りコイルの面に垂直な軸の上の磁束密度を求めよ．

解答　ビオ-サバールの法則 (5.14) を使う．図 5.17 のように円形コイルが xy 平面上にありその軸が z 軸となるように座標軸をとる．すると磁束密度を求める位置 $\boldsymbol{r}$ は $\boldsymbol{r} = (0, 0, z)$ であり，r' の積分は原点を中心とする半径 a の円周上ですればよいので $\boldsymbol{r}' = (a\cos\theta, a\sin\theta, 0)$ とおくことができ

$$\boldsymbol{r} - \boldsymbol{r}' = (-a\cos\theta, -a\sin\theta, z)$$
$$|\boldsymbol{r} - \boldsymbol{r}'| = \left(a^2 + z^2\right)^{1/2}$$

を得る．一方，θ が $d\theta$ だけ変化したときの $\boldsymbol{r}'$ の変化分の大きさ dr' は対応した円弧の長さとなり

$$dr' = ad\theta$$

である．また，位置 $\boldsymbol{r}'$ での C の単位接線ベクトル $\boldsymbol{t}(\boldsymbol{r}')$ は C が円なので $\boldsymbol{r}'$ に直交する方向である．したがって

$$\boldsymbol{t}(\boldsymbol{r}') \cdot \boldsymbol{r}' = 0$$

となり，また $\boldsymbol{t}(\boldsymbol{r}')$ は xy 平面内にあるから

$$\boldsymbol{t}(\boldsymbol{r}') = (-\sin\theta, \cos\theta, 0)$$

を得る．よって

$$\boldsymbol{t}(\boldsymbol{r}') \times (\boldsymbol{r} - \boldsymbol{r}') = (z\cos\theta, z\sin\theta, a)$$

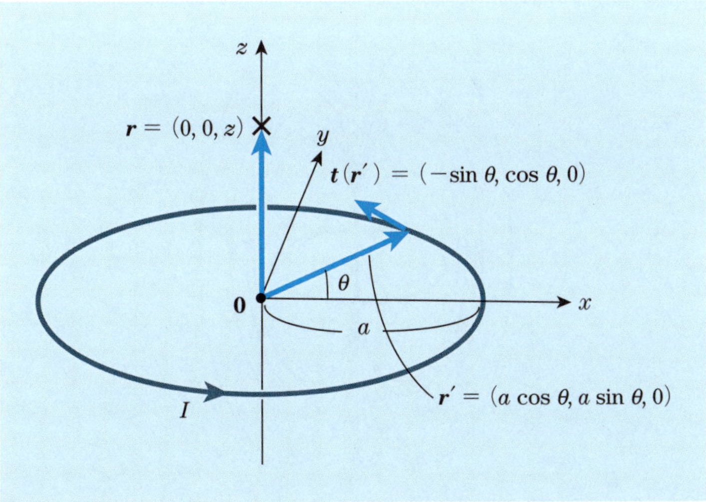

図 5.17　x, y, z 軸および角度 θ を図のようにとる．

となるので，式 (5.14) より

$$\begin{aligned} \boldsymbol{B}(\boldsymbol{r}) &= \frac{\mu_0 I}{4\pi}\int_0^{2\pi}\frac{(z\cos\theta, z\sin\theta, a)}{(a^2+z^2)^{3/2}}a d\theta \\ &= \frac{\mu_0 I a}{4\pi\,(a^2+z^2)^{3/2}}\int_0^{2\pi}(z\cos\theta, z\sin\theta, a)d\theta \end{aligned}$$

を得る．ここで，x, y 成分は $\int_0^{2\pi}\cos\theta d\theta$, $\int_0^{2\pi}\sin\theta d\theta$ に比例するので，消えてしまう．残るのは z 成分だけで

$$\begin{aligned} B_z(\boldsymbol{r}) &= \frac{\mu_0 I}{4\pi}\frac{a^2}{(a^2+z^2)^{3/2}}\int_0^{2\pi}d\theta \\ &= \frac{1}{2}\frac{\mu_0 I a^2}{(a^2+z^2)^{3/2}} \\ &= \frac{\mu_0 I S}{2\pi}\frac{1}{(a^2+z^2)^{3/2}} \end{aligned}$$

となる．ここで $S = \pi a^2$ は円形コイルの面積である．ベクトルとしてまとめると

$$\boldsymbol{B}(\boldsymbol{r}) = \frac{\mu_0 I S}{2\pi}\frac{1}{(a^2+z^2)^{3/2}} \times (0, 0, 1) \tag{5.15}$$

となる．図 5.17 の方向に電流が流れているときは磁束密度は z 軸上ではその軸の正の方向を向く．図 5.18 に円形コイルの作る磁束密度の磁力線の様子を示す．■

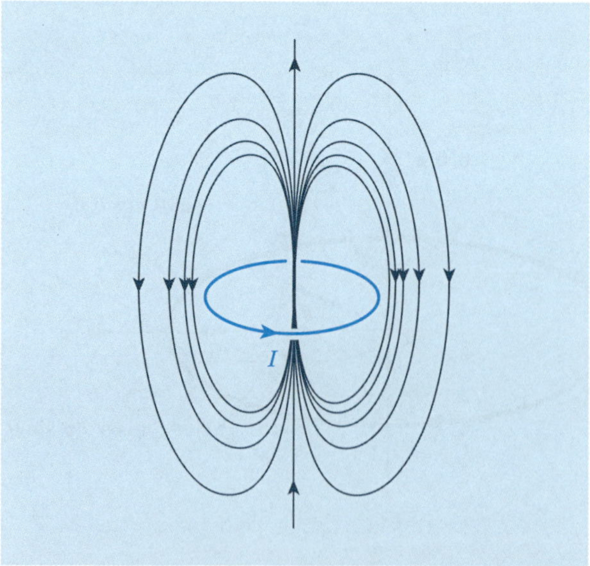

図 5.18　円形コイルの作る磁束密度の磁力線の様子．

さて，ここまでは電流が太さの無視できる導線を流れていると考えた．では太さの無視できない導線を流れる電流の作る磁束密度はどのような式で表されるのであろうか？ これは，図 5.19 のように位置 $\boldsymbol{r}_i$ にある微小な円筒形の体積要素 $\Delta V_i = \Delta S_i \times \Delta r_i$ を流れる電流密度 $\boldsymbol{i}(\boldsymbol{r}_i)$ が位置 $\boldsymbol{r}$ に作る磁束密度 $\Delta \boldsymbol{B}_i(\boldsymbol{r})$ を i について加えあわせればよい．円筒の軸はそこでの電流密度の方向と一致するようにとる．円筒を十分小さくすればその中での電流密度は一様だとみなせる．この円筒の断面 ΔS_i を流れる全電流を I_i，円筒の軸方向の単位ベクトルを $\boldsymbol{t}(\boldsymbol{r}_i)$ とすると

$$I_i \boldsymbol{t}(\boldsymbol{r}_i)\Delta r_i = \boldsymbol{i}(\boldsymbol{r}_i)\Delta S_i \Delta r_i = \boldsymbol{i}(\boldsymbol{r}_i)\Delta V_i$$

であるから式 (5.13) より $\Delta \boldsymbol{B}_i(\boldsymbol{r})$ は次のように表される．

$$\Delta \boldsymbol{B}_i(\boldsymbol{r}) = \frac{\mu_0}{4\pi}\frac{\boldsymbol{i}(\boldsymbol{r}_i)\times(\boldsymbol{r}-\boldsymbol{r}_i)}{|\boldsymbol{r}-\boldsymbol{r}_i|^3}\Delta V_i$$

電流全体が作る磁束密度は i について和をとり，$\Delta V_i \to 0$ の極限をとればよく，その式は結局，体積分の式となり

$$\begin{aligned}\boldsymbol{B}(\boldsymbol{r}) &= \frac{\mu_0}{4\pi}\lim_{\{\Delta V_i\}\to 0}\sum_i \Delta \boldsymbol{B}_i(\boldsymbol{r}) \\ &= \frac{\mu_0}{4\pi}\int \frac{\boldsymbol{i}(\boldsymbol{r}')\times(\boldsymbol{r}-\boldsymbol{r}')}{|\boldsymbol{r}-\boldsymbol{r}'|^3}dV' \end{aligned} \tag{5.16}$$

を得る．これがもっとも一般的な**ビオ-サバールの法則**の形である．

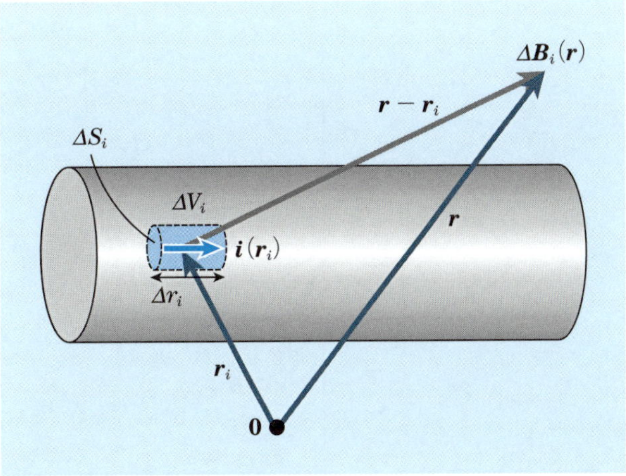

図 5.19 微小な体積要素 $\Delta V_i = \Delta S_i \times \Delta r_i$ を流れる電流密度 $\boldsymbol{i}(\boldsymbol{r}_i)$ が位置 $\boldsymbol{r}$ に作る磁束密度 $\Delta \boldsymbol{B}_i(\boldsymbol{r})$．

5.4 アンペールの法則

5.4.1 アンペールの法則

ビオ-サバールの法則 (5.14), (5.16) を用いれば任意の電流分布が作る磁束密度を計算できる．これは電場の場合でいえば，任意の電荷分布に対して電場を与える式 (1.42) (p.33) に対応する．式 (1.42) もそうであったが，ビオ-サバールの法則 (5.14), (5.16) の積分を実際に実行するのはそれほど容易ではない．しかし，電場の場合には積分形のガウスの法則 (2.13) を用いれば，対称性が使える場合，ほとんど計算せずに電場を求めることができた．磁場の場合も以下でみるように同様のことができる．

図 5.20 のように直線電流に垂直な平面内で，直線電流を中心とする半径 R の円周 C を考える．この円周上で $\boldsymbol{B}(\boldsymbol{r})$ と位置 $\boldsymbol{r}$ での円周の単位接線ベクトル $\boldsymbol{t}(\boldsymbol{r})$ の内積をとり，それを 1 周，線積分する．それは，式 (5.7) で与えられる電流の周りの磁束密度 $\boldsymbol{B}$ の大きさ，および**右ねじの法則**から，次のようになる．

$$\oint_{\mathrm{C}} \boldsymbol{B}(\boldsymbol{r})\cdot\boldsymbol{t}(\boldsymbol{r})dr = \frac{\mu_0}{2\pi}\frac{I}{R}\oint_{\mathrm{C}} dr$$
$$= \mu_0 I \tag{5.17}$$

ここで，右ねじの法則から $\boldsymbol{B}(\boldsymbol{r})$ と $\boldsymbol{t}(\boldsymbol{r})$ の方向は一致するので

$$\boldsymbol{B}(\boldsymbol{r})\cdot\boldsymbol{t}(\boldsymbol{r}) = B(R)$$

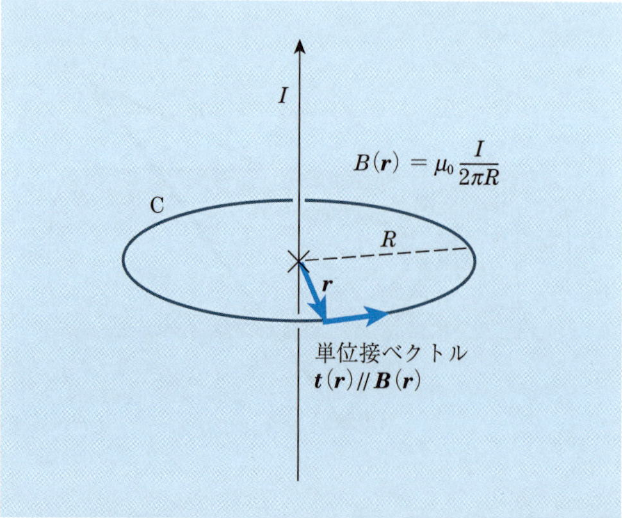

図 5.20 z 軸上の直線電流が作る磁束密度を半径 R の円周上で一周線積分する．

であることを使った．式 (5.17) よりこの積分は円の半径によらないことがわかる．

では C が円からずれていたらどうだろう？ 図 5.21 のような閉曲線 C を考える．簡単のため，やはり C は直線電流に垂直な平面内にあるとする．座標軸は計算が簡単になるようにとればよいから，直線電流の方向を z 軸，直線電流とその平面の交点を原点とする．ここで原点を中心とする半径 r の円の位置 $\boldsymbol{r}$ での円周方向の単位ベクトルを $\boldsymbol{e}_\theta(\boldsymbol{r})$ とすると，それは $\boldsymbol{B}(\boldsymbol{r})$ と同じ方向になる（図 5.21）．よって

$$\boldsymbol{B}(\boldsymbol{r})\cdot\boldsymbol{t}(\boldsymbol{r})dr = B(r)\boldsymbol{e}_\theta(\boldsymbol{r})\cdot\boldsymbol{t}(\boldsymbol{r})dr$$

ここで，$\boldsymbol{t}(\boldsymbol{r})dr = d\boldsymbol{r}$ だから

$$B(r)\boldsymbol{e}_\theta(\boldsymbol{r})\cdot\boldsymbol{t}(\boldsymbol{r})dr = B(r)\boldsymbol{e}_\theta(\boldsymbol{r})\cdot d\boldsymbol{r}$$

となる．$\boldsymbol{e}_\theta\cdot d\boldsymbol{r}$ は $d\boldsymbol{r}$ の $\boldsymbol{e}_\theta$ 方向への射影，つまり円周方向への射影だから

$$B(r)\boldsymbol{e}_\theta\cdot d\boldsymbol{r} = B(r)rd\theta$$

となるが，式 (5.7) より

$$B(r) = \mu_0\frac{I}{2\pi r}$$

であるので

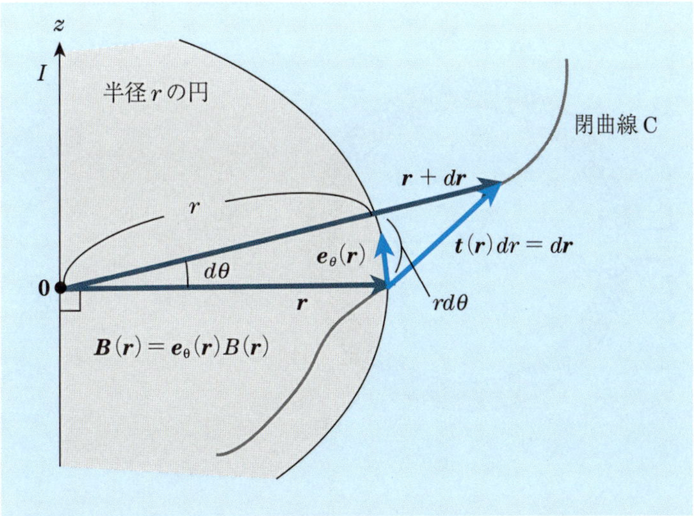

図 5.21 直線電流に垂直な平面内の閉曲線 C の一部．$\boldsymbol{t}(\boldsymbol{r})$ は位置 $\boldsymbol{r}$ での C の単位接線ベクトル．

$$B(r)r = \frac{\mu_0 I}{2\pi}$$

は r によらなくなる．これらより

$$\begin{aligned}\oint_{\mathrm{C}} \boldsymbol{B}(\boldsymbol{r}) \cdot \boldsymbol{t}(\boldsymbol{r}) dr &= \oint_{\mathrm{C}} B(r) r d\theta \\ &= \mu_0 \frac{I}{2\pi} \int_0^{2\pi} d\theta \\ &= \mu_0 I \qquad (5.18)\end{aligned}$$

となり，式 (5.17) と同じ結果となった．ここでは証明は省略するが，閉曲線 C が直線電流に垂直な平面になくても同じ結果を得る．また電流が直線電流である必要もない．閉曲線 C で囲まれる曲面を S とすると，一般には次のような関係が成り立つ．

$$\begin{aligned}\oint_{\mathrm{C}} \boldsymbol{B}(\boldsymbol{r}) \cdot d\boldsymbol{r} &= \mu_0 \times (\text{S を貫く全電流}) \\ &= \mu_0 \int_{\mathrm{S}} \boldsymbol{i}(\boldsymbol{r}) \cdot \boldsymbol{n}(\boldsymbol{r}) dS \qquad (5.19)\end{aligned}$$

これを**アンペール** (Ampere) **の法則**と呼ぶ．これを用いれば対称性のよい場合にはほとんど計算をしないで磁場を求めることができる．

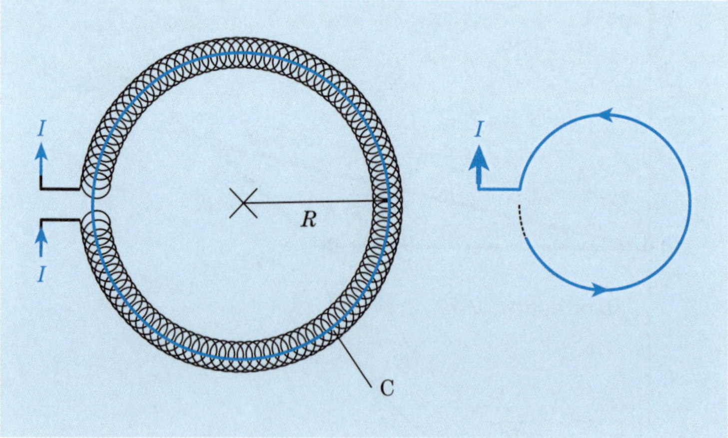

図 5.22 ドーナッツ型のコイル．コイルは左の図の電流の方向からみたとき右に示すように巻かれているとする．

例題 5.5　図 5.22 のようなドーナッツ型のコイルの内部の磁束密度を求めよ．

解答　いま，コイルの全巻き数を N，流れる電流を I とする．図のようにコイルの内部を 1 周する半径 R の円周 C を考えアンペールの法則，式 (5.19) を用いる．C で囲まれる円 S を貫く全電流は NI だから

$$\oint_{\mathrm{C}} \boldsymbol{B}(\boldsymbol{r}) \cdot d\boldsymbol{r} = \mu_0 NI$$

また，対称性から磁場はドーナッツの円周方向を向いて，磁力線はすべて閉じた円となる．その向きは図 5.23 のように電流が流れていれば右ねじの法則から図に示した向きとなる[†]．よって，$\boldsymbol{B}(\boldsymbol{r})//d\boldsymbol{r}$．これより

$$\oint_{\mathrm{C}} \boldsymbol{B}(\boldsymbol{r}) \cdot d\boldsymbol{r} = 2\pi RB(R) = \mu_0 NI$$

となり

$$B(R) = \frac{\mu_0 NI}{2\pi R} = \mu_0 nI \tag{5.20}$$

を得る．ここで n は単位長さあたりのコイルの巻き数である．式 (5.20) より $B(R)$ は R によらないことがわかる．一方，円周がコイルの内部を通らない円（図 5.24）を考えてやれば，その円を貫く全電流は 0 となる．よってそこでの磁束密度も 0 となる．これよりコイルの外部では磁束密度は 0 となる．■

[†]コイルの巻き方が逆ならば磁力線の方向も逆になる．

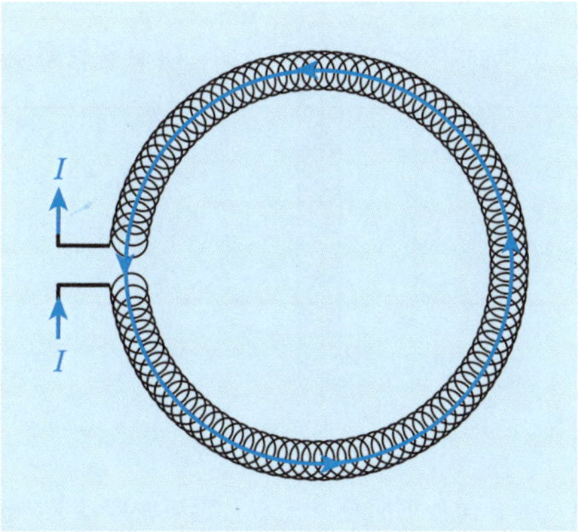

図 5.23　コイルを流れる電流の向きと磁場の向き．

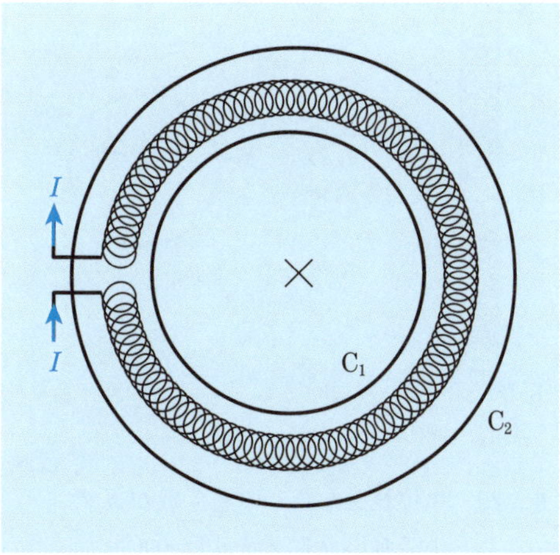

図 5.24　コイルの内部を通らない円周 C_1 と C_2．

例題 5.6 図 5.25 のように 1 つの軸を中心として同じ半径でコイルを巻いていったものを**ソレノイドコイル**という．電流 I が流れている単位長さあたりの巻き数が n の無限に長いソレノイドコイルの作る磁束密度を求めよ．

解答 ソレノイドコイルは例題 5.4 (p.115) で考えた円形コイルを積み上げたものとみなすことができる．円形コイルの周りの磁場の様子は図 5.18 (p.116) のようであった．これから図 5.26 のようにソレノイドコイルの軸を含む平面内では磁場は常にその面内を向いていることがわかる．

いま系はソレノイドコイルの軸に対して円対称であり，無限に長いコイルを考えているので磁束密度の大きさはコイルの軸からの距離だけに依存する．したがって，図のように軸を含む平面内で軸に垂直な成分を持つとすると，軸を囲む円筒表面を貫く磁力線の数が有限になってしまう．これは任意の閉曲面を貫く磁力線の数は常に 0 であるという磁場の積分形のガウスの法則 (5.1) に反する．したがって磁束密度は軸に垂直な成分を持たず，軸に平行となる．ここで図 5.27 のように軸を含む平面内で 1 辺がコイルの内部にあり高さが単位長さで幅が l の長方形を考え，その周 C の 4 つの辺をそれぞれ C_1, C_2, C_3, C_4 とし，この長方形に対してアンペールの法則 (5.19) を用いる．この長方形を貫く全電流の大きさは nI だから

$$\oint_C \boldsymbol{B}(\boldsymbol{r}) \cdot d\boldsymbol{r} = \mu_0 n I$$

となる．ここで，左辺の一周線積分への C_2, C_4 からの寄与は，磁束密度が軸と平行な成分しか持たないので 0 となる．またコイルの外部で磁束密度が有限だとする

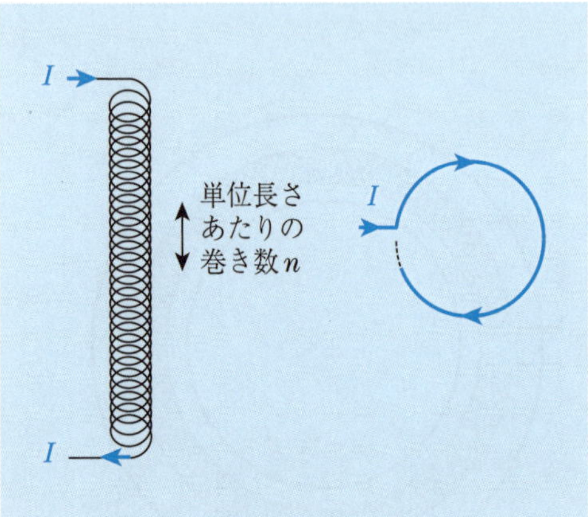

図 5.25 単位長さあたりの巻き数が n の十分長いソレノイドコイル．右は上からみた図．

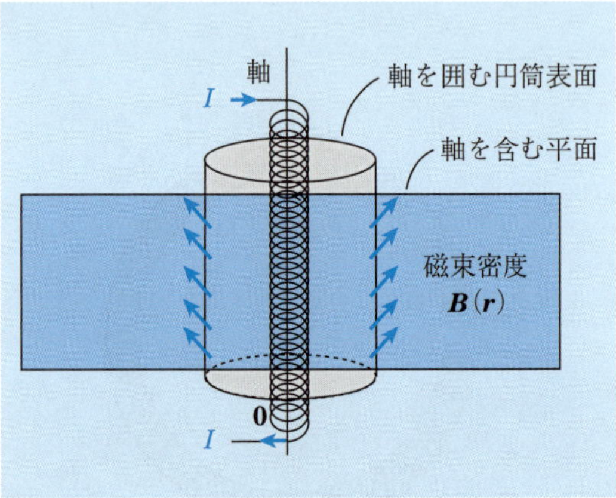

図 5.26 軸を含む平面を考えると磁束密度はその面内にある．また磁束密度は図のように軸に垂直な成分を持つと軸を囲む円筒表面を貫く磁力線の数が有限になってしまいガウスの法則に反する．

と，その大きさは軸から離れるほど小さくなると考えられる．よって C_3 からの寄与があるとするとそれは l とともに変わることになる．これは上の式の右辺が l によらないことと矛盾する．したがってコイルの外部では磁束密度はなく，C_3 からの寄与は 0 となる．すなわちコイルの外部では磁束密度は 0 である．残る一周線積分への寄与は C_1 からのものだけであり，これは $B(\boldsymbol{r})$ となる．よって

$$B(\boldsymbol{r}) = \mu_0 n I = B$$

を得る．これは $\boldsymbol{r}$ によらないので最後の右辺で単に B とした．コイルの内部では磁束密度は一様であることがわかる．その向きは右ねじの法則から図 5.27 に示すように下向きとなる．コイルの巻き方が逆ならば磁束密度の方向も逆になる．■

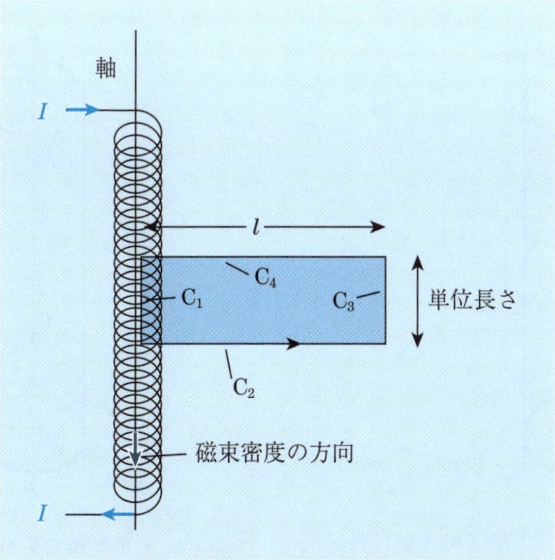

図 5.27　ソレノイドコイルの軸を含む平面内で高さが単位長さ，幅が l の長方形を考えその周 C の 4 つの辺をそれぞれ C_1, C_2, C_3, C_4 とする．

5.5 章末問題

5.1 金属内の電子の典型的な速度の大きさは $10^6\,\mathrm{m\cdot s^{-1}}$ 程度である．磁束密度 $\boldsymbol{B}$ の大きさが $1\,\mathrm{T}$ のとき，これに垂直な方向の速度を持つ電子に働くローレンツ力の大きさはどの程度か？

5.2 磁束密度 $\boldsymbol{B}$ の大きさが $1\,\mathrm{T}$ のとき，電子のサイクロトロン角振動数 (5.5) を求めよ．また電子の初速 v_{x0} が上に述べた $10^6\,\mathrm{m\cdot s^{-1}}$ 程度で磁場に垂直方向を向いているとき，電子の円運動の半径はどの程度か？

5.3 地球磁場の磁束密度の大きさは日本では $4\times10^{-5}\,\mathrm{T}$ 程度である．南北方向に電流の流れている導線の上，$1\times10^{-2}\,\mathrm{m}=1\,\mathrm{cm}$ のところに置かれたコンパスの針が北極から 45 度ずれるのは，導線にどのくらいの電流を流したときか？

5.4 図 5.28 のように z 軸を軸とする半径 a の無限に長い円筒の側面に $+z$ 軸方向に電流 I が一様に流れている．このとき円筒の内外にできる磁束密度を求めよ．

5.5 図 5.29 のように z 軸を軸とする半径 a の無限に長い円柱の内部に $+z$ 軸方向に電流 I が一様に流れている．このとき，円柱の内外にできる磁束密度を求めよ．

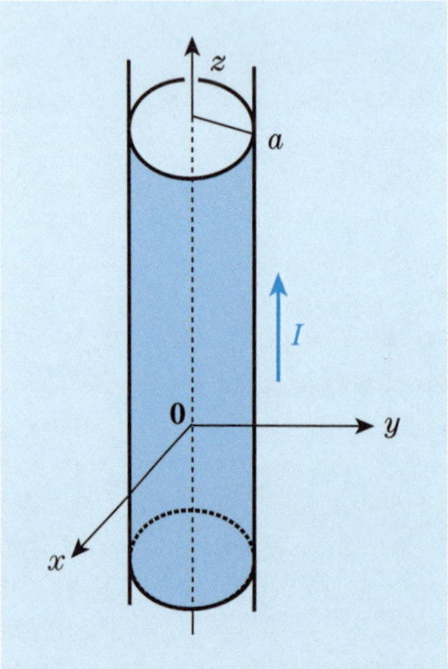

図 5.28 z 軸を軸とする半径 a の無限に長い円筒の側面に $+z$ 軸方向に電流 I が一様に流れている．

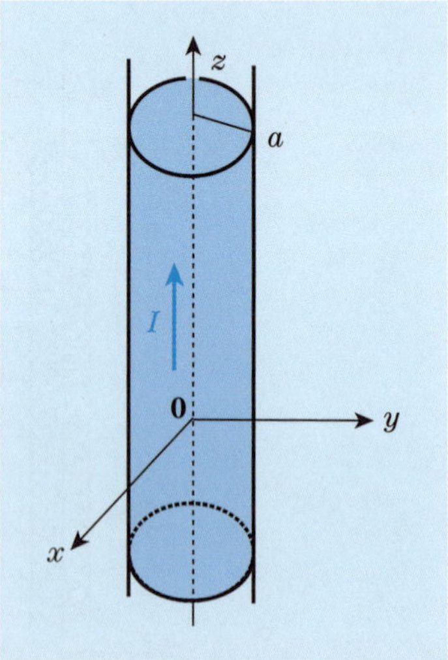

図 5.29 z 軸を軸とする半径 a の無限に長い円柱の内部に $+z$ 軸方向に電流 I が一様に流れている．

6

時間とともに変化する電磁場

これまで時間的に一定な電場と磁場を扱ってきた．もちろん電場も磁場も時間変化することがある．本章ではまず磁場が変化する場合を考えよう．このとき電流を流そうとする起電力が発生する．このことから出発し交流回路の基本的性質まで調べてみよう．

本章の内容

電磁誘導
磁場のエネルギー
交流回路
章末問題

6.1 電磁誘導

6.1.1 ファラデーの法則

ファラデー（Faraday）は奇妙なことを発見した．図 6.1 に示すように 2 つの回路を用意し，閉じた回路 A には電流計をつないで電流が流れたかどうかがわかるようにしておく．回路 B には電池とスイッチをつないでおく．このスイッチを開いたとき，あるいは閉じたときに回路 A に電流が流れるのである．一方，スイッチを閉じたまま，あるいは開いたままにしておくと回路 A には電流は流れない．回路 A に電流が流れたということは，電流を流そうとする力が回路 A に働いたということを意味する．そのような力を**起電力**（きでんりょく）という．

何が回路 A に起電力を生じさせたのだろうか？　回路 B のスイッチを開いたり閉じたりすれば，当然，回路 B に電流が流れたり，流れなくなったりする．第 5 章で学んだように，電流が流れればその周りに磁場ができる．その磁場は回路 A の位置にもできる．よってスイッチを開いたとき，あるいは閉じたときには回路 A の位置の磁場が時間変化することになる．

ではこの磁場の時間変化が起電力を生んだのだろうか？　もしそうなら，回路 B のスイッチを閉じたり開いたりするかわりに，回路 A に磁石を近づけたり遠ざけたりしても回路 A に電流は流れるはずである．そして実際にやってみると，その場合も回路 A には電流が流れたのである（図 6.2）．

さて，これで回路 A のある位置における磁場の時間的変化が起電力を生じ

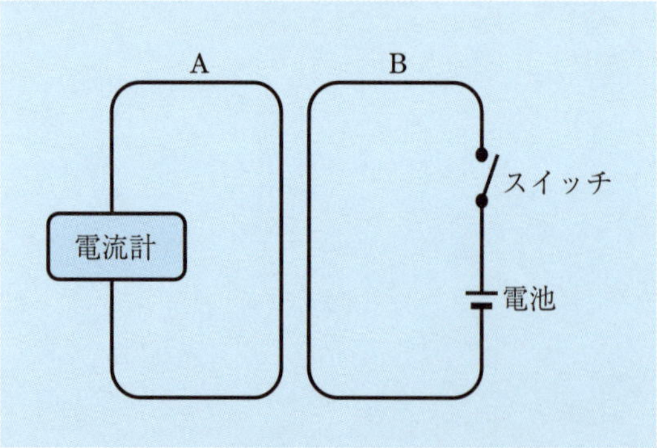

図 6.1　2 つの回路を用意し，閉じた回路 A には電流計をつないで電流が流れたかどうかをわかるようにしておく．回路 B は電池とスイッチがつながっている．

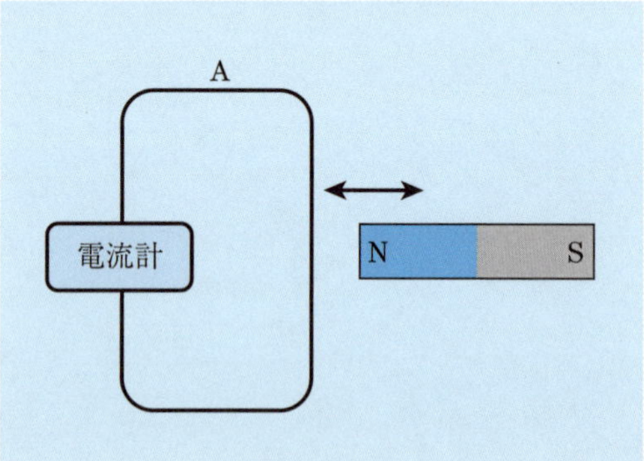

図 6.2　回路 A に磁石を近づけたり遠ざけたりすると電流が流れる．

ることははっきりした．しかし回路は有限の広がりをもっている．磁場の時間変化といってもどの位置の磁場の時間変化が回路 A に起電力を生じるのだろうか？ いま電流計は回路 A に電流が流れたかどうかを確かめるためにつけてあるだけである．電流計をつながないで導線だけで閉じた回路を作っても，そこでの磁場が変化すれば回路には起電力が生じる．その場合，回路 A にはどこにも特別な位置はなくどこも同等なのであるから，回路全体が受ける磁場が起電力と関係しているはずである．

回路全体が受ける磁場とは何だろうか？ 回路は導線でできていて，導線は一定の太さを持っている．ではその導線を貫く磁場を導線全体で足したものが起電力に関係しているのであろうか？ もしそうであれば，細い導線でできた回路と太い導線でできた回路では起電力の起こり方が違うはずである．しかし実験してみてもそうはならない．では何が起電力を決めているのであろうか？

回路 A は閉じていて閉曲線 C を作っている．その閉曲線 C で囲まれた曲面 S を考えることができる．その曲面を貫く磁束密度全体の時間変化が起電力を決めているのである．曲面を貫く磁束密度 $\boldsymbol{B}(\boldsymbol{r})$ 全体を**磁束**（じそく） Φ という（図 6.3）．

$$\Phi = \int_{\mathrm{S}} \boldsymbol{B}(\boldsymbol{r}) \cdot d\boldsymbol{S} = \int_{\mathrm{S}} \boldsymbol{B}(\boldsymbol{r}) \cdot \boldsymbol{n}(\boldsymbol{r}) dS \tag{6.1}$$

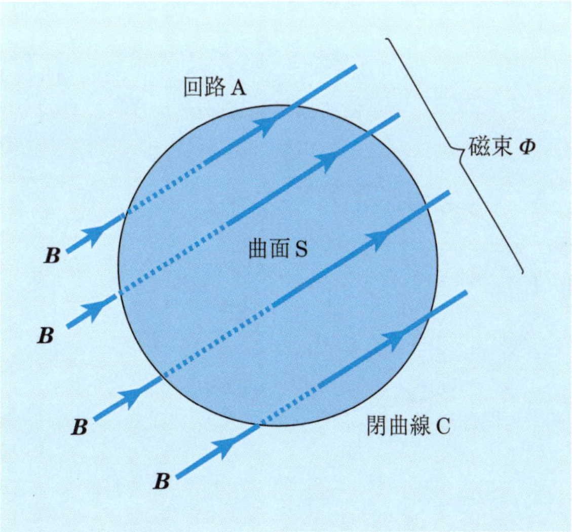

図 6.3　閉曲線 C で囲まれた曲面 S を貫く磁束密度．

ここで

$$dS = n(r)dS$$

であり，$n(r)$ は位置 r でのSの単位法線ベクトルである．磁束の単位は Wb（ウェーバ）であり

$$1\,\mathrm{Wb} = 1\,\mathrm{T}\cdot\mathrm{m}^2 = 1\,\mathrm{N}\cdot\mathrm{m}\cdot\mathrm{A}^{-1} = 1\,\mathrm{m}^2\cdot\mathrm{kg}\cdot\mathrm{s}^{-2}\cdot\mathrm{A}^{-1}$$

である．

この式 (6.1) で磁束 Φ を符号まで含めて一義的に定義するためには，$n(r)$ の方向を定める必要がある．図 6.4 のような面Sの単位法線ベクトルといってもその方向を上向きにとるか下向きにとるか，どちらにとるか？といった問題がある．その方向は以下のように決める．図 6.4 のように向きを持つある閉曲線Cにそって，その向きの方向に右ねじが進んだとき，その面の内部で右ねじが回転する方向を $n(r)$ の方向とする．式 (6.1) よりこの $n(r)$ と同じ方へ磁束密度 $B(r)$ が向いているとき，Φ は正となる．そして図 6.4 のCを回る向きに電流を流そうとするとき，その起電力は正とする．このように Φ と起電力の符号を決めると，Φ の時間微分の符号を変えたものが起電力 ϕ_{em} に等しくなる．

$$\phi_{\mathrm{em}} = -\frac{d\Phi}{dt} \tag{6.2}$$

これを**ファラデーの法則**または**ファラデーの電磁誘導の法則**という．いま図 6.5 でSを $n(r)$ の方へ貫く Φ が増えたとする．すると式 (6.2) より閉曲

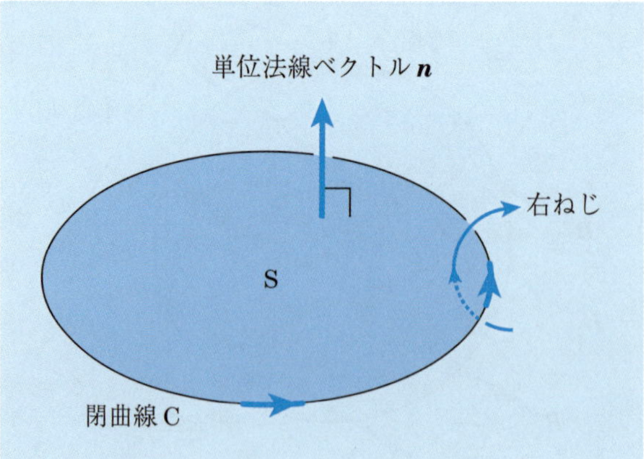

図 6.4　閉曲線Cの向きと曲面Sの法線ベクトルの方向．

線Cの向きと逆向きに電流を流そうとする方向に起電力が働く．その電流は右ねじの法則から $\boldsymbol{n}(\boldsymbol{r})$ と逆の向きの磁束密度を作る．つまり Φ を減らそうとする．この磁束の変化によって生じる起電力を**誘導起電力**という．

誘導起電力は磁束の変化を打ち消す電流を流そうとする方向に働く

のである．

起電力は電流を流そうとする力であるから回路の導線内に電場 $\boldsymbol{E}(\boldsymbol{r})$ が発生したことになる．この電場 $\boldsymbol{E}(\boldsymbol{r})$ を使うと

$$\phi_{\mathrm{em}} = \oint_{\mathrm{C}} \boldsymbol{E}(\boldsymbol{r}) \cdot d\boldsymbol{r}$$

となる．これより**ファラデーの法則**は次のようにも表される．

$$\oint_{\mathrm{C}} \boldsymbol{E}(\boldsymbol{r}) \cdot d\boldsymbol{r} = -\frac{d\Phi}{dt} = -\frac{d}{dt}\int_{\mathrm{S}} \boldsymbol{B}(\boldsymbol{r}) \cdot d\boldsymbol{S} \tag{6.3}$$

ここで $d\boldsymbol{r}$ の回る向きは図6.5のように閉曲線Cの向きである．

回路Aが決まっても，すなわちある閉曲線Cが決まっても，Cで囲まれた曲面はただ1つには決まらない．図6.6（次頁）の S_1 も S_2 も同じ閉曲線Cで囲まれた曲面である．では式(6.1)ではどの閉曲面を考えればよいのだろうか？　実はCで囲まれてさえいればどの曲面でもよいのである．つまりCで囲まれてさえいればどの曲面でも，そこを貫く磁束は同じ大きさなのである．これは5.1.2項で学んだ磁場の積分形のガウスの法則を使えば簡単に示すことができる．図6.6の2つの曲面 S_1 と S_2 を貫く磁束を Φ_1, Φ_2 とする．

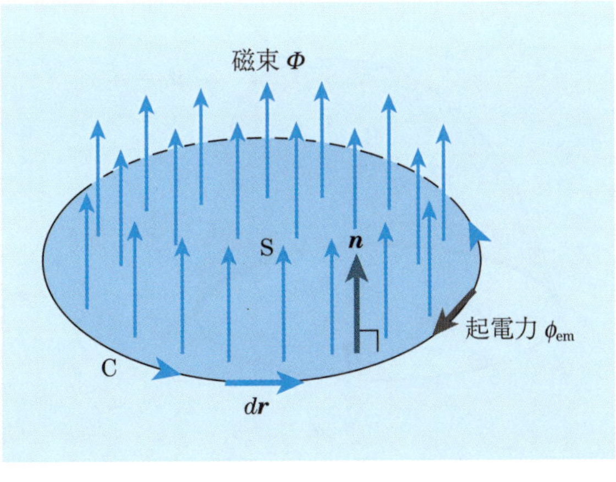

図6.5　図の向きの Φ が増えると，それを打ち消す電流を流す向きに起電力 ϕ_{em} が働く．

$$\Phi_1 = \int_{S_1} \boldsymbol{B}(\boldsymbol{r}) \cdot \boldsymbol{n}_1(\boldsymbol{r}) dS$$

$$\Phi_2 = \int_{S_2} \boldsymbol{B}(\boldsymbol{r}) \cdot \boldsymbol{n}_2(\boldsymbol{r}) dS$$

ここで，$\boldsymbol{n}_1(\boldsymbol{r}), \boldsymbol{n}_2(\boldsymbol{r})$ は図 6.4〜6.6 に示した向きにとった S_1 と S_2 の単位法線ベクトルである．次にこの S_1 と S_2 からなる閉曲面 S_C を考える．磁場の積分形のガウスの法則 (5.1) (p.104) より一般に

$$\oint_S \boldsymbol{B}(\boldsymbol{r}) \cdot \boldsymbol{n}(\boldsymbol{r}) dS = 0$$

となる．ただし，この式では位置 $\boldsymbol{r}$ での S の単位法線ベクトル $\boldsymbol{n}(\boldsymbol{r})$ は閉曲面で囲まれる領域の内側から外側に向く約束になっていた．上の式は当然 S_C でも成り立つから

$$\begin{aligned}\oint_{S_C} \boldsymbol{B}(\boldsymbol{r}) \cdot \boldsymbol{n}_C(\boldsymbol{r}) dS &= \oint_{S_1+S_2} \boldsymbol{B}(\boldsymbol{r}) \cdot \boldsymbol{n}_C(\boldsymbol{r}) dS \\ &= -\int_{S_1} \boldsymbol{B}(\boldsymbol{r}) \cdot \boldsymbol{n}_1(\boldsymbol{r}) dS + \int_{S_2} \boldsymbol{B}(\boldsymbol{r}) \cdot \boldsymbol{n}_2(\boldsymbol{r}) dS \\ &= 0\end{aligned}$$

となる．ここで，$\boldsymbol{n}_C(\boldsymbol{r})$ は閉曲面 S_C の単位法線ベクトルで閉曲面で囲まれる領域の内側から外側に向いている．1 行目から 2 行目にいくとき閉曲面 S_C での面積分を S_1 上の面積分と S_2 上の面積分に分けた．このとき 2 行目の S_1

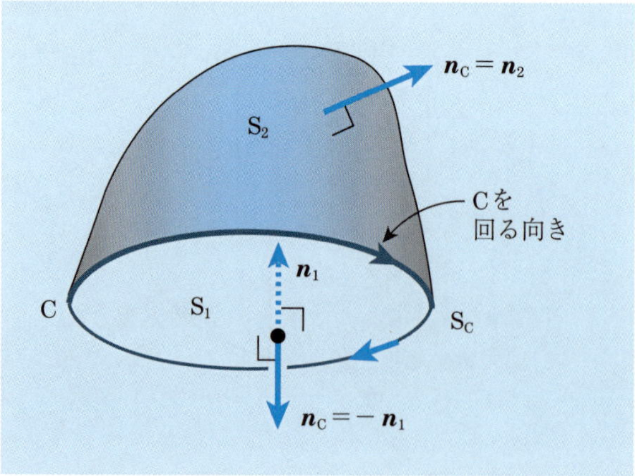

図 6.6 閉曲線 C に囲まれる 2 つの曲面 S_1, S_2 と S_1, S_2 からなる閉曲面 S_C.

上の面積分では単位法線ベクトル $\boldsymbol{n}_1(\boldsymbol{r})$ は，1行目で閉曲面 $\mathrm{S_C}$ 全体にわたっての積分をするときの単位法線ベクトル $\boldsymbol{n}_\mathrm{C}(\boldsymbol{r})$ と向きが逆になることを使った．この様子については図 6.6 をみられたい．これより

$$\int_{\mathrm{S}_1} \boldsymbol{B}(\boldsymbol{r})\cdot\boldsymbol{n}(\boldsymbol{r})dS = \int_{\mathrm{S}_2} \boldsymbol{B}(\boldsymbol{r})\cdot\boldsymbol{n}(\boldsymbol{r})dS$$

$$\Phi_1 = \Phi_2 \tag{6.4}$$

となり，閉曲線 C で囲まれる曲面を貫く磁束 Φ はどの曲面でも同じであることがわかる．

例題 6.1 図 6.7 のような x 軸上に回転軸を持つ面積 S の一巻きコイルが y 方向の磁束密度 B の大きさの磁場の中に置かれている．コイルが図 6.8 のように軸の周りに角速度 ω で回転しているとき，このコイルに働く起電力を求めよ．またこのコイルが N 回巻いているときはどうなるか？ コイルの厚さは無視できるとする．

解答 コイルが xz 平面となす角度を θ とすると，磁場が y 軸方向に掛かっているので一巻きコイルを貫く磁束 Φ は（図 6.8）

$$\Phi = BS\sin\theta$$

となる．時間 t の原点を適当にとれば $\theta = \omega t$ となるので，起電力 ϕ_em は

$$\phi_\mathrm{em} = -\frac{d\Phi}{dt} = -\omega BS\cos\omega t$$

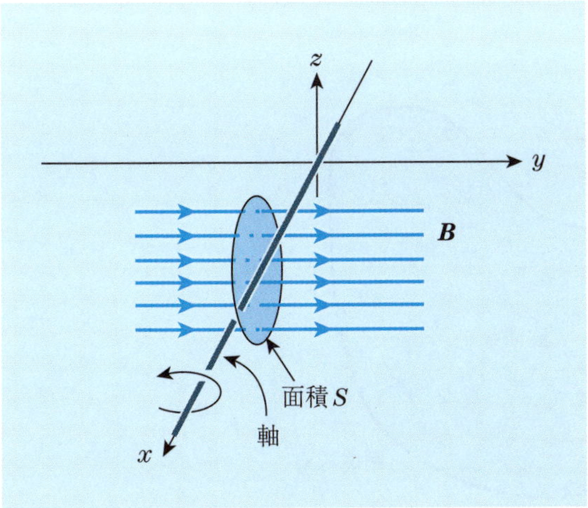

図 6.7 磁束密度 B の大きさの磁場の中に置かれている x 軸を軸として回転できる面積 S の一巻きコイル．

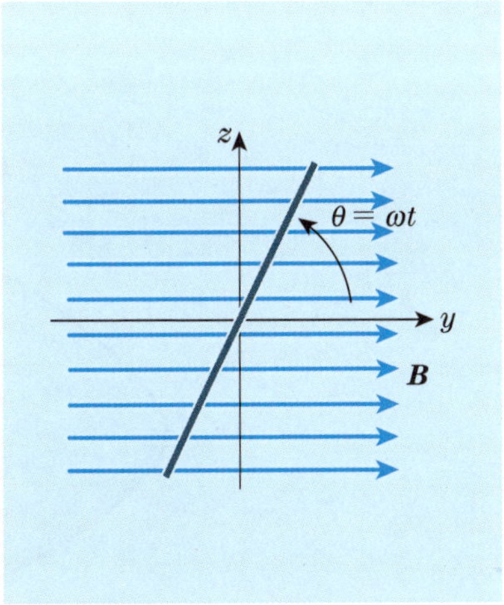

図 6.8 コイルを真横からみた図．

となる．N 回巻きのコイルの場合は，一巻き分のコイルの作る面を 1 本の磁力線は N 回貫くことになる．よって N 回巻きのコイルを貫く磁束は一巻きコイルの場合の N 倍になる．これより $\Phi = BSN\cos\theta$ となり

$$\phi_{\rm em} = -\frac{d\Phi}{dt} = -\omega BSN\cos\omega t$$

となる．■

さて，これまでは導線でできた閉じた回路を考えて，その面を貫く磁束の時間変化が起電力

$$\phi_{\rm em} = \oint_{\rm C} \boldsymbol{E}(\boldsymbol{r})\cdot d\boldsymbol{r}$$

を作ると考えてきた．しかし，起電力とは図 6.9 のように電場を閉曲線 C にそって一周積分したものである．電場は導線がなくとも存在する．したがって，ファラデーの法則は一般化することができて

$$\begin{aligned}\oint_{\rm C} \boldsymbol{E}(\boldsymbol{r})\cdot d\boldsymbol{r} &= -\frac{d\Phi}{dt}\\ &= -\frac{d}{dt}\int_{\rm S}\{\boldsymbol{B}(\boldsymbol{r})\cdot\boldsymbol{n}(\boldsymbol{r})\}\,d\boldsymbol{S} \qquad (6.5)\end{aligned}$$

となる．ここで C は任意の曲面 S を囲む閉曲線である．

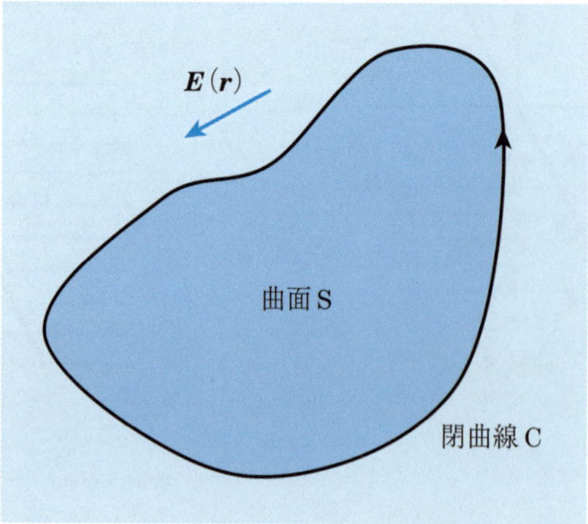

図 6.9　閉曲線 C にそって生じる電場 $\boldsymbol{E}(\boldsymbol{r})$.

6.1.2 自己インダクタンス

ある 1 つの閉じた回路を考えよう．この閉じた回路に電流 I を流すと磁場が生じる．そうするとこの回路を貫く磁束 Φ ができる．一般に電流が作る磁場は式 (5.14) (p.113) が示すように流れる電流に比例するので，この磁束 Φ も回路に流した電流 I に比例する．このときの比例係数を L_s と記し**自己インダクタンス**という．

$$\Phi = L_\mathrm{s} I \tag{6.6}$$

自己インダクタンスの単位は H（ヘンリー）といい，磁束を電流で割ったものである．磁束の単位は $\mathrm{Wb} = \mathrm{T} \cdot \mathrm{m}^2 = \mathrm{m}^2 \cdot \mathrm{kg} \cdot \mathrm{s}^{-2} \cdot \mathrm{A}^{-1}$ であったから，$\mathrm{H} = \mathrm{m}^2 \cdot \mathrm{kg} \cdot \mathrm{s}^{-2} \cdot \mathrm{A}^{-2}$ となる．

式 (6.6) の関係は I が時間変化しても成り立つ†．したがって，この式は

$$\Phi(t) = L_\mathrm{s} I(t) \tag{6.7}$$

と書くことができる．$\Phi(t)$ と $I(t)$ は時刻 t での磁束と電流である．$\Phi(t)$ が時間変化すれば，これはファラデーの法則から閉じた回路に起電力を起こす．この起電力 ϕ_em は式 (6.2), (6.7) より

$$\phi_\mathrm{em} = -\frac{d\Phi(t)}{dt} = -L_\mathrm{s}\frac{dI(t)}{dt} \tag{6.8}$$

†実は 7.1.2 項でわかるように，あまり速く I が時間変化するとこの関係は成り立たなくなる．この関係が成り立つような時間変化をする電流を準定常電流という．この章ではそのような電流を扱っていく．

L_s の単位 H の意味

先ほど登場した L_s の単位の H は式 (6.8) を使うと意味がよくわかる．起電力の単位は電位差と同じ V であるので，1 H の自己インダクタンスとは，1 秒あたり 1 A の電流の変化があるときに 1 V の大きさの起電力を生じさせるような L の大きさである．

となる．つまりある回路は，その中を流れる電流の時間変化によって自分自身に起電力を生じるのである．これが L_s を“自己”インダクタンスと呼ぶ理由である（前頁〔下欄〕**L_s の単位 H の意味** 参照）．

例題 6.2 図 6.10 のような単位長さあたりの巻き数 n，長さ l，断面積 S のソレノイドの自己インダクタンス L_s を求めよ．

解答 ソレノイドは十分長く，端の効果は無視できるとする．このソレノイドに電流 I を流すとソレノイドの内部にはソレノイドの軸と平行に磁場ができ，その磁束密度の大きさ B は例題 5.6 (p.122) より

$$B = \mu_0 n I$$

となる．1 本の磁力線はソレノイドのコイルを nl 回貫くから，ソレノイドを貫く全磁束 Φ は

$$\Phi = nlBS = \mu_0 n^2 lSI$$

となる．これより

$$L_s = \mu_0 n^2 lS$$

を得る． ■

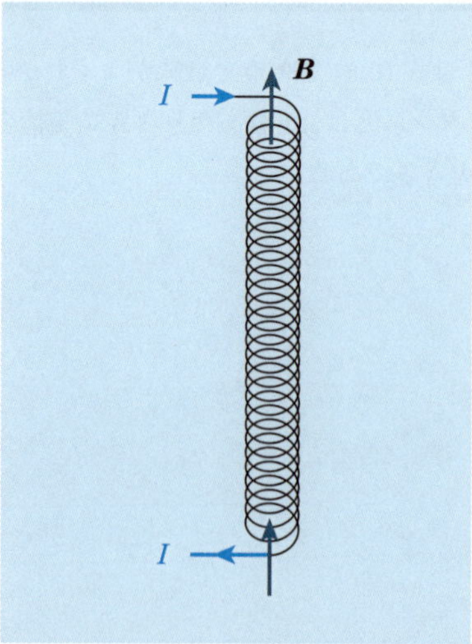

図 6.10 ソレノイドの自己インダクタンス．

例題 6.3 図 6.11 のように起電力 V_0 の電池，R の大きさの電気抵抗，自己インダクタンス L のコイルおよびスイッチからなる回路がある．最初，スイッチは開いている．時刻 $t=0$ でスイッチを閉じたあとの，この回路を流れる電流 $I(t)$ を求めよ．

解答 この回路が閉じているときの全起電力は電池によるものとコイルによる誘導起電力の和となる．これが電気抵抗 R の両端での電位差に等しいので

$$RI(t) = V_0 - L\frac{dI(t)}{dt}$$

これより

$$L\frac{I(t)}{dt} + RI(t) = V_0$$

となる．最初，スイッチは開いていて時刻 $t=0$ で閉じたのだから $I(t=0)=0$ である．十分時間がたったとき $I(t)$ は一定値 I_∞ になるとする．このとき時間変化はないので上の式より

$$RI_\infty = V_0, \quad I_\infty = V_0/R$$

となる．$I(t) = I_\infty + I'(t)$ とおくと

$$L\frac{dI'(t)}{dt} + RI'(t) = 0$$

となり，これより

$$\frac{dI'(t)}{dt} = -\frac{R}{L}I'(t)$$

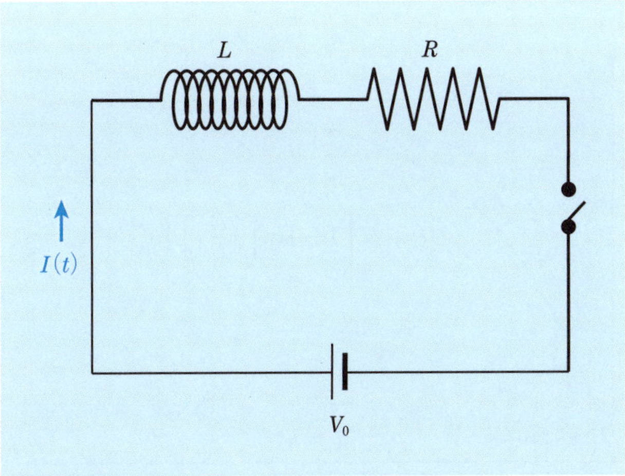

図 6.11 起電力 V_0 の電池，R の大きさの電気抵抗，自己インダクタンス L のコイルおよびスイッチからなる回路．

を得る．この微分方程式の解は積分定数を C として次のように求まる．

$$I'(t) = C\exp\left[-\frac{R}{L}t\right]$$

これより

$$I(t) = I_\infty + C\exp\left[-\frac{R}{L}t\right]$$

となるが，$t=0$ で $I(t)=0$ という初期条件より $C=-I_\infty$ と決まる．よって

$$I(t) = I_\infty\left\{1-\exp\left[-\frac{R}{L}t\right]\right\} = \frac{V_0}{R}\left\{1-\exp\left[-\frac{R}{L}t\right]\right\}$$

となる．$I(t)$ の様子を図 6.12 に示す．$I(t)$ は 0 から増大し $t\to\infty$ で定常的な値 I_∞ に近づいていく．このように定常的な状態に向かって時間変化していく現象を**過渡現象**（かと）という．■

6.1.3　相互インダクタンス

今度は図 6.13 のような 2 つの閉回路 A と B を考えよう．回路 B に電流 I_B を流せば，磁場ができる．この磁場は式 (5.14) が示すように I_B に比例する．すると閉回路 A を磁束 Φ_A が貫く．この Φ_A も I_B に比例する．

$$\Phi_\mathrm{A} = L_\mathrm{AB}I_\mathrm{B} \tag{6.9}$$

この比例係数 L_AB を**相互インダクタンス**という．単位は自己インダクタンスと同じ H（ヘンリー）である．自己インダクタンスと相互インダクタンスをあわせて単にインダクタンスともいう．

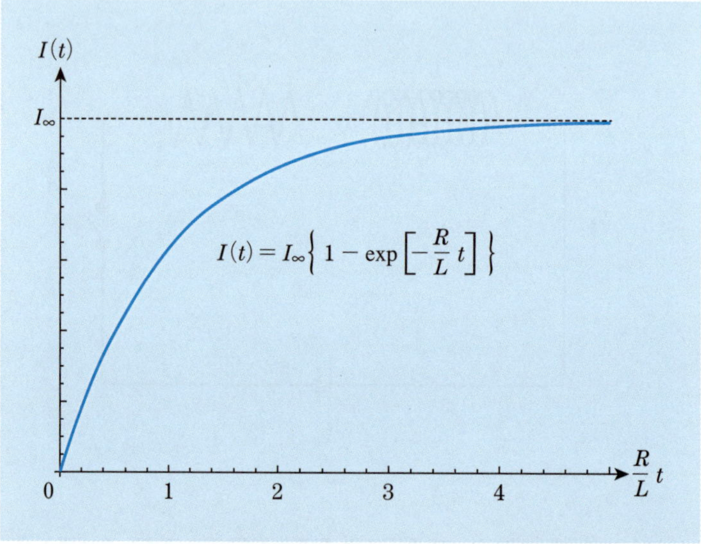

図 6.12　電流 $I(t)$ は 0 から増大し $t\to\infty$ で I_∞ に近づいていく．

同様に閉回路 A に電流 I_A を流したときも閉回路 B を貫く磁束 Φ_B が生じ，それは I_A に比例する．

$$\Phi_B = L_{BA} I_A$$

ここでは証明は省略するが一般に

$$L_{AB} = L_{BA}$$

が成り立つ．

閉回路 A を流れる電流 I_A が時間変化すれば閉回路 B を貫く磁束 Φ_B が時間変化するので，B に起電力 ϕ_{em}^B が生じる．これは**ファラデーの法則**，式 (6.2) から L_{BA} を使って次のように表される．

$$\phi_{em} = -\frac{d\Phi_B}{dt} = -L_{BA}\frac{dI_A}{dt} \tag{6.10}$$

例題 6.4 図 6.14（次頁）のように断面積 $S = Ra^2$ のドーナッツ型のコイルを分けた A, B，2 つのコイルを考える．A のコイルの巻き数を N_A，B のコイルの巻き数を N_B とし，$N_A \gg N_B$ とする．このときの A の自己インダクタンス L_s，相互インダクタンス L_{BA}，A に電流 $I_A(t)$ を流したときの回路 A, B に働く起電力 ϕ_{em}^A, ϕ_{em}^B を求めよ．

解答 いま，$N_A \gg N_B$ なので，A の断面を貫く磁束は B の中に入っても外に逃

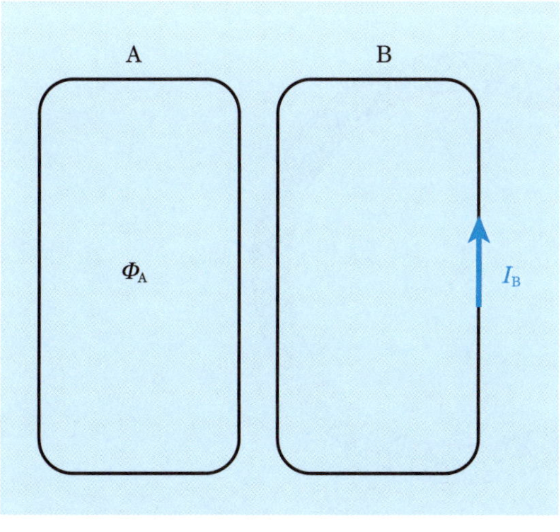

図 6.13 回路 B に電流 I_B を流せば磁場ができ，回路 A を貫く磁束 Φ_A が生じる．

げることはなく，B の断面を貫く磁束に等しい[†]．コイルの断面の半径 a に比べドーナッツ型コイルの半径 R が十分大きければ A はソレノイドとみなせる．よって A の断面内の磁束密度は式 (5.20) (p.121) より $B = \mu_0 n_A I_A$ となり，これより A を貫く全磁束 Φ_A は

$$\Phi_A = N_A S B = \mu_0 n_A N_A S I_A$$

となる．ここで n_A はコイル A の単位長さあたりの巻き数である．これより回路 A に働く起電力 ϕ_{em}^A は

$$\phi_{em}^A = -\frac{d\Phi_A}{dt} = -\mu_0 n_A N_A S \frac{dI_A}{dt} = -L_s \frac{dI_A}{dt}$$

これより自己インダクタンス L_s は

$$L_s = \mu_0 n_A N_A S$$

となる．一方，B を貫く全磁束 Φ_B は

$$\Phi_B = N_B S B = \mu_0 n_A N_B S I_A$$

となる．これより回路 B に働く起電力 ϕ_{em}^B は

$$\phi_{em}^B = -\frac{d\Phi_B}{dt} = -\mu_0 n_A N_B S \frac{dI_A}{dt} = -L_{BA} \frac{dI_A}{dt}$$

これより相互インダクタンス L_{BA} は

[†]実際はコイルの中に鉄芯など磁束を通しやすいものを入れ，磁束が外に逃げないようにする．そのとき，N_A と N_B の大小にかかわらず，ここで求めるのと同じ結果が得られる．

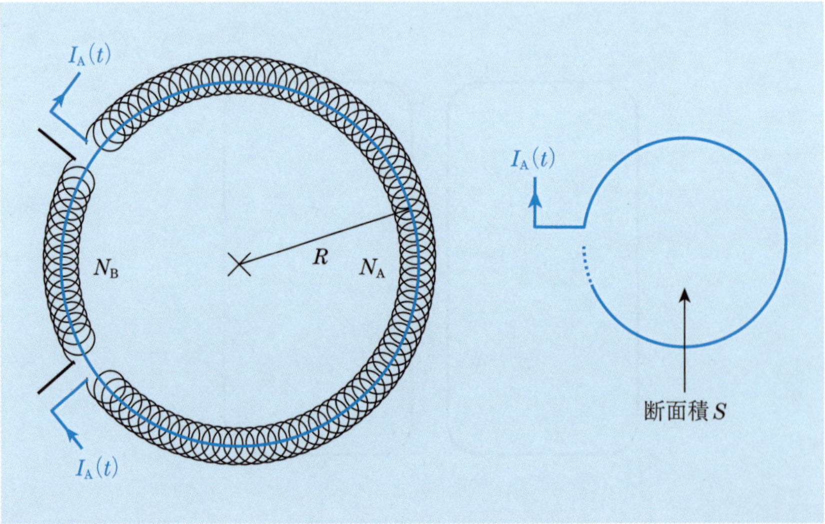

図 6.14 断面積 S のドーナッツ型のコイルを分けた A, B，2 つのコイルを考える．

$$L_{\rm BA} = \mu_0 n_{\rm A} N_{\rm B} S$$

となる．ここで，$\phi_{\rm em}^{\rm B}$ と $\phi_{\rm em}^{\rm A}$ の比をとると

$$\frac{\phi_{\rm em}^{\rm B}}{\phi_{\rm em}^{\rm B}} = \frac{L_{\rm BA}}{L_{\rm s}} = \frac{\mu_0 n_{\rm A} N_{\rm B} S}{\mu_0 n_{\rm A} N_{\rm A} S} = \frac{N_{\rm B}}{N_{\rm A}} \tag{6.11}$$

となり，巻き数の比に一致することになる．これが**トランス**の原理である．トランスとは交流電圧を変換するための装置で，このように 2 つのコイルからできている．そして，出力電圧（いまの場合，$\phi_{\rm em}^{\rm B}$）と入力電圧（いまの場合，$\phi_{\rm em}^{\rm A}$）の比はコイルの巻き数の比と一致する． ■

6.2 磁場のエネルギー

電気抵抗が 0 で自己インダクタンス $L_{\rm s}$ の 1 つのコイルを考えよう．電流 $I(t)$ を流したとき，このコイルに働く起電力は

$$\phi_{\rm em}(t) = -L_{\rm s}\frac{dI(t)}{dt}$$

である．最初，電流は流れておらず時刻 $t=0$ に流れ出し，$t=t_1$ で一定の電流 $I(t)=I_0$ になったとする．電流を流すときは $\phi_{\rm em}(t)$ に大きさが等しい電圧 $V(t)$ を外からかけてやらねばならない．

$$V(t) = -\phi_{\rm em}(t) = L_{\rm s}\frac{dI(t)}{dt}$$

起電力は流れる電流による磁束の変化を打ち消す方向に電流を流そうとするので，それに逆らい電流を流すためには $-\phi_{\rm em}(t)$ の電圧をかけてやる必要

式 (6.12) の導出

$$\begin{aligned} W &= \int_0^{t_1} L_{\rm s}\frac{dI(t)}{dt} I(t) dt \\ &= \frac{L_{\rm s}}{2}\int_0^{t_1} \frac{d}{dt}\{I(t)\}^2 dt \\ &= \frac{1}{2}L_{\rm s}\left[I(t)^2\right]_0^{t_1} \\ &= \frac{1}{2}L_{\rm s}\left[I(t_1)^2 - I(0)^2\right] \\ &= \frac{1}{2}L_{\rm s}I_0^2 \end{aligned}$$

があるのである．外から電圧をかけて電流を流すのであるから，このとき外から仕事 W をしていることになる．単位時間あたりに電圧がする仕事は式 (4.14) (p.95) に示されるように (電圧 × 電流) であったから，W は

$$W = \int_0^{t_1} V(t)I(t)dt = \frac{1}{2}L_s I_0^2 \tag{6.12}$$

となる（前頁〔下欄〕**式 (6.12) の導出** 参照）．ではこの外からした仕事 W のエネルギーはどこへいったのだろうか？ いま電気抵抗は 0 なのでジュール熱は発生しない．しかし $t > 0$ では磁場ができている．外からした仕事 W はこの磁場のエネルギーとして空間に貯まっているのである．コイルとして単位長さあたりの巻き数 n，長さ l のソレノイドコイルを考えることにすると，電流 I_0 を流したとき，コイルの中にできる磁束密度の大きさ B は例題 5.6 (p.121) より $B = \mu_0 n I_0$ であり，自己インダクタンス L_s は例題 6.2 (p.134) より $L_s = \mu_0 n^2 lS$ となる．上で求めた W の式にこれらの関係を使うと

$$W = \frac{1}{2}\mu_0 n^2 lSI_0^2 = \frac{1}{2\mu_0}lS(\mu_0 nI_0)^2 = \frac{1}{2\mu_0}VB^2$$

ここで $V = LS$ はソレノイドコイルの内部の体積，すなわち磁場ができている部分の体積である．これより磁場があると，単位体積あたり

$$\frac{1}{2\mu_0}B^2 \tag{6.13}$$

のエネルギーが空間に貯まっていることになる．この関係は一般に成り立つ．

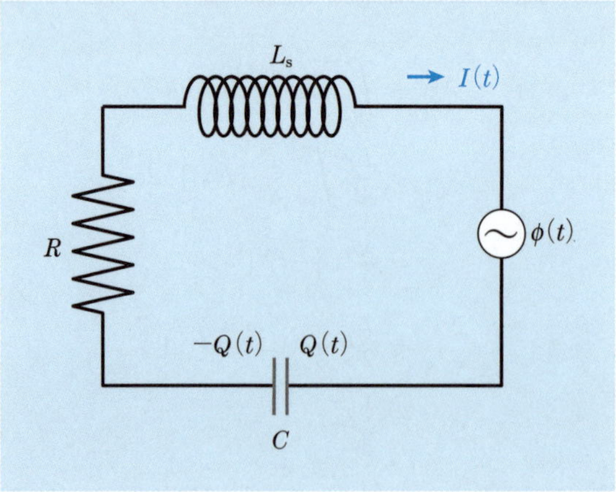

図 6.15 R の大きさの電気抵抗，電気容量 C のコンデンサー，自己インダクタンス L_s のコイル，起電力 $\phi(t)$ の電源からなる回路．回路を流れる電流の大きさ $I(t)$ はどこでも同じである．

6.3 交流回路

この章の最後に R の大きさの電気抵抗，電気容量 C のコンデンサー，自己インダクタンス L_{s} のコイル，起電力 $\phi(t)$ の電源からなる図 6.15 のような回路を考えよう（〔下欄〕***RLC* 回路** 参照）．電気抵抗，コイル，電源およびそれらをつなぐ導線は理想的なもので，それらの中に電荷は貯まらないとする．電荷を貯めることができるのはコンデンサーだけである．最初コンデンサーの 2 枚の極板の電荷がそれぞれ 0 だったとすれば，電荷保存則からコンデンサー全体に貯まる電荷の総和は常に 0 である．つまり右の極板の電荷を貯めるには左の極板から電荷を移動するしかない．よってコンデンサーの右の電極に貯まる電荷を $Q(t)$ とすると，左の極板に貯まる電荷は $-Q(t)$ となる．この $\pm Q(t)$ が時間変化すれば回路に電流 $I(t)$ が流れる．コンデンサーの 2 枚の極板の電荷の総量は常に 0 なので，右の極板に電流が流れ込めば左の極板から同じだけの電流が流れ出す．したがって回路に流れる電流 $I(t)$ はどこでも同じことになる．また単位時間あたりの電荷の移動量が電流だから

$$\frac{dQ(t)}{dt} = I(t) \tag{6.14}$$

である．抵抗の両端の電位差は $RI(t)$，コンデンサーの両端の電位差は $Q(t)/C$ なので回路全体で

RLC 回路

図 6.15 のような回路は RLC 回路または LCR 回路と呼ばれる．この回路はあとで導く式 (6.25) からわかるように ϕ_0 が一定のときある角振動数

$$\omega = \omega_0 \equiv \sqrt{\frac{1}{LC}}$$

で流れる電流が最大になる．これを共振現象という．

この特性を利用してこの回路はいろいろな角振動数の混ざった信号から望みの角振動数の信号をとり出すのに使われる．

$$RI(t) + \frac{1}{C}Q(t) = \phi(t) - L\frac{dI(t)}{dt}$$

$$L\frac{dI(t)}{dt} + RI(t) + \frac{1}{C}Q(t) = \phi(t) \tag{6.15}$$

が成り立つ．式 (6.14) を使うと式 (6.15) は

$$L\frac{d^2Q(t)}{dt^2} + R\frac{dQ(t)}{dt} + \frac{1}{C}Q(t) = \phi(t) \tag{6.16}$$

となる．この回路に角振動数 ω の交流起電力

$$\phi(t) = \phi_0 \cos\omega t \tag{6.17}$$

がかかったときの電流 $I(t)$ の振る舞いを調べよう．式 (6.17) を式 (6.16) に代入すると

$$L\frac{d^2Q(t)}{dt^2} + R\frac{dQ(t)}{dt} + \frac{1}{C}Q(t) = \phi_0 \cos\omega t = \frac{\phi_0}{2}\left(e^{i\omega t} + e^{-i\omega t}\right) \tag{6.18}$$

となる．ここで,〔下欄〕**オイラーの公式** に示すように三角関数を虚数を変数とする指数関数で表した．

式 (6.18) を満たす $Q(t)$ が知りたいのであるが，これは

$$L\frac{d^2Q_{+\omega}(t)}{dt^2} + R\frac{dQ_{+\omega}(t)}{dt} + \frac{1}{C}Q_{+\omega}(t) = \phi(\omega)e^{i\omega t} \tag{6.19}$$

を満たす $Q_{+\omega}(t)$ と

$$L\frac{d^2Q_{-\omega}(t)}{dt^2} + R\frac{dQ_{-\omega}(t)}{dt} + \frac{1}{C}Q_{-\omega}(t) = \phi(-\omega)e^{-i\omega t} \tag{6.20}$$

オイラーの公式

i を $i^2 = -1$ となる虚数単位とするとオイラーの公式

$$e^{i\theta} = \cos\theta + i\sin\theta$$

が成り立つ．これより三角関数は次のように虚数を変数とする指数関数で表される．

$$\sin\theta = \frac{1}{2i}\left(e^{i\theta} - e^{-i\theta}\right)$$

$$\cos\theta = \frac{1}{2}\left(e^{i\theta} + e^{-i\theta}\right)$$

を満たす $Q_{-\omega}(t)$ がわかれば求まる．そこでまず式 (6.19) を満たす $Q_{+\omega}(t)$ を求めよう．式 (6.19) の右辺の時間変化は $e^{i\omega t}$ の形だから $Q_{+\omega}(t)$ も

$$Q_{+\omega}(t) = Q(\omega)e^{i\omega t}$$

とおくことができる．すると式 (6.19) は

$$\left(-L\omega^2 + iR\omega + \frac{1}{C}\right) Q(\omega)e^{i\omega t} = \phi(\omega)e^{i\omega t}$$

となり，これより

$$\left(-L\omega^2 + iR\omega + \frac{1}{C}\right) Q_{+\omega}(t) = \phi(\omega)e^{i\omega t} \tag{6.21}$$

となる．$Q_{-\omega}(t)$ も同様に

$$\left(-L\omega^2 - iR\omega + \frac{1}{C}\right) Q_{-\omega}(t) = \phi(-\omega)e^{-i\omega t}$$

を満たす．$\phi(\omega) = \phi(-\omega) = \dfrac{\phi_0}{2}$ とすれば $\phi(t) = \phi_0 \cos\omega t = \dfrac{\phi_0}{2}(e^{i\omega t} + e^{-i\omega t})$ である式 (6.18) を満たす $Q(t)$ が以下のように求まる．

$$\begin{aligned} Q(t) &= Q_{+\omega}(t) + Q_{-\omega}(t) \\ &= Q(\omega)e^{i\omega t} + Q(-\omega)e^{-i\omega t} \end{aligned}$$

$I(t) = \dfrac{dQ(t)}{dt}$ だから，式 (6.21) を t で微分して $I_{+\omega}(t) \equiv \dfrac{dQ_{+\omega}(t)}{dt}$ とおくと

式 (6.22) の導出

式 (6.16) で $\phi(t) = \phi(\omega)e^{i\omega t}$, $Q(t) = Q(\omega)e^{i\omega t}$ とおくと

$$\left(-L\omega^2 + iR\omega + \frac{1}{C}\right) Q(\omega) = \phi(\omega)$$

を得る．

$$I(\omega)e^{i\omega t} = \frac{d}{dt}\{Q(\omega)e^{i\omega t}\} = i\omega Q(\omega)e^{i\omega t}$$

となるので，上の 2 つの式より

$$\left(iL\omega + R + \frac{1}{i\omega C}\right) I(\omega) = \phi(\omega)$$

を得る．

$$\left(-L\omega^2 + iR\omega + \frac{1}{C}\right) I_{+\omega}(t) = i\omega\phi(\omega)e^{i\omega t}$$

を得る．さらに

$$I_{+\omega}(t) = I(\omega)e^{i\omega t}$$

とおくと

$$\left(iL\omega + R + \frac{1}{i\omega C}\right) I(\omega) = \phi(\omega)$$

$$Z(\omega)I(\omega) = \phi(\omega) \tag{6.22}$$

となる（前頁〔下欄〕**式 (6.22) の導出** 参照）．ここで

$$Z(\omega) = \left(R + i\omega L + \frac{1}{i\omega C}\right) \tag{6.23}$$

は**複素インピーダンス**と呼ばれる量である．$Z(-\omega)$ は $Z(\omega)$ の複素共役となっていることに注意されたい．$\phi(\omega) = \phi(-\omega) = \phi_0/2$ とおくと

$$\begin{aligned} I(t) &= \{I_{+\omega}(t) + I_{-\omega}(t)\} = \left\{I(\omega)e^{i\omega t} + I(-\omega)e^{-i\omega t}\right\} \\ &= \frac{1}{2}\left\{Z(\omega)^{-1}e^{i\omega t} + Z(-\omega)^{-1}e^{-i\omega t}\right\}\phi_0 \end{aligned} \tag{6.24}$$

ここで $Z(\omega)$ の実部を $Z'(\omega)$，虚部を $Z''(\omega)$ とすると

$$Z(\omega) = Z'(\omega) + iZ''(\omega)$$

$$Z'(\omega) = Z'(-\omega), \qquad Z''(\omega) = -Z''(-\omega)$$

$Z'(w)$ と $Z''(w)$

式 (6.25) において $\sin\omega t = \cos(\omega t - \pi/2)$ は $\cos\omega t$ よりも位相が $\pi/2$ 遅れている．よって，$Z(\omega)$ の実部は電源の起電力と同じ位相で変化する部分を，虚部は位相が $\pi/2$ 遅れて変化する部分を表している．

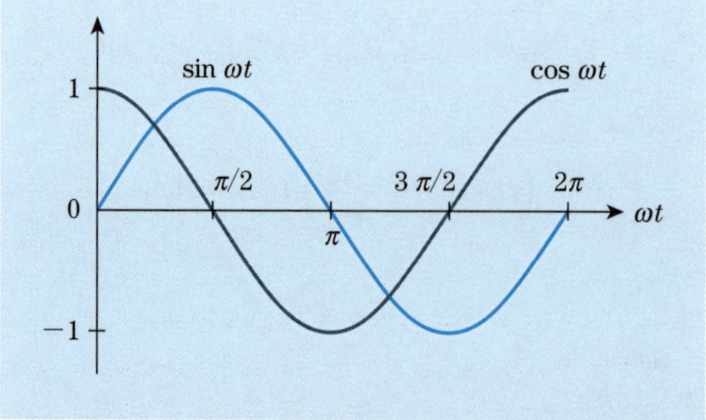

図 6.16　$\sin\omega t$ は $\cos\omega t$ よりも位相が $\pi/2$ 遅れている．

となる．これより式 (6.24) は

$$I(t) = \frac{1}{2|Z(\omega)|^2}\left\{Z(-\omega)e^{i\omega t} + Z(\omega)e^{-i\omega t}\right\}\phi_0$$
$$= \frac{1}{|Z(\omega)|^2}\left\{Z'(\omega)\cos\omega t + Z''(\omega)\sin\omega t\right\}\phi_0 \qquad (6.25)$$

となる（〔下欄〕式 $\boldsymbol{Z'(w)}$ と $\boldsymbol{Z''(w)}$ 参照）．

ここで，$\phi(\omega)$ を一定とした場合，式 (6.22) で $|I(\omega)|$ がもっとも大きくなる ω を求めてみよう．式 (6.22) より $|I(\omega)|$ が最大となるのは $1/|Z(\omega)|$ が最大となる $\omega = \omega_0$ においてである．

$$|Z(\omega)| = [Z(\omega)Z(-\omega)]^{1/2} = \left[R^2 + \left(\omega L - \frac{1}{\omega C}\right)^2\right]^{1/2}$$

であるから，$\omega_0 = \sqrt{\dfrac{1}{LC}}$ で $\dfrac{1}{|Z(\omega)|}$ が最大となる．この角振動数を**共振角振動数**，$\omega_0/(2\pi)$ を**共振周波数**と呼ぶ．

図 6.17 に $R = 100\,\Omega$, $L = 100\,\mathrm{mH}$, $C = 0.1\,\mu\mathrm{F}$ の場合の $1/|Z(\omega)|$, $Z'(\omega)/|Z(\omega)|^2$, $Z''(\omega)/|Z(\omega)|^2$ の周波数 ω 依存性を示す．このとき共振角振動数 ω_0 は $10^4\,\mathrm{Hz} = 10\,\mathrm{kHz}$ となる．ω_0 において，$1/Z(\omega)$ の実部も最大になるが，虚部は 0 となる．これは共振角振動数における一般的な振る舞いである．

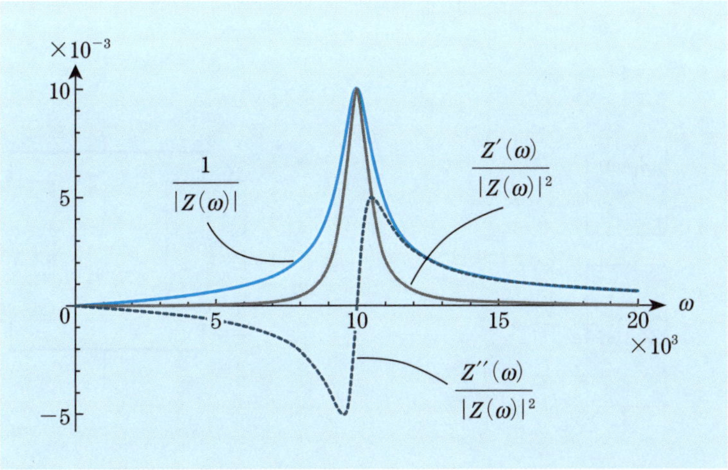

図 6.17 $1/|Z(\omega)|, Z'(\omega)/|Z(\omega)|^2, Z''(\omega)/|Z(\omega)|^2$ の周波数 ω 依存性．$R = 100\,\Omega, L = 100\,\mathrm{mH}, C = 0.1\,\mu\mathrm{F}$ の場合．共振角振動数 ω_0 は $10^4\,\mathrm{Hz} = 10\,\mathrm{kHz}$ となる．

6.4 章末問題

6.1 直径と高さが同程度の強力な円筒形磁石はその底面の近くで 0.5 T 程度の大きさの磁束密度を作る．この磁場の中で磁場に垂直な軸の周りで半径 1×10^{-2} m の 100 回巻いたコイルを回転させる．起電力の最大値が 1 V となるためには，円形コイルを 1 秒間に何回回転させねばならないか？

6.2 図 6.18 のように複素インピーダンスが $Z_1(\omega)$ と $Z_2(\omega)$ の 2 つの素子を直列につないだ素子の複素インピーダンス Z_s を求めよ．

6.3 図 6.19 のように複素インピーダンスが $Z_1(\omega)$ と $Z_2(\omega)$ の 2 つの素子を並列につないだ素子の複素インピーダンス Z_p を求めよ．

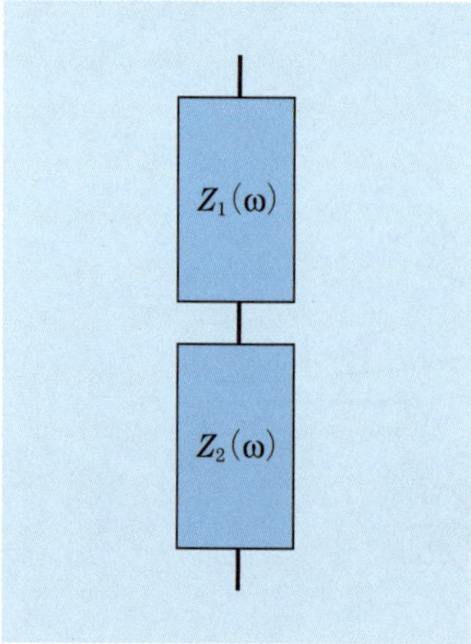

図 6.18 複素インピーダンスが $Z_1(\omega)$ と $Z_2(\omega)$ の 2 つの素子を直列につなぐ．

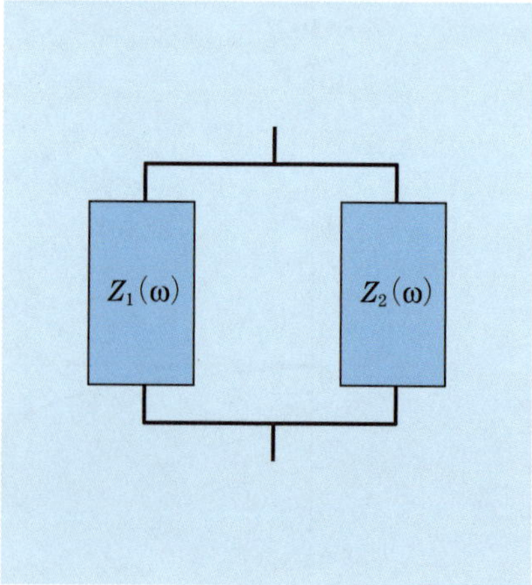

図 6.19 複素インピーダンスが $Z_1(\omega)$ と $Z_2(\omega)$ の 2 つの素子を並列につなぐ．

7

マクスウェル方程式

これまで電磁場の満たす方程式を時間に依存しない場合から出発して導いてきた．それらは電磁場や電流，電荷が満たす積分で表された方程式であった．第6章では時間に依存する電磁場も調べたが，そのとき時間変化はゆっくりしているという制限があった．この章ではまず，そのような制限のない一般的な場合の電磁場の満たす積分形の方程式を導く．それは“積分形のマクスウェル方程式”と呼ばれるものである．“積分形のマクスウェル方程式”とわざわざ呼ぶくらいだから“微分形のマクスウェル方程式”というものがあり，実はそちらの方が扱いやすい．ガウスの定理とストークスの定理を学び数学的な準備をしたあと，その“微分形のマクスウェル方程式”を導く．そして，それが電磁波（電波）という解を持つことを示す．

本章の内容

電荷保存則と変位電流
積分形のマクスウェル方程式
ガウスの定理とストークスの定理
微分形のマクスウェル方程式
真空中のマクスウェル方程式と電磁波
章末問題

7.1 電荷保存則と変位電流

7.1.1 電荷保存則

4.1.2 項で定常電流の場合の**電荷保存則**について学んだ (p.87)．ある閉曲面 S を通って S によって囲まれる領域に流れ込んだ電流は，同じ量だけそこから出なければならない．つまり S によって囲まれる領域から流れ出す電流を正，流れ込む電流を負として勘定してやれば，S を通る電流は全体としては 0 である．このことを式で表したのが式 (4.8) (p.87) である．

$$\oint_{\mathrm{S}} \boldsymbol{i}(\boldsymbol{r}) \cdot \boldsymbol{n}(\boldsymbol{r}) dS = 0 \qquad \cdots (4.8)$$

ここで閉曲面 S を図 7.1 のように $\mathrm{S}_1, \mathrm{S}_2$ に分けると

$$\begin{aligned}\oint_{\mathrm{S}} \boldsymbol{i}(\boldsymbol{r}) \cdot \boldsymbol{n}(\boldsymbol{r}) dS &= \oint_{\mathrm{S}_1+\mathrm{S}_2} \boldsymbol{i}(\boldsymbol{r}) \cdot \boldsymbol{n}(\boldsymbol{r}) dS \\ &= \int_{\mathrm{S}_1} \boldsymbol{i}(\boldsymbol{r}) \cdot \boldsymbol{n}_1(\boldsymbol{r}) dS - \int_{\mathrm{S}_2} \boldsymbol{i}(\boldsymbol{r}) \cdot \boldsymbol{n}_2(\boldsymbol{r}) dS = 0\end{aligned}$$

となる．ここで，閉曲面 S の単位法線ベクトル $\boldsymbol{n}$ は S が囲む領域の内から外へ向かうという約束，$\mathrm{S}_1, \mathrm{S}_2$ の単位法線ベクトル $\boldsymbol{n}_1(\boldsymbol{r}), \boldsymbol{n}_2(\boldsymbol{r})$ は図 6.4 (p.128)，図 7.1 で示した向きにとる約束だったので，S_2 上では $\boldsymbol{n} = -\boldsymbol{n}_2$ となることを使った．これより

$$\int_{\mathrm{S}_1} \boldsymbol{i}(\boldsymbol{r}) \cdot \boldsymbol{n}_1(\boldsymbol{r}) dS = \int_{\mathrm{S}_2} \boldsymbol{i}(\boldsymbol{r}) \cdot \boldsymbol{n}_2(\boldsymbol{r}) dS \tag{7.1}$$

となり，S_1 を通る電流と S_2 を通る電流は等しい．

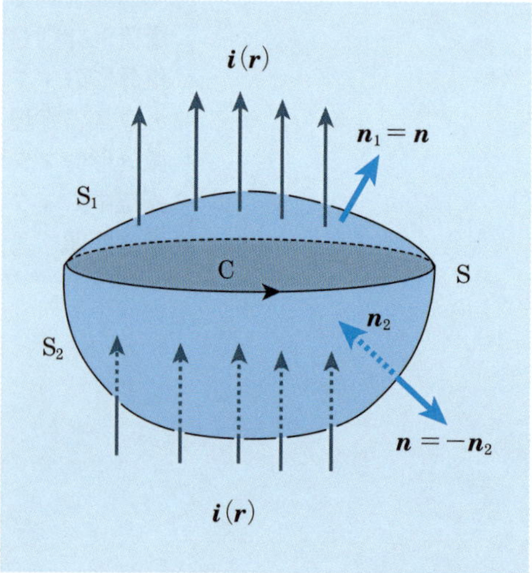

図 7.1 閉曲面 S を $\mathrm{S}_1, \mathrm{S}_2$ に分ける．ここで $\boldsymbol{n}$ は S の単位法線ベクトル，$\boldsymbol{n}_1, \boldsymbol{n}_2$ は $\mathrm{S}_1, \mathrm{S}_2$ の単位法線ベクトル．

電流や電場が時間とともに変化する場合，電荷密度も変化する．このとき，ある閉曲面 S を通って流れ込んだ電流がすべてそこから出ていく必要はない．閉曲面 S に流れ込む電流と流れ出す電流に差があれば，その差の分だけ S に囲まれた領域 V の内部の電荷が変化する．V の内部の電荷 Q は，位置 $\boldsymbol{r}$，時刻 t での電荷密度を $\rho(\boldsymbol{r},t)$ として

$$Q = \oint_{\mathrm{V}} \rho(\boldsymbol{r},t)dV$$

と表される．Q の時間変化は S を通じて V に流れ込む電流に等しいので，結局

$$\frac{d}{dt}\int_{\mathrm{V}} \rho(\boldsymbol{r},t)dV + \oint_{\mathrm{S}} \boldsymbol{i}(\boldsymbol{r},t)\cdot\boldsymbol{n}(\boldsymbol{r})dS = 0 \qquad (7.2)$$

となる（〔下欄〕**式 (7.2) の導出** 参照）．これが時間変化がある場合の電荷保存則である．このとき，一般には式 (4.8) は成り立たない．つまり時間変化があるとき一般的には

$$\int_{\mathrm{S}_1} \boldsymbol{i}(\boldsymbol{r})\cdot\boldsymbol{n}_1(\boldsymbol{r})dS \neq \int_{\mathrm{S}_2} \boldsymbol{i}(\boldsymbol{r})\cdot\boldsymbol{n}_2(\boldsymbol{r})dS \qquad (7.3)$$

となる．

さて**アンペールの法則** (5.19) (p.120) によれば，ある閉曲線 C にそって磁束密度 $\boldsymbol{B}(\boldsymbol{r})$ を一周線積分したものは C によって囲まれる曲面 S を通る電流に真空の透磁率 μ_0 をかけたものに等しい．

$$\oint_{\mathrm{C}} \boldsymbol{B}(\boldsymbol{r})\cdot d\boldsymbol{r} = \mu_0 \int_{\mathrm{S}} \boldsymbol{i}(\boldsymbol{r})\cdot\boldsymbol{n}(\boldsymbol{r})dS \qquad (7.4)$$

式 (7.2) の導出

流れ出す電流を正，流れ込む電流を負として閉曲面 S を通る全電流が正なら Q は増える．負なら Q は減る．したがって単位時間あたりの Q の時間変化 $\dfrac{dQ}{dt}$ が

$$\Big\{(\text{閉曲面 S を通って流れ込む電流}) - (\text{閉曲面 S を通って流れ出す電流})\Big\}$$

となる．{　} 内は

$$-\oint_{\mathrm{S}} \boldsymbol{i}(\boldsymbol{r},t)\cdot\boldsymbol{n}(\boldsymbol{r})dS$$

と表されるので

$$\frac{dQ}{dt} = -\oint_{\mathrm{S}} \boldsymbol{i}(\boldsymbol{r},t)\cdot\boldsymbol{n}(\boldsymbol{r})dS$$

$$\frac{dQ}{dt} + \oint_{\mathrm{S}} \boldsymbol{i}(\boldsymbol{r},t)\cdot\boldsymbol{n}(\boldsymbol{r})dS = 0$$

を得る．

左辺の積分は閉曲線 C を決めれば決まる．しかし右辺の積分は閉曲線 C を決めてもそれが囲む曲面 S が決まらないので，決まらない．上の式が成り立つためには右辺の積分が閉曲線 C が囲むどんな曲面でも等しくなることが必要である．このことは式 (7.1) に示されるように，定常電流の場合には成り立つ．しかし時間変化のある場合には式 (7.3) に示されるように，一般には成り立たないのである．このことは**アンペールの法則** (5.19), (7.4) が時間変化のある場合には，そのままの形では成り立たず，何らかの変更が必要であることを示している．

7.1.2 変 位 電 流

7.1.1 項の最後で述べたことを図 7.2 のような面積 A の平行板コンデンサーを例にとって具体的にみてみよう．平行板コンデンサーの一方の導体板を囲む閉曲面 S_0 を図のように 2 つの曲面 $\mathrm{S}_1, \mathrm{S}_2$ に分け，その境界となる閉曲線を C としよう．この平行板コンデンサーに電流 $I(t)$ を流す．ここで，$\mathrm{S}_1, \mathrm{S}_2$ に対して**アンペールの法則** (5.19), (7.4) を考えると 2 つの曲面を囲む閉曲線 C は共通なので

$$\oint_{\mathrm{C}} \boldsymbol{B}(\boldsymbol{r}) \cdot d\boldsymbol{r}$$

は共通である．しかし S_1 を貫く電流は有限なので

$$\mu_0 \int_{\mathrm{S}_1} \boldsymbol{i}(\boldsymbol{r}) \cdot \boldsymbol{n}(\boldsymbol{r}) dS \neq 0$$

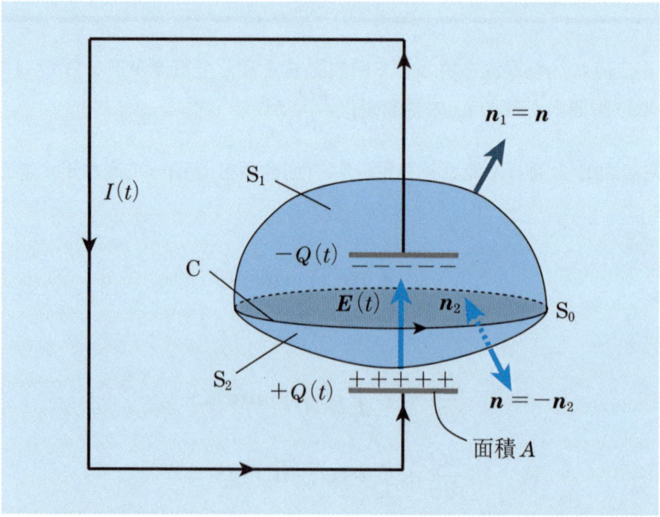

図 7.2 面積 A の平行板コンデンサーの一方の極板を囲む閉曲面 S_0 を図のように 2 つの曲面 $\mathrm{S}_1, \mathrm{S}_2$ に分け，その境界となる閉曲線を C とする．

であるが，S_2 には導線が通っていないので

$$\mu_0 \int_{S_2} \boldsymbol{i}(\boldsymbol{r}) \cdot \boldsymbol{n}(\boldsymbol{r}) dS = 0$$

となりアンペールの法則 (5.19), (7.4) に矛盾が生じる．

ここでアンペールの法則 (5.19), (7.4) をちょっと修正して時間変化がある場合にも成り立つ法則を探そう．いま，時刻 t での平行板コンデンサーの 2 枚の導体板に貯まっている電荷を $\pm Q(t)$ とする．電流 $I(t)$ が流れると電荷 $\pm Q(t)$ が時間変化し，それによって平行板コンデンサーの 2 枚の導体板間の電場の大きさ $E(t)$ が時間変化する．図 7.2 のように電場，電流の向きと電荷の符号を決めると $Q(t)$ が増えれば正の電流が流れ，電荷と電場の関係は式 (3.29) (p.77) で与えられるので

$$I(t) = \frac{dQ(t)}{dt}, \quad E(t) = \frac{Q(t)}{\varepsilon_0 A}$$

となる．これより

$$\frac{dE(t)}{dt} = \frac{1}{\varepsilon_0 A}\frac{dQ(t)}{dt} = \frac{1}{\varepsilon_0 A} I(t)$$

となる．この式は電場が時間変化すれば電流

$$I(t) = \varepsilon_0 A \frac{dE(t)}{dt} \tag{7.5}$$

が流れるとみなせることを示している．ここで A は電場のある領域の面積であるので，図 7.3 のように極板に平行で閉曲線 C で囲まれた平面 S′ を考え

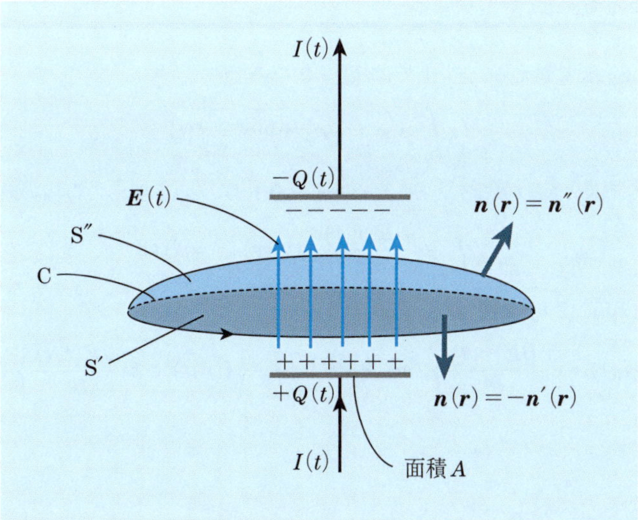

図 7.3　平行板コンデンサーの極板に平行な平面 S′ と，それと同じ周 C を持つ曲面 S″．$\boldsymbol{n}(\boldsymbol{r})$, $\boldsymbol{n}'(\boldsymbol{r})$, $\boldsymbol{n}''(\boldsymbol{r})$ はそれぞれ S′ + S″, S′, S″ の単位法線ベクトル．

れば

$$AE(t) = \int_{\mathrm{S}'} \boldsymbol{E}(\boldsymbol{r}) \cdot \boldsymbol{n}'(\boldsymbol{r}) dS$$

と表される．同じく閉曲線 C で囲まれた極板間にある曲面 S″ を考えると S′, S″ で作られる閉曲面内に電荷はないから電場の積分形のガウスの法則 (2.13) (p.47) より

$$\oint_{\mathrm{S}'+\mathrm{S}''} \boldsymbol{E}(\boldsymbol{r}) \cdot \boldsymbol{n}(\boldsymbol{r}) dS = 0$$

である．この面積分を S′ 上の面積分と S″ 上の面積分に分ければ，S′ 上では法線ベクトルの向きが逆になるので

$$\int_{\mathrm{S}'} \boldsymbol{E}(\boldsymbol{r}) \cdot \boldsymbol{n}'(\boldsymbol{r}) dS = \int_{\mathrm{S}''} \boldsymbol{E}(\boldsymbol{r}) \cdot \boldsymbol{n}''(\boldsymbol{r}) dS$$

となる．よって極板間をおおう任意の曲面 S について

$$AE(t) = \int_{\mathrm{S}} \boldsymbol{E}(\boldsymbol{r}) \cdot \boldsymbol{n}(\boldsymbol{r}) dS$$

を得る．これより

$$\begin{aligned} \varepsilon_0 A \frac{dE(t)}{dt} &= \varepsilon_0 \frac{d}{dt} \int_{\mathrm{S}} \boldsymbol{E}(\boldsymbol{r}, t) \cdot \boldsymbol{n}(\boldsymbol{r}) dS \\ &= \int_{\mathrm{S}} \varepsilon_0 \frac{\partial \boldsymbol{E}(\boldsymbol{r}, t)}{\partial t} \cdot \boldsymbol{n}(\boldsymbol{r}) dS \end{aligned} \tag{7.6}$$

と表すことができる．電場は位置 $\boldsymbol{r}$ と時刻 t の関数であるからそれを明記した．真ん中の式で t で微分しているのは面積分した電場であり，それは時刻

式 (7.7) が $\mathbf{S_1}$ 上と $\mathbf{S_2}$ 上で等しいこと

式 (7.7) を S_1 と S_2 上で考える．S_1 上では $\boldsymbol{E} = \boldsymbol{0}$ なので

$$\int_{\mathrm{S}_1} \boldsymbol{i}(\boldsymbol{r}, t) \cdot \boldsymbol{n}_1(\boldsymbol{r}) dS = I(t)$$

となり，いままでの結果と変わらない．S_2 上では $\boldsymbol{i} = \boldsymbol{0}$ だが，いま加えた電場の時間微分の項から

$$\int_{\mathrm{S}_2} \varepsilon_0 \frac{\partial \boldsymbol{E}(\boldsymbol{r}, t)}{\partial t} \cdot \boldsymbol{n}_2(\boldsymbol{r}) dS = I(t)$$

となる．ここで式 (7.5), (7.6) を使った．これより

$$\int_{\mathrm{S}_1} \left\{ \boldsymbol{i}(\boldsymbol{r}, t) + \varepsilon_0 \frac{\partial \boldsymbol{E}(\boldsymbol{r}, t)}{\partial t} \right\} \cdot \boldsymbol{n}_1(\boldsymbol{r}) dS = \int_{\mathrm{S}_2} \left\{ \boldsymbol{i}(\boldsymbol{r}, t) + \varepsilon_0 \frac{\partial \boldsymbol{E}(\boldsymbol{t}, t)}{\partial t} \right\} \cdot \boldsymbol{n}_2(\boldsymbol{r}) dS$$

が成り立つ．

t だけの関数なので t の微分は普通の 1 変数関数の微分である．1 番下の式に移るとき面積分の積分領域 S を固定して t の微分を面積分の中に入れたが，電場 $\boldsymbol{E}(\boldsymbol{r},t)$ は位置 $\boldsymbol{r}$ と時刻 t の関数であり，$\boldsymbol{r}$ は止めて t でのみ微分するので偏微分となった．式 (7.5) のように，式 (7.6) で表される電流が流れているとみなせるのであった．この電流をアンペールの法則 (7.4) の右辺の $\int_{\mathrm{S}}\boldsymbol{i}(\boldsymbol{r})\cdot\boldsymbol{n}(\boldsymbol{r})dS$ に加えよう．そうすると

$$\int_{\mathrm{S}}\left\{\boldsymbol{i}(\boldsymbol{r},t)+\varepsilon_0\frac{\partial\boldsymbol{E}(\boldsymbol{r},t)}{\partial t}\right\}\cdot\boldsymbol{n}(\boldsymbol{r})dS \tag{7.7}$$

となるが，これは図 7.2 の S_1 上と S_2 上で等しくなる（〔下欄〕**式 (7.7) が $\mathbf{S_1}$ 上と $\mathbf{S_2}$ 上で等しいこと** 参照）．

よってアンペールの法則 (7.4) を拡張して

$$\oint_{\mathrm{C}}\boldsymbol{B}(\boldsymbol{r},t)\cdot d\boldsymbol{r}=\mu_0\int_{\mathrm{S}}\left\{\boldsymbol{i}(\boldsymbol{r},t)+\varepsilon_0\frac{\partial\boldsymbol{E}(\boldsymbol{r},t)}{\partial t}\right\}\cdot\boldsymbol{n}(\boldsymbol{r})dS \tag{7.8}$$

としてやれば，この式は時間変化がある場合も電荷保存則と矛盾なく成立する．この式を**アンペール-マクスウェルの法則**と呼び，以降はこれを使うことにする．

$$\mu_0\int_{\mathrm{S}}\varepsilon_0\frac{\partial\boldsymbol{E}(\boldsymbol{r},t)}{\partial t}\cdot dS \tag{7.9}$$

の項を**変位電流**という（〔下欄〕**変位電流が無視できる条件** 参照）．

変位電流が無視できる条件

これまで我々は変位電流を無視して，式 (5.19) の形のアンペールの法則を使って交流回路の振る舞いなどを調べてきた (p.141)．では回路ではどのような場合に変位電流は無視できるのだろうか？ それは式 (7.8) の右辺の被積分関数の中で

$$|\boldsymbol{i}(\boldsymbol{r},t)|\gg\left|\varepsilon_0\frac{\partial\boldsymbol{E}(\boldsymbol{r},t)}{\partial t}\right|$$

が成り立つときである．電流密度の大きさ $i(\boldsymbol{r},t)=|\boldsymbol{i}(r,t)|$ は電気伝導度 σ を使って $i(r,t)=\sigma E(\boldsymbol{r},t)$ と表すことができる．ここで電場 $E(\boldsymbol{r},t)$ が空間的に一様で角振動数 ω で振動しているとすると，$E(\boldsymbol{r},t)=E_0\sin\omega t$ と表されるから，上の式の条件は

$$|\sigma E_0\sin\omega t|\gg|\varepsilon_0\omega E_0\cos\omega t|$$

となる．三角関数の大きさは 1 の程度だから，結局

$$\omega\ll\sigma/\varepsilon_0$$

が成り立てばいい．この不等式を満たすような低周波数の電磁場なら変位電流は無視できることになる．ここで，σ の典型的な大きさ，$\sigma\sim10^7\,\Omega^{-1}\cdot\mathrm{m}^{-1}$ と $\varepsilon_0\sim10^{-11}\,\mathrm{A}^2\cdot\mathrm{s}^2\cdot\mathrm{N}^{-1}\cdot\mathrm{m}^{-2}$ を使うと，$\omega\ll10^{18}\,\mathrm{s}^{-1}$ を満たす角振動数の電磁場なら変位電流を無視できることになる．

7.2 積分形のマクスウェル方程式

これでいよいよ電磁場の振る舞いを記述する基礎方程式がそろった．それは電場の積分形のガウスの法則 (2.13) (p.47)，磁場の積分形のガウスの法則 (5.1) (p.104)，ファラデーの電磁誘導の法則 (6.3) (p.129)，そしてアンペール-マクスウェルの法則 (7.8) (p.153) である．

$$\oint_S \boldsymbol{E}(\boldsymbol{r},t)\cdot\boldsymbol{n}(\boldsymbol{r})dS = \frac{1}{\varepsilon_0}\int_V \rho(\boldsymbol{r},t)dV \tag{7.10a}$$

$$\oint_S \boldsymbol{B}(\boldsymbol{r},t)\cdot\boldsymbol{n}(\boldsymbol{r})dS = 0 \tag{7.10b}$$

$$\oint_C \boldsymbol{E}(\boldsymbol{r},t)\cdot\boldsymbol{t}(\boldsymbol{r})dr = -\frac{d}{dt}\int_S \boldsymbol{B}(\boldsymbol{r},t)\cdot\boldsymbol{n}(\boldsymbol{r})dS \tag{7.10c}$$

$$\oint_C \boldsymbol{B}(\boldsymbol{r},t)\cdot\boldsymbol{n}(\boldsymbol{r})dr = \mu_0\int_S\left\{\boldsymbol{i}(\boldsymbol{r}) + \varepsilon_0\frac{\partial \boldsymbol{E}(\boldsymbol{r},t)}{\partial t}\right\}\cdot\boldsymbol{n}(\boldsymbol{r})dS \tag{7.10d}$$

これらをあわせて**積分形のマクスウェル**（Maxwell）**方程式**といい，電磁場の振る舞いを記述する基礎方程式である．“積分形のマクスウェル方程式”という名前の通り式はすべて積分の形をしている．実はこの形はちょっと使いづらいことが多い．もっと使いやすい形は微分で表された形である．そのようなマクスウェル方程式を“微分形のマクスウェル方程式”といい，この“積分形のマクスウェル方程式”から導くことができる．そのためにはガウスの定理とストークスの定理という 2 つの数学の定理が必要になる．

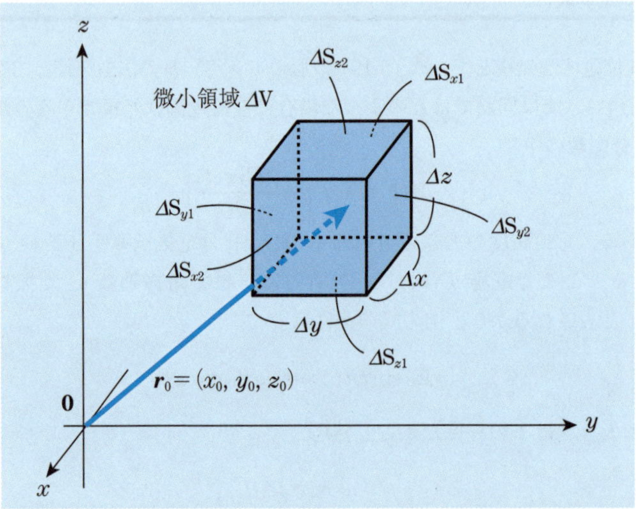

図 7.4 位置 $\boldsymbol{r}_0 = (x_0, y_0, z_0)$ を中心としてそれぞれの辺が x, y，または z 軸に平行で長さが $\Delta x, \Delta y, \Delta z$ の微小な直方体 ΔV．

7.3　ガウスの定理とストークスの定理

7.3.1　ガウスの定理

ある閉曲面 S で囲まれた領域を V とし，S の表面でのあるベクトル関数 $\boldsymbol{f}(\boldsymbol{r}) = (f_x(\boldsymbol{r}), f_y(\boldsymbol{r}), f_z(\boldsymbol{r}))$ の次のような面積分を考える．

$$\oint_{\mathrm{S}} \boldsymbol{f}(\boldsymbol{r}) \cdot d\boldsymbol{S} = \oint_{\mathrm{S}} \boldsymbol{f}(\boldsymbol{r}) \cdot \boldsymbol{n}(\boldsymbol{r}) dS \tag{7.11}$$

$\boldsymbol{n}(\boldsymbol{r})$ は位置 $\boldsymbol{r}$ での閉曲面 S の単位法線ベクトルで，V の内側から外側に向いているとする．

ここで図 7.4 のように領域として位置 $\boldsymbol{r}_0 = (x_0, y_0, z_0)$ を中心としてそれぞれの辺が x, y，または z 軸に平行で長さが $\Delta x, \Delta y, \Delta z$ の微小な直方体 $\Delta\mathrm{V}$ を考える．この直方体の閉曲面 $\Delta\mathrm{S}$ はこの直方体の 6 つの面からなり，式 (7.11) の面積分はそれら 6 つの面の面積分の和となる．いま，x, y, z 軸に垂直な 6 つの面をそれぞれ $\Delta\mathrm{S}_{x1}, \Delta\mathrm{S}_{x2}, \Delta\mathrm{S}_{y1}, \Delta\mathrm{S}_{y2}, \Delta\mathrm{S}_{z1}, \Delta\mathrm{S}_{z2}$ とすると

$$\oint_{\Delta\mathrm{S}} \boldsymbol{f}(\boldsymbol{r}) \cdot \boldsymbol{n}(\boldsymbol{r}) dS = \int_{\Delta\mathrm{S}_{x1}+\Delta\mathrm{S}_{x2}} \boldsymbol{f}(\boldsymbol{r}) \cdot \boldsymbol{n}(\boldsymbol{r}) dS + \int_{\Delta\mathrm{S}_{y1}+\Delta\mathrm{S}_{y2}} \boldsymbol{f}(\boldsymbol{r}) \cdot \boldsymbol{n}(\boldsymbol{r}) dS + \int_{\Delta\mathrm{S}_{z1}+\Delta\mathrm{S}_{z2}} \boldsymbol{f}(\boldsymbol{r}) \cdot \boldsymbol{n}(\boldsymbol{r}) dS \tag{7.12}$$

となるが，この $\Delta\mathrm{S}_{x1} + \Delta\mathrm{S}_{x2}$ 上の積分をテイラー展開を用いて計算すると

式 (7.13) の導出

$\Delta\mathrm{S}_{x1}$ 上では $x = x_0 - \Delta x/2, \boldsymbol{n}(\boldsymbol{r}) = (-1, 0, 0)$，$\Delta\mathrm{S}_{x2}$ 上では $x = x_0 + \Delta x/2, \boldsymbol{n}(\boldsymbol{r}) = (1, 0, 0)$ なので

$$\int_{\Delta\mathrm{S}_{x1}+\Delta\mathrm{S}_{x2}} \boldsymbol{f}(\boldsymbol{r}) \cdot \boldsymbol{n}(\boldsymbol{r}) dS = -\iint_{\Delta\mathrm{S}_{x1}} f_x\left(x_0 - \frac{\Delta x}{2}, y, z\right) dydz + \iint_{\Delta\mathrm{S}_{x2}} f_x\left(x_0 + \frac{\Delta x}{2}, y, z\right) dydz$$

であるが，$\Delta y, \Delta z$ は十分小さいので $\Delta\mathrm{S}_{x1}, \Delta\mathrm{S}_{x2}$ 上で $y \simeq y_0, z \simeq z_0$ とおくことができ

$$f_x\left(x_0 \mp \frac{\Delta x}{2}, y, z\right) \simeq f_x\left(x_0 \mp \frac{\Delta x}{2}, y_0, z_0\right) \simeq f_x(x_0, y_0, z_0) \mp \left.\frac{\partial f_x}{\partial x}\right|_{(x_0,y_0,z_0)} \frac{\Delta x}{2}$$

となる．最後に Δx も十分小さいのでテイラー展開を用いた．これより次の式を得る．

$$\begin{aligned}
&\int_{\Delta\mathrm{S}_{x1}+\Delta\mathrm{S}_{x2}} \boldsymbol{f}(\boldsymbol{r}) \cdot \boldsymbol{n}(\boldsymbol{r}) dS \\
&= -\left\{ f_x(x_0, y_0, z_0) - \left.\frac{\partial f_x}{\partial x}\right|_{(x_0,y_0,z_0)} \frac{\Delta x}{2} \right\} \iint_{\Delta\mathrm{S}_{x1}} dydz + \left\{ f_x(x_0, y_0, z_0) + \left.\frac{\partial f_x}{\partial x}\right|_{(x_0,y_0,z_0)} \frac{\Delta x}{2} \right\} \iint_{\Delta\mathrm{S}_{x2}} dydz \\
&= \left.\frac{\partial f_x}{\partial x}\right|_{(x_0,y_0,z_0)} \Delta x \Delta y \Delta z
\end{aligned}$$

$$\int_{\Delta S_{x1}+\Delta S_{x2}} \boldsymbol{f}(\boldsymbol{r})\cdot\boldsymbol{n}(\boldsymbol{r})dS = \left.\frac{\partial f_x}{\partial x}\right|_{(x_0,y_0,z_0)} \Delta x\Delta y\Delta z \tag{7.13}$$

を得る（前頁〔下欄〕**式 (7.13) の導出** 参照）．$\Delta S_{y1}+\Delta S_{y2}$ 上，$\Delta S_{z1}+\Delta S_{z2}$ 上の面積分も同様に計算できて

$$\int_{\Delta S_{y1}+\Delta S_{y2}} \boldsymbol{f}(\boldsymbol{r})\cdot\boldsymbol{n}(\boldsymbol{r})dS = \left.\frac{\partial f_y}{\partial y}\right|_{(x_0,y_0,z_0)} \Delta x\Delta y\Delta z$$

$$\int_{\Delta S_{z1}+\Delta S_{z2}} \boldsymbol{f}(\boldsymbol{r})\cdot\boldsymbol{n}(\boldsymbol{r})dS = \left.\frac{\partial f_z}{\partial z}\right|_{(x_0,y_0,z_0)} \Delta x\Delta y\Delta z$$

となる．これらをまとめると

$$\oint_{\Delta S} \boldsymbol{f}(\boldsymbol{r})\cdot\boldsymbol{n}(\boldsymbol{r})dS = \left.\left(\frac{\partial f_x}{\partial x}+\frac{\partial f_y}{\partial y}+\frac{\partial f_z}{\partial z}\right)\right|_{(x_0,y_0,z_0)} \Delta x\Delta y\Delta z$$

となるが，$\Delta x\Delta y\Delta z$ は微小な領域 ΔV での体積分 $\int_{\Delta V} dV$ に等しいので

$$\begin{aligned}\oint_{\Delta S} \boldsymbol{f}(\boldsymbol{r})\cdot\boldsymbol{n}(\boldsymbol{r})dS &= \left.\left(\frac{\partial f_x}{\partial x}+\frac{\partial f_y}{\partial y}+\frac{\partial f_z}{\partial z}\right)\right|_{(x_0,y_0,z_0)} \int_{\Delta V} dV \\ &= \int_{\Delta V}\left(\frac{\partial f_x}{\partial x}+\frac{\partial f_y}{\partial y}+\frac{\partial f_z}{\partial z}\right)dV \end{aligned}\tag{7.14}$$

となる．ΔV は微小でその中で $\left(\frac{\partial f_x}{\partial x}+\frac{\partial f_y}{\partial y}+\frac{\partial f_z}{\partial z}\right)$ は一定とみなせるので，これを 2 行目で ΔV の内部での体積積分 $\int_{\Delta V} dV$ の中に入れた．

ダイバージェンスの意味

式 (7.16) をもとにダイバージェンス，div の意味を考えてみよう．この式の左辺は微小領域 ΔV を囲む閉曲面 ΔS の単位法線ベクトル $\boldsymbol{n}(\boldsymbol{r})$ と $\boldsymbol{f}(\boldsymbol{r})$ の内積の面積分であるから ΔS を貫いて外に出ていく $\boldsymbol{f}(\boldsymbol{r})$ の総量である．$\boldsymbol{f}(\boldsymbol{r})$ を電気力線のように密度が $\boldsymbol{f}(\boldsymbol{r})$ の大きさに比例し，向きが $\boldsymbol{f}(\boldsymbol{r})$ の方向と一致する線で表そう．式 (7.16) の左辺が有限であるということは，ちょうど ΔV の中に負の電荷，または正の電荷があるときのように，その線が ΔV の中で消えている，または生まれていることになる．このことから $\nabla \boldsymbol{f}(\boldsymbol{r}) = \mathrm{div}\,\boldsymbol{f}(\boldsymbol{r})$ が有限の点は，そこから $\boldsymbol{f}(\boldsymbol{r})$ が湧き出している，あるいは吸い込まれている点と考えることができる．図 7.5 に $\mathrm{div}\,\boldsymbol{f}(\boldsymbol{r}) > 0$ の点の近傍の $\boldsymbol{f}(\boldsymbol{r})$ の様子を記す．

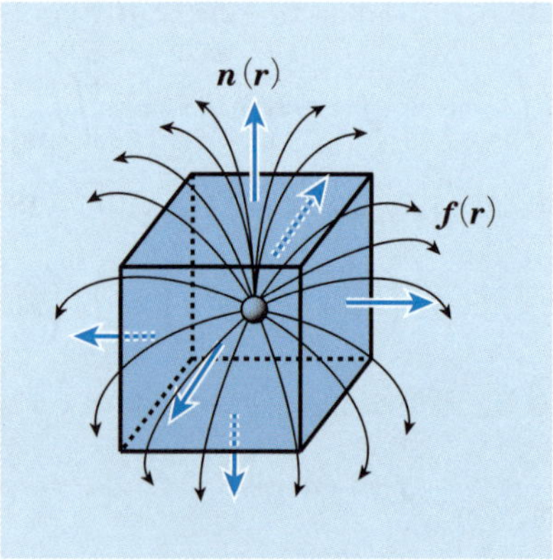

図 7.5 $\mathrm{div}\,\boldsymbol{f}(\boldsymbol{r}) > 0$ の点の近傍の $\boldsymbol{f}(\boldsymbol{r})$ の様子．

ここで

$$\operatorname{div} \boldsymbol{f}(\boldsymbol{r}) = \nabla \cdot \boldsymbol{f}(\boldsymbol{r}) = \frac{\partial f_x(x,y,z)}{\partial x} + \frac{\partial f_y(x,y,z)}{\partial y} + \frac{\partial f_z(x,y,z)}{\partial z} \tag{7.15}$$

とすると，式 (7.14) は

$$\oint_{\Delta \mathrm{S}} \boldsymbol{f}(\boldsymbol{r}) \cdot \boldsymbol{n}(\boldsymbol{r}) dS = \int_{\Delta \mathrm{V}} \nabla \cdot \boldsymbol{f}(\boldsymbol{r}) dV = \int_{\Delta \mathrm{V}} \operatorname{div} \boldsymbol{f}(\boldsymbol{r}) dV \tag{7.16}$$

と表される．ここで，div は**ダイバージェンス**，または**発散**と呼ぶ（〔下欄〕**ダイバージェンスの意味** 参照）．式 (7.15) はちょうどベクトル演算子 $\nabla = \left(\frac{\partial}{\partial x}, \frac{\partial}{\partial y}, \frac{\partial}{\partial z}\right)$ とベクトル $\boldsymbol{f}(\boldsymbol{r}) = (f_x(\boldsymbol{r}), f_y(\boldsymbol{r}), f_z(\boldsymbol{r}))$ の内積の形となっている．この結果は領域 ΔV の 6 つの面が x, y, z 軸に垂直でなくとも成り立つ．

ここまでは領域 ΔV は微小な直方体としてきた．しかし，どんな領域 V も微小な直方体 $\Delta \mathrm{V}_i$ の集まりに分割することができる．そして，各々の微小な領域で上の式 (7.16) が成り立つので，それらの微小領域の集まりである閉曲面 S で囲まれた任意の領域 V についても同様の関係

$$\oint_{\mathrm{S}} \boldsymbol{f}(\boldsymbol{r}) \cdot \boldsymbol{n}(\boldsymbol{r}) dS = \int_{\mathrm{V}} \nabla \boldsymbol{f}(\boldsymbol{r}) dV = \int_{\mathrm{V}} \operatorname{div} \boldsymbol{f}(\boldsymbol{r}) dV \tag{7.17}$$

が成り立つ．この式はあるベクトル関数の閉曲面にそっての面積分は，その閉曲面が囲む領域でのベクトル関数のダイバージェンスの体積分で表されることを示している．この関係を**ガウスの定理**という．証明は A.1.1 項をみられたい．7.4 節でこのガウスの定理が活躍する．〔下欄〕**微分形の電荷保存則**も参照されたい．

微分形の電荷保存則

ガウスの定理が導けたので，これを使って積分形の電荷保存則 (7.2) (p.149)

$$\frac{d}{dt}\int_{\mathrm{V}} \rho(\boldsymbol{r},t) dV + \oint_{\mathrm{S}} \boldsymbol{i}(\boldsymbol{r},t) \cdot \boldsymbol{n}(\boldsymbol{r}) dS = 0 \tag{7.2}$$

から微分形の電荷保存則を導いてみよう．ガウスの定理 (7.17) を使うと

$$\oint_{\mathrm{S}} \boldsymbol{i}(\boldsymbol{r},t) \cdot \boldsymbol{n}(\boldsymbol{r}) dS = \int_{\mathrm{V}} \operatorname{div} \boldsymbol{i}(\boldsymbol{r},t) dV$$

と表されるので，式 (7.2) は

$$\frac{d}{dt}\int_{\mathrm{V}} \rho(\boldsymbol{r},t) dV + \oint_{\mathrm{S}} \boldsymbol{i}(\boldsymbol{r},t) \cdot \boldsymbol{n}(\boldsymbol{r}) dS = \int_{\mathrm{V}} \left(\frac{\partial \rho(\boldsymbol{r},t)}{\partial t} + \operatorname{div} \boldsymbol{i}(\boldsymbol{r},t)\right) dV = 0$$

となる．この式が任意の積分領域 V で成り立つので，中央の式の被積分関数が 0 でなければならない．すなわち

$$\frac{\partial \rho(\boldsymbol{r},t)}{\partial t} + \operatorname{div} \boldsymbol{i}(\boldsymbol{r},t) = 0 \tag{7.18}$$

これが微分形の電荷保存則である．この形の方程式を**連続の方程式**といい，保存する量の密度（いまの場合 $\rho(\boldsymbol{r},t)$）とその流れの密度（いまの場合 $\boldsymbol{i}(\boldsymbol{r},t)$）が満たす一般的な関係式である．

7.3.2 ストークスの定理

次に，ある閉曲線 C で囲まれた曲面を S とし，C にそってのあるベクトル関数 $\boldsymbol{f}(\boldsymbol{r}) = (f_x(\boldsymbol{r}), f_y(\boldsymbol{r}), f_z(\boldsymbol{r}))$ の次のような一周線積分を考える．

$$\oint_{\mathrm{C}} \boldsymbol{f}(\boldsymbol{r}) \cdot d\boldsymbol{r} = \oint_{\mathrm{C}} \boldsymbol{f}(\boldsymbol{r}) \cdot \boldsymbol{t}(\boldsymbol{r}) dr \tag{7.19}$$

ここで $\boldsymbol{t}(\boldsymbol{r})$ は位置 $\boldsymbol{r}$ での閉曲線 C の単位接線ベクトルである．

ここで図 7.6 のように曲面として位置 $\boldsymbol{r}_0 = (x_0, y_0, 0)$ を中心として，それぞれの辺が x 軸または y 軸と直交しておりその長さが $\Delta x, \Delta y$ の，xy 平面上の微小な長方形 ΔS を考える．この長方形を囲む閉曲線 ΔC は長方形の 4 つの辺からなり，式 (7.19) の一周線積分はそれら 4 つの辺の線積分の和となる．いま，x 軸または y 軸と直交する 4 つの辺をそれぞれ $\Delta \mathrm{C}_{x1}, \Delta \mathrm{C}_{x2}, \Delta \mathrm{C}_{y1}, \Delta \mathrm{C}_{y2}$ とすると

$$\oint_{\Delta \mathrm{C}} \boldsymbol{f}(\boldsymbol{r}) \cdot \boldsymbol{t}(\boldsymbol{r}) dr = \int_{\Delta \mathrm{C}_{x1} + \Delta \mathrm{C}_{x2}} \boldsymbol{f}(\boldsymbol{r}) \cdot \boldsymbol{t}(\boldsymbol{r}) dr + \int_{\Delta \mathrm{C}_{y1} + \Delta \mathrm{C}_{y2}} \boldsymbol{f}(\boldsymbol{r}) \cdot \boldsymbol{t}(\boldsymbol{r}) dr$$

となるが，この $\Delta \mathrm{C}_{x1} + \Delta \mathrm{C}_{x2}$ 上での積分をテイラー展開を用いて計算すると

$$\int_{\Delta \mathrm{C}_{x1} + \Delta \mathrm{C}_{x2}} \boldsymbol{f}(\boldsymbol{r}) \cdot \boldsymbol{t}(\boldsymbol{r}) dr = \left. \frac{\partial f_y}{\partial x} \right|_{(x_0, y_0, 0)} \Delta x \Delta y \tag{7.20}$$

を得る（〔下欄〕**式 (7.20) の導出** 参照）．$\Delta \mathrm{C}_{y1} + \Delta \mathrm{C}_{y2}$ 上の積分も同様に計算できて

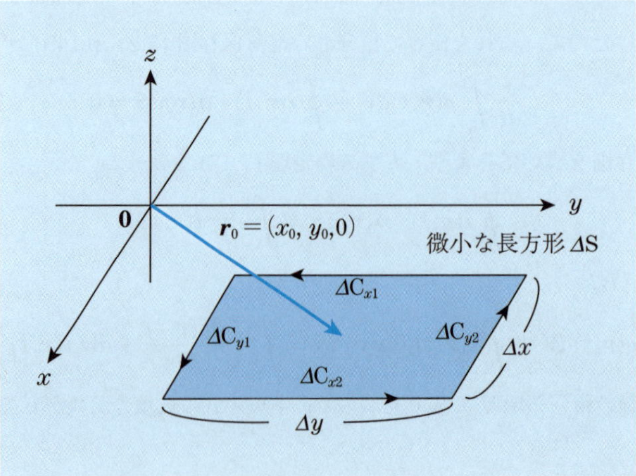

図 7.6　位置 $\boldsymbol{r}_0 = (x_0, y_0, 0)$ を中心として，それぞれの辺が x 軸または y 軸と直交しておりその長さが $\Delta x, \Delta y$ の，xy 平面上の微小な長方形 ΔS.

$$\int_{\Delta \mathrm{C}_{y1}+\Delta \mathrm{C}_{y2}} \boldsymbol{f}(\boldsymbol{r}) \cdot \boldsymbol{n}(\boldsymbol{r}) dr = -\left.\frac{\partial f_x}{\partial y}\right|_{(x_0,y_0,0)} \Delta x \Delta y$$

となる．これらをまとめると

$$\oint_{\Delta \mathrm{C}} \boldsymbol{f}(\boldsymbol{r}) \cdot \boldsymbol{t}(\boldsymbol{r}) dr = \left.\left(\frac{\partial f_y}{\partial x} - \frac{\partial f_x}{\partial y}\right)\right|_{(x_0,y_0,0)} \Delta x \Delta y$$

となるが，ここで $\Delta x \Delta y$ は微小な長方形 $\Delta\mathrm{S}$ での面積分 $\oint_{\Delta \mathrm{S}} dS$ に等しいので

$$\begin{aligned}\oint_{\Delta \mathrm{C}} \boldsymbol{f}(\boldsymbol{r}) \cdot \boldsymbol{t}(\boldsymbol{r}) dr &= \left(\frac{\partial f_y}{\partial x} - \frac{\partial f_x}{\partial y}\right) \int_{\Delta \mathrm{S}} dS \\ &= \int_{\Delta \mathrm{S}} \left(\frac{\partial f_y}{\partial x} - \frac{\partial f_x}{\partial y}\right) dS \qquad (7.21)\end{aligned}$$

となる．$\Delta\mathrm{S}$ は微小なのでその中で $\left(\frac{\partial f_y}{\partial x} - \frac{\partial f_x}{\partial y}\right)$ の変化は無視することができ，これを 2 行目で $\Delta\mathrm{S}$ での面積分 $\oint_{\Delta \mathrm{S}} dS$ の中に入れた．

ここで

$$\begin{aligned}\nabla \times \boldsymbol{f}(\boldsymbol{r}) &= \mathrm{rot}\, \boldsymbol{f}(\boldsymbol{r}) \\ &= \left(\frac{\partial f_z}{\partial y} - \frac{\partial f_y}{\partial z}, \frac{\partial f_x}{\partial z} - \frac{\partial f_z}{\partial x}, \frac{\partial f_y}{\partial x} - \frac{\partial f_x}{\partial y}\right) \qquad (7.22)\end{aligned}$$

とする．rot は**ローテーション**，または**回転**と呼ぶ（次頁〔下欄〕**ローテーションの意味** 参照）．式 (7.22) はちょうど，ベクトル演算子 $\nabla = \left(\frac{\partial}{\partial x}, \frac{\partial}{\partial y}, \frac{\partial}{\partial z}\right)$

式 (7.20) の導出

$\Delta\mathrm{C}_{x1}$ 上では $x = x_0 - \Delta x/2$, $\boldsymbol{t}(\boldsymbol{r}) = (0, -1, 0)$，$\Delta\mathrm{C}_{x2}$ 上では $x = x_0 + \Delta x/2$, $\boldsymbol{t}(\boldsymbol{r}) = (0, 1, 0)$ であるから

$$\int_{\Delta \mathrm{C}_{x1}+\Delta \mathrm{C}_{x2}} \boldsymbol{f}(\boldsymbol{r}) \cdot \boldsymbol{t}(\boldsymbol{r}) dr \ = \ -\int_{\Delta \mathrm{C}_{x1}} f_y\left(x_0 - \frac{\Delta x}{2}, y, 0\right) dy + \int_{\Delta \mathrm{C}_{x2}} f_y\left(x_0 + \frac{\Delta x}{2}, y, 0\right) dy$$

であるが，Δy は十分小さいので $\Delta\mathrm{C}_{x1}, \Delta\mathrm{C}_{x2}$ 上で $y \simeq y_0$ とおけて

$$f_y\left(x_0 \mp \frac{\Delta x}{2}, y, 0\right) \simeq f_y\left(x_0 \mp \frac{\Delta x}{2}, y_0, 0\right) \simeq f_y(x_0, y_0, 0) \mp \left.\frac{\partial f_y}{\partial x}\right|_{(x_0,y_0,0)} \frac{\Delta x}{2}$$

となる．最後に Δx も十分小さいのでテイラー展開を用いた．これより次の式を得る．

$$\begin{aligned}&\int_{\Delta \mathrm{C}_{x1}+\Delta \mathrm{C}_{x2}} \boldsymbol{f}(\boldsymbol{r}) \cdot \boldsymbol{t}(\boldsymbol{r}) dr \\ &\simeq -\left\{f_y(x_0, y_0, 0) - \left.\frac{\partial f_y}{\partial x}\right|_{(x_0,y_0,0)} \frac{\Delta x}{2}\right\} \int_{\Delta \mathrm{C}_{x1}} dy + \left\{f_y(x_0, y_0, 0) + \left.\frac{\partial f_y}{\partial x}\right|_{(x_0,y_0,0)} \frac{\Delta x}{2}\right\} \int_{\Delta \mathrm{C}_{x2}} dy \\ &= \left.\frac{\partial f_y}{\partial x}\right|_{(x_0,y_0,0)} \Delta x \Delta y\end{aligned}$$

とベクトル $\boldsymbol{f}(\boldsymbol{r}) = (f_x(\boldsymbol{r}), f_y(\boldsymbol{r}), f_z(\boldsymbol{r}))$ の外積（ベクトル積）の形になっている．これを使うと式 (7.21) は

$$\oint_{\Delta C} \boldsymbol{f}(\boldsymbol{r}) \cdot \boldsymbol{t}(\boldsymbol{r}) dr = \int_{\Delta S} (\nabla \times \boldsymbol{f}(\boldsymbol{r})) \cdot \boldsymbol{n}(\boldsymbol{r}) dS = \int_{\Delta S} \mathrm{rot}\, \boldsymbol{f}(\boldsymbol{r}) \cdot \boldsymbol{n}(\boldsymbol{r}) dS \tag{7.23}$$

となる．ここで $\boldsymbol{n}(\boldsymbol{r})$ は位置 $\boldsymbol{r}$ での面 ΔS の単位法線ベクトルで，いま ΔS は xy 平面にあるので $\boldsymbol{n}(\boldsymbol{r}) = (0, 0, 1)$ である．この結果は領域 ΔC の 4 つの辺がそれぞれ x 軸または y 軸と直交しなくとも，さらに ΔS が xy 平面になくとも成り立つ．

ここまでは曲面 ΔS は微小な長方形としてきた．しかしどんな曲面 S も微小な長方形 $\Delta \mathrm{S}_i$ の集まりに分割することができる．そして，各々の微小な長方形で上の式 (7.23) が成り立つので，それらの微小な長方形の集まりである閉曲線 C で囲まれた任意の曲面 S についても同様の関係

$$\oint_{C} \boldsymbol{f}(\boldsymbol{r}) \cdot \boldsymbol{t}(\boldsymbol{r}) dr = \int_{S} (\nabla \times \boldsymbol{f}(\boldsymbol{r})) \cdot \boldsymbol{n}(\boldsymbol{r}) dS = \int_{S} \mathrm{rot}\, \boldsymbol{f}(\boldsymbol{r}) \cdot \boldsymbol{n}(\boldsymbol{r}) dS \tag{7.24}$$

が成り立つ．この式はあるベクトル関数の閉曲線にそっての一周線積分は，その閉曲線が囲む曲面でのベクトル関数のローテーションの面積分で表されることを示している．この関係を**ストークスの定理**という．証明は A.1.2 項をみられたい．このストークスの定理も 7.4 節で活躍する．

ローテーションの意味

式 (7.23) をもとにローテーション，rot の意味を考えてみよう．この式の左辺は微小領域 ΔS を囲む閉曲線 ΔC にそっての $\boldsymbol{f}(\boldsymbol{r})$ と ΔC の単位接線ベクトル $\boldsymbol{t}(\boldsymbol{r})$ の内積の一周線積分である．図 7.7 に示すようにこの一周線積分の間に $\boldsymbol{t}(\boldsymbol{r})$ の方向も一周回る．したがって $\oint_{\Delta C} \boldsymbol{f}(\boldsymbol{r}) \cdot \boldsymbol{t}(\boldsymbol{r}) dr$ が有限に残るのは $\boldsymbol{f}(\boldsymbol{r})$ もこの一周線積分の間に同様に一周回るときだけである．つまり $\boldsymbol{f}(\boldsymbol{r})$ は回転していることになる．このことから rot を回転と呼ぶのである．また回転しているベクトル場は渦を作るので rot $\boldsymbol{f}(\boldsymbol{r})$ は渦を表しているともいえる．式 (7.23) の左辺の積分はその渦の回る面で積分したとき一番大きくなる．このとき右辺はその面の単位法線ベクトル $\boldsymbol{n}(\boldsymbol{r})$ と rot $\boldsymbol{f}(\boldsymbol{r})$ の向きが一致している．渦の回る面の法線ベクトルは渦の軸の方向を向いているので，rot $\boldsymbol{f}(\boldsymbol{r})$ も渦の軸方向を向く．

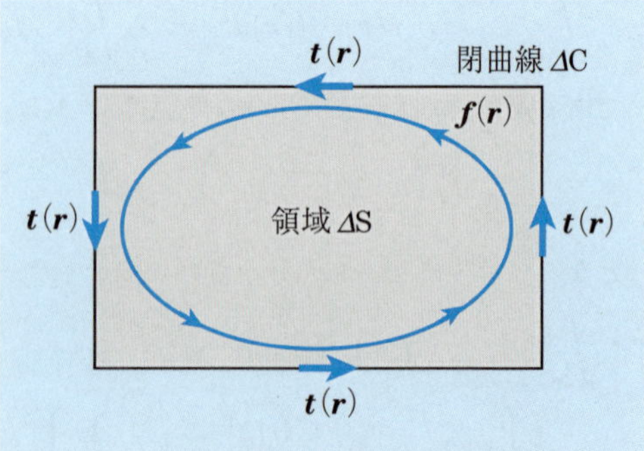

図 7.7　微小領域 ΔS を囲む閉曲線 ΔC にそっての $\boldsymbol{f}(\boldsymbol{r})$ と ΔC の単位接線ベクトル $\boldsymbol{t}(\boldsymbol{r})$ の内積の一周線積分．

7.4 微分形のマクスウェル方程式

これで数学的準備が整った．いよいよ積分形のマクスウェル方程式 (7.10)（〔下欄〕**積分形のマクスウェル方程式** 参照）から微分形のマクスウェル方程式を導こう．

式 (7.10a) の左辺の面積分はガウスの定理 (7.17) から

$$\oint_{\mathrm{S}} \boldsymbol{E}(\boldsymbol{r},t)\cdot\boldsymbol{n}(\boldsymbol{r})dS = \int_{\mathrm{V}} \mathrm{div}\,\boldsymbol{E}(\boldsymbol{r},t)dV$$

と書き換えられるので，式 (7.10a) は

$$\int_{\mathrm{V}} \mathrm{div}\,\boldsymbol{E}(\boldsymbol{r},t)dV = \int_{\mathrm{V}} \frac{1}{\varepsilon_0}\rho(\boldsymbol{r},t)dV$$

となる．この式が任意の領域 V で成り立つのであるから，両辺の被積分関数が等しいことになる．よって

$$\mathrm{div}\,\boldsymbol{E}(\boldsymbol{r},t) = \frac{1}{\varepsilon_0}\rho(\boldsymbol{r},t) \tag{7.25}$$

を得る．これが微分形の電場のガウスの法則である．

次に式 (7.10b) は同様にガウスの定理を使うと

$$\oint_{\mathrm{S}} \boldsymbol{B}(\boldsymbol{r},t)\cdot\boldsymbol{n}(\boldsymbol{r})dS = \int_{\mathrm{V}} \mathrm{div}\,\boldsymbol{B}(\boldsymbol{r},t)dV = 0$$

となるが，これも任意の領域 V で成り立つのであるから

$$\mathrm{div}\,\boldsymbol{B}(\boldsymbol{r},t) = 0 \tag{7.26}$$

積分形のマクスウェル方程式

ここで，もう一度，積分形のマクスウェル方程式 (7.10) を示しておく．

$$\oint_{\mathrm{S}} \boldsymbol{E}(\boldsymbol{r},t)\cdot\boldsymbol{n}(\boldsymbol{r})dS = \frac{1}{\varepsilon_0}\int_{\mathrm{V}} \rho(\boldsymbol{r},t)dV \qquad \cdots(7.10\mathrm{a})$$

$$\oint_{\mathrm{S}} \boldsymbol{B}(\boldsymbol{r},t)\cdot\boldsymbol{n}(\boldsymbol{r})dS = 0 \qquad \cdots(7.10\mathrm{b})$$

$$\oint_{\mathrm{C}} \boldsymbol{E}(\boldsymbol{r},t)\cdot\boldsymbol{t}(\boldsymbol{r})dr = -\frac{d}{dt}\int_{\mathrm{S}} \boldsymbol{B}(\boldsymbol{r},t)\cdot\boldsymbol{n}(\boldsymbol{r})dS \qquad \cdots(7.10\mathrm{c})$$

$$\oint_{\mathrm{C}} \boldsymbol{B}(\boldsymbol{r},t)\cdot\boldsymbol{n}(\boldsymbol{r})dr = \mu_0\int_{\mathrm{S}} \left\{\boldsymbol{i}(\boldsymbol{r}) + \varepsilon_0\frac{\partial\boldsymbol{E}(\boldsymbol{r},t)}{\partial t}\right\}\cdot\boldsymbol{n}(\boldsymbol{r})dS \qquad \cdots(7.10\mathrm{d})$$

を得る．これが微分形の磁場のガウスの法則である．

式 (7.10c) の左辺は閉曲線 S にそっての一周線積分の形をしている．よってストークスの定理 (7.24) を使うことができて

$$\oint_{\mathrm{C}} \boldsymbol{E}(\boldsymbol{r},t)\cdot\boldsymbol{t}(\boldsymbol{r})dr = \int_{\mathrm{S}} \mathrm{rot}\,\boldsymbol{E}(\boldsymbol{r},t)\cdot\boldsymbol{n}(\boldsymbol{r})dS$$

と書き換えられる．したがって，式 (7.10c) は

$$\int_{\mathrm{S}} \mathrm{rot}\,\boldsymbol{E}(\boldsymbol{r},t)\cdot\boldsymbol{n}(\boldsymbol{r})dS = -\frac{d}{dt}\int_{\mathrm{S}} \boldsymbol{B}(\boldsymbol{r},t)\cdot\boldsymbol{n}(\boldsymbol{r})dS$$

となる．ここで，曲面 S は勝手にとれるのだから，時間変化しないとしても構わない．そうすると右辺の時間微分と面積分の順番は入れ替えることができて

$$-\frac{d}{dt}\int_{\mathrm{S}} \boldsymbol{B}(\boldsymbol{r},t)\cdot\boldsymbol{n}(\boldsymbol{r})dS = -\int_{\mathrm{S}} \frac{\partial}{\partial t}\boldsymbol{B}(\boldsymbol{r},t)\cdot\boldsymbol{n}(\boldsymbol{r})dS$$

となる．積分の中で時間微分が $\boldsymbol{B}(\boldsymbol{r},t)$ に作用するときは，位置 $\boldsymbol{r}$ と時間 t の関数である $\boldsymbol{B}(\boldsymbol{r},t)$ の $\boldsymbol{r}$ は一定として t だけで微分するので，t での偏微分となる．その偏微分をしたあとで，$\boldsymbol{r}$ を動かして面積分をするのである．これより式 (7.10c) は

$$\int_{\mathrm{S}} \mathrm{rot}\,\boldsymbol{E}(\boldsymbol{r},t)\cdot\boldsymbol{n}(\boldsymbol{r})dS = -\int_{\mathrm{S}} \frac{\partial}{\partial t}\boldsymbol{B}(\boldsymbol{r},t)\cdot\boldsymbol{n}(\boldsymbol{r})dS$$

これが任意の曲面 S で成り立つので，両辺の被積分関数が等しくなければな

物質中の電磁場

物質は原子や分子からできている．原子や分子は正の電荷を持つもの（原子核や正イオン）とその周りの電子からできていて，全体としては電気的に中性である．図 7.8(a) に示すように，電場をかけない状態では各原子や分子の電子の重心と正の電荷の重心は一致している．しかしここに電場をかけると正の電荷を持つものは電場の方へ，負の電荷を持つものは逆の方へ力を受けるので，(b) のように電子の重心と正の電荷の重心がずれる．その結果，各原子や分子は 1.2.4 項で勉強した電気双極子モーメント $\boldsymbol{p}$ を持つようになる．物質の単位体積に N 個の原子または分子があるとすると，単位体積あたりの電気双極子モーメントは $\boldsymbol{P} = N\boldsymbol{p}$ となる．$\boldsymbol{P}$ を電気分極という．一般にはこれは位置と時間の関数なので $\boldsymbol{P}(\boldsymbol{r},t)$ を書くことにする．この電気分極は電気双極子モーメントの集まりなので電場を作る．電荷も電場を作る．よって電気分極の効果は分極電荷密度と呼ばれる電荷密度 $\rho_{\mathrm{d}}(\boldsymbol{r},t) \equiv -\mathrm{div}\,\boldsymbol{P}(\boldsymbol{r},t)$ によって表すことができる．

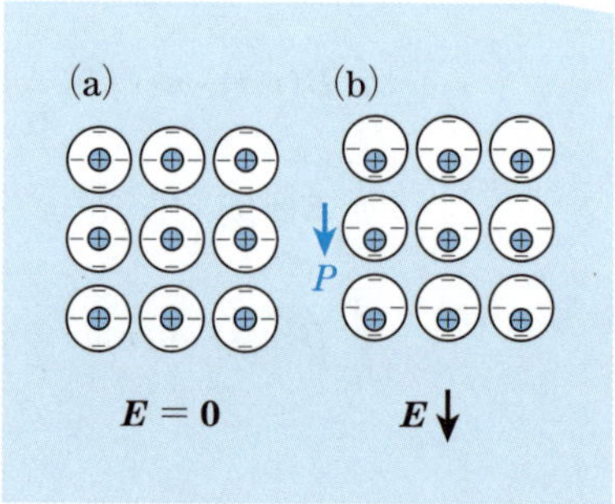

図 7.8　物質中の正の電荷と負の電荷（電子）の分布．大きな円が 1 つの原子または分子を表す．(a) 電場がないとき，(b) 電場があるとき．

らない．よって

$$\mathrm{rot}\,\boldsymbol{E}(\boldsymbol{r},t) = -\frac{\partial}{\partial t}\boldsymbol{B}(\boldsymbol{r},t) \tag{7.27}$$

を得る．これが微分形のファラデーの電磁誘導の法則である．

最後に式 (7.10d) であるが，この式の左辺も閉曲線 C にそっての一周線積分の形をしているのでストークスの定理が使える．

$$\oint_{\mathrm{C}} \boldsymbol{B}(\boldsymbol{r},t)\cdot\boldsymbol{t}(\boldsymbol{r})dr = \int_{\mathrm{S}} \mathrm{rot}\,\boldsymbol{B}(\boldsymbol{r},t)\cdot\boldsymbol{n}(\boldsymbol{r})dS$$

したがって式 (7.10d) は

$$\int_{\mathrm{S}} \mathrm{rot}\,\boldsymbol{B}(\boldsymbol{r},t)\cdot\boldsymbol{n}(\boldsymbol{r})dS = \int_{\mathrm{S}} \mu_0\left\{\boldsymbol{i}(\boldsymbol{r}) + \varepsilon_0\frac{\partial \boldsymbol{E}(\boldsymbol{r},t)}{\partial t}\right\}\cdot\boldsymbol{n}(\boldsymbol{r})dS$$

となり，これも任意の曲面 S で成り立つので両辺の被積分関数が等しくなければならない．

$$\mathrm{rot}\,\boldsymbol{B}(\boldsymbol{r},t) = \mu_0\left\{\boldsymbol{i}(\boldsymbol{r}) + \varepsilon_0\frac{\partial \boldsymbol{E}(\boldsymbol{r},t)}{\partial t}\right\} \tag{7.28}$$

これが微分形のアンペール-マクスウェルの法則である．

これら 4 つの式 (7.25), (7.26), (7.27), (7.28) が微分形のマクスウェル方程式である．

微分形の電場のガウスの法則 (7.25) の右辺にはこれまで考えてきた電荷密度 $\rho(\boldsymbol{r},t)$（これは分極電荷密度を含まない）に加えて，物質中では分極電荷密度が現れる．

$$\mathrm{div}\,\boldsymbol{E}(\boldsymbol{r},t) = \frac{1}{\varepsilon_0}\{\rho(\boldsymbol{r},t) + \rho_{\mathrm{d}}(\boldsymbol{r},t)\}$$

これより

$$\varepsilon_0\,\mathrm{div}\,\boldsymbol{E}(\boldsymbol{r},t) - \rho_{\mathrm{d}}(\boldsymbol{r},t) = \mathrm{div}\{\varepsilon_0\boldsymbol{E}(\boldsymbol{r},t) + \boldsymbol{P}(\boldsymbol{r},t)\} = \rho(\boldsymbol{r},t)$$

となる．式 (7.32a) よりわかるように，この中央の式の div がかかる量が電束密度 $\boldsymbol{D}(\boldsymbol{r},t)$ なので

$$\mathrm{div}\boldsymbol{D}(\boldsymbol{r},t) = \rho(\boldsymbol{r},t), \quad \boldsymbol{D}(\boldsymbol{r},t) = \varepsilon_0\boldsymbol{E}(\boldsymbol{r},t) + \boldsymbol{P}(\boldsymbol{r},t)$$

となる．多くの物質では電気分極は電場に比例し

$$\boldsymbol{P}(\boldsymbol{r},t) = \chi_{\mathrm{c}}\boldsymbol{E}(\boldsymbol{r},t)$$

と表される．χ_{c} は電荷感受率と呼ばれる量である．これより

$$\boldsymbol{D}(\boldsymbol{r},t) = (\varepsilon_0 + \chi_{\mathrm{c}})\boldsymbol{E}(\boldsymbol{r},t) = \varepsilon\boldsymbol{E}(\boldsymbol{r},t)$$

となる．$\varepsilon = \varepsilon_0 + \chi_{\mathrm{c}}$ は物質の誘電率である．

$$\mathrm{div}\,\boldsymbol{E}(\boldsymbol{r},t) = \frac{1}{\varepsilon_0}\rho(\boldsymbol{r},t) \tag{7.29a}$$

$$\mathrm{div}\,\boldsymbol{B}(\boldsymbol{r},t) = 0 \tag{7.29b}$$

$$\mathrm{rot}\,\boldsymbol{E}(\boldsymbol{r},t) + \frac{\partial \boldsymbol{B}(\boldsymbol{r},t)}{\partial t} = 0 \tag{7.29c}$$

$$\mathrm{rot}\,\boldsymbol{B}(\boldsymbol{r},t) - \frac{1}{c^2}\frac{\partial \boldsymbol{E}(\boldsymbol{r},t)}{\partial t} = \mu_0 \boldsymbol{i}(\boldsymbol{r},t) \tag{7.29d}$$

ここで

$$c = 1/\sqrt{\mu_0\varepsilon_0} \tag{7.30a}$$

とおいた．$\varepsilon_0 = 8.854 \times 10^{-12}\,\mathrm{A}^2\cdot\mathrm{s}^2\cdot\mathrm{N}^{-1}\cdot\mathrm{m}^{-2}$, $\mu_0 = 4\pi \times 10^{-7}\,\mathrm{N}\cdot\mathrm{A}^{-2}$ を代入すると

$$c = 2.998 \times 10^8\,\mathrm{m}\cdot\mathrm{s}^{-1} \tag{7.30b}$$

となる．7.5 節で述べるが実はこの c は光速である．

ここまではすべて電場 $\boldsymbol{E}(\boldsymbol{r},t)$ と磁束密度 $\boldsymbol{B}(\boldsymbol{r},t)$ だけで話を進めてきた．これらの他に，電束密度 $\boldsymbol{D}(\boldsymbol{r},t)$ と磁場 $\boldsymbol{H}(\boldsymbol{r},t)$ を使うと便利なことがある．この 2 つの量は真空中では電場と磁束密度により次のように表される．

$$\boldsymbol{D}(\boldsymbol{r},t) = \varepsilon_0\boldsymbol{E}(\boldsymbol{r},t), \quad \boldsymbol{H}(\boldsymbol{r},t) = \frac{1}{\mu_0}\boldsymbol{B}(\boldsymbol{r},t) \tag{7.31}$$

物質中ではこれらの関係が変わる（p.162〔下欄〕**物質中の電磁場** 参照）．

これらを使うと，微分形のマクスウェル方程式は次のように表される．

一方，物質中の電子は小さな磁石の性質を持っている．永久磁石のようなものを除いて多くの物質では磁場 $\boldsymbol{H}(\boldsymbol{r},t)$ がないときは，各電子の磁石の向きは図 7.9 (a) に示すようにばらばらである．しかしここに磁場をかけると (b) に示すようにその向きがそろってきて，全体としても磁石の性質を示すようになる．この効果は磁化 $\boldsymbol{M}(\boldsymbol{r},t)$ というもので取り入れることができる．磁化は磁場を作る．電流が流れても磁場ができる．よって磁化の効果は磁化電流密度と呼ばれる電流密度

$$\boldsymbol{i}_\mathrm{m}(\boldsymbol{r},t) = \frac{1}{\mu_0}\,\mathrm{rot}\,\boldsymbol{M}(\boldsymbol{r},t)$$

によって表すことができる．このため微分形のアンペール-マクスウェルの法則 (7.28) は物質中では

$$\mathrm{rot}\,\boldsymbol{B}(\boldsymbol{r},t) = \mu_0\left\{\boldsymbol{i}(\boldsymbol{r}) + \boldsymbol{i}_\mathrm{m}(\boldsymbol{r},t) + \varepsilon\frac{\partial \boldsymbol{E}(\boldsymbol{r},t)}{\partial t}\right\}$$

となる．ε は先ほど登場した物質の誘電率である．

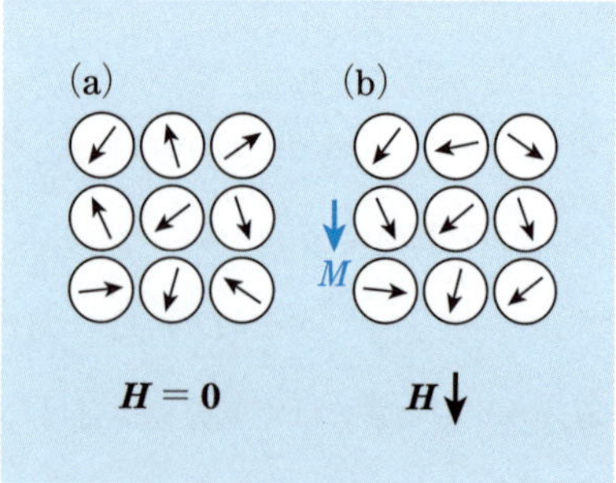

図 7.9　物質中の電子の持つ磁石の向き．(a) 磁場がないとき，(b) 磁場があるとき．

$$\mathrm{div}\,\boldsymbol{D}(\boldsymbol{r},t)=\rho(\boldsymbol{r},t) \tag{7.32a}$$

$$\mathrm{div}\,\boldsymbol{B}(\boldsymbol{r},t)=0 \tag{7.32b}$$

$$\mathrm{rot}\,\boldsymbol{E}(\boldsymbol{r},t)+\frac{\partial}{\partial t}\boldsymbol{B}(\boldsymbol{r},t)=0 \tag{7.32c}$$

$$\mathrm{rot}\,\boldsymbol{H}(\boldsymbol{r},t)-\frac{\partial \boldsymbol{D}(\boldsymbol{r},t)}{\partial t}=\boldsymbol{i}(\boldsymbol{r},t) \tag{7.32d}$$

7.5 真空中のマクスウェル方程式と電磁波

7.5.1 波動方程式

せっかく微分形のマクスウェル方程式を導いたのであるから，これの真空中での解を求めよう．真空中なので

$$\rho(\boldsymbol{r},t)=0,\quad \boldsymbol{i}(\boldsymbol{r},t)=0$$

であり，微分形のマクスウェル方程式 (7.29) は次のようになる．

$$\mathrm{div}\,\boldsymbol{E}(\boldsymbol{r},t)=0 \tag{7.33a}$$

$$\mathrm{div}\,\boldsymbol{B}(\boldsymbol{r},t)=0 \tag{7.33b}$$

$$\mathrm{rot}\,\boldsymbol{E}(\boldsymbol{r},t)+\frac{\partial \boldsymbol{B}(\boldsymbol{r},t)}{\partial t}=0 \tag{7.33c}$$

$$\mathrm{rot}\,\boldsymbol{B}(\boldsymbol{r},t)-\frac{1}{c^2}\frac{\partial \boldsymbol{E}(\boldsymbol{r},t)}{\partial t}=0 \tag{7.33d}$$

この解を求めるため，まず式 (7.33d) の rot をとると次のようになる．

この式より電束密度 $\boldsymbol{D}(\boldsymbol{r},t)$ を使って

$$\frac{1}{\mu_0}\mathrm{rot}\,\boldsymbol{B}(\boldsymbol{r},t)-\boldsymbol{i}_{\mathrm{m}}(\boldsymbol{r},t)=\mathrm{rot}\left[\frac{1}{\mu_0}\{\boldsymbol{B}(\boldsymbol{r},t)-\boldsymbol{M}(\boldsymbol{r},t)\}\right]=\boldsymbol{i}(\boldsymbol{r})+\frac{\partial \boldsymbol{D}(\boldsymbol{r},t)}{\partial t}$$

を得る．式 (7.32d) よりわかるように，この中央の式の rot がかかる量が磁場 $\boldsymbol{H}(\boldsymbol{r},t)$ なので

$$\mathrm{rot}\,\boldsymbol{H}(\boldsymbol{r},t)=\left\{\boldsymbol{i}(\boldsymbol{r})+\frac{\partial \boldsymbol{D}(\boldsymbol{r},t)}{\partial t}\right\},\quad \boldsymbol{H}(\boldsymbol{r},t)=\frac{1}{\mu_0}\{\boldsymbol{B}(\boldsymbol{r},t)-\boldsymbol{M}(\boldsymbol{r},t)\}$$

となる．多くの物質では磁化は磁場に比例し

$$\boldsymbol{M}(\boldsymbol{r},t)=\chi_{\mathrm{m}}\boldsymbol{H}(\boldsymbol{r},t)$$

となる．χ_{m} は磁化率と呼ばれる量である．これより

$$\boldsymbol{B}(\boldsymbol{r},t)=(\mu_0+\chi_{\mathrm{m}})\boldsymbol{H}(\boldsymbol{r},t)=\mu\boldsymbol{H}(\boldsymbol{r},t)$$

となる．$\mu=\mu_0+\chi_{\mathrm{m}}$ は物質の透磁率である．

物質中では ε,μ が ε_0,μ_0 に取って代わるので光速も $c=1/\sqrt{\varepsilon\mu}$ となり，真空での値から変わる．誘電率，透磁率が物質ごとに違うため光速も物質ごとに変わる．これが光の屈折の原因であることは知っている人も多いだろう．

$$\mathrm{rot}\,\mathrm{rot}\,\boldsymbol{B}(\boldsymbol{r},t) - \frac{1}{c^2}\frac{\partial}{\partial t}\mathrm{rot}\,\boldsymbol{E}(\boldsymbol{r},t) = 0 \tag{7.34}$$

左辺第 2 項で t に関する偏微分と rot の順番を入れ替えた．ここで任意のベクトル関数 $\boldsymbol{f}(\boldsymbol{r},t)$ に対して公式

$$\mathrm{rot}\,\mathrm{rot}\,\boldsymbol{f}(\boldsymbol{r},t) = \mathrm{grad}\,\mathrm{div}\,\boldsymbol{f}(\boldsymbol{r},t) - \nabla^2\boldsymbol{f}(\boldsymbol{r},t) \tag{7.35}$$

が成り立つ．証明を〔下欄〕**式 (7.35) の証明** に示す．ここで

$$\begin{aligned}\nabla^2\boldsymbol{f}(\boldsymbol{r},t) &= \left(\frac{\partial^2}{\partial x^2}+\frac{\partial^2}{\partial y^2}+\frac{\partial^2}{\partial z^2}\right)\boldsymbol{f}(\boldsymbol{r},t)\\ &= \left(\nabla^2 f_x(\boldsymbol{r},t), \nabla^2 f_y(\boldsymbol{r},t), \nabla^2 f_z(\boldsymbol{r},t)\right)\end{aligned} \tag{7.36}$$

である．これより式 (7.34) の左辺第 1 項は

$$\begin{aligned}\mathrm{rot}\,\mathrm{rot}\,\boldsymbol{B}(\boldsymbol{r},t) &= \mathrm{grad}\,\mathrm{div}\,\boldsymbol{B}(\boldsymbol{r},t) - \nabla^2\boldsymbol{B}(\boldsymbol{r},t)\\ &= -\nabla^2\boldsymbol{B}(\boldsymbol{r},t)\end{aligned} \tag{7.37}$$

となる．ここで式 (7.33b) を使った．式 (7.34) の左辺第 2 項は式 (7.33c) より

$$-\frac{1}{c^2}\frac{\partial}{\partial t}\mathrm{rot}\,\boldsymbol{E}(\boldsymbol{r},t) = \frac{1}{c^2}\frac{\partial^2}{\partial t^2}\boldsymbol{B}(\boldsymbol{r},t) \tag{7.38}$$

となる．式 (7.37), (7.38) を式 (7.34) に代入して

$$\left(\nabla^2 - \frac{1}{c^2}\frac{\partial^2}{\partial t^2}\right)\boldsymbol{B}(\boldsymbol{r},t) = 0 \tag{7.39}$$

式 (7.35) の証明

rot rot $\boldsymbol{f}(\boldsymbol{r})$ の x 成分を計算すると

$$\begin{aligned}(\mathrm{rot}\,\mathrm{rot}\,\boldsymbol{f})_x &= \frac{\partial(\mathrm{rot}\,\boldsymbol{f})_z}{\partial y} - \frac{\partial(\mathrm{rot}\,\boldsymbol{f})_y}{\partial z}\\ &= \frac{\partial}{\partial y}\left(\frac{\partial f_y}{\partial x}-\frac{\partial f_x}{\partial y}\right) - \frac{\partial}{\partial z}\left(\frac{\partial f_x}{\partial z}-\frac{\partial f_z}{\partial x}\right)\\ &= \frac{\partial}{\partial x}\left(\frac{\partial f_x}{\partial x}+\frac{\partial f_y}{\partial y}+\frac{\partial f_z}{\partial z}\right) - \left(\frac{\partial^2}{\partial x^2}+\frac{\partial^2}{\partial y^2}+\frac{\partial^2}{\partial z^2}\right)f_x\\ &= (\mathrm{grad}\,\mathrm{div}\,\boldsymbol{f})_x - \nabla^2 f_x\end{aligned}$$

となる．y, z 成分も同様の関係が成り立つことを示すことができる．よって

$$\mathrm{rot}\,\mathrm{rot}\,\boldsymbol{f}(\boldsymbol{r},t) = \mathrm{grad}\,\mathrm{div}\,\boldsymbol{f}(\boldsymbol{r},t) - \nabla^2\boldsymbol{f}(\boldsymbol{r},t)$$

を示すことができた．

を得る．この形の方程式を**波動方程式**と呼ぶ（〔下欄〕**波動方程式** 参照）．

次に式 (7.33c) の rot をとると次のようになる．

$$\mathrm{rot}\,\mathrm{rot}\,\boldsymbol{E}(\boldsymbol{r},t)+\frac{\partial}{\partial t}\mathrm{rot}\,\boldsymbol{B}(\boldsymbol{r},t)=0 \tag{7.40}$$

左辺第 2 項で t に関する偏微分と rot の順番を入れ替えた．ここでまた公式 (7.35) を使うと，式 (7.40) の左辺第 1 項は

$$\begin{aligned}\mathrm{rot}\,\mathrm{rot}\,\boldsymbol{E}(\boldsymbol{r},t)&=\mathrm{grad}\,\mathrm{div}\boldsymbol{E}(\boldsymbol{r},t)-\nabla^2\boldsymbol{E}(\boldsymbol{r},t)\\&=-\nabla^2\boldsymbol{E}(\boldsymbol{r},t)\end{aligned} \tag{7.41}$$

となる．ここで式 (7.33a) を使った．また式 (7.40) の左辺第 2 項は式 (7.33d) より

$$\frac{\partial}{\partial t}\mathrm{rot}\,\boldsymbol{B}(\boldsymbol{r},t)=\frac{1}{c^2}\frac{\partial^2}{\partial t^2}\boldsymbol{E}(\boldsymbol{r},t) \tag{7.42}$$

となる．式 (7.41), (7.42) を式 (7.40) に代入して

$$\left(\nabla^2-\frac{1}{c^2}\frac{\partial^2}{\partial t^2}\right)\boldsymbol{E}(\boldsymbol{r},t)=0 \tag{7.43}$$

を得る．電場 $\boldsymbol{E}(\boldsymbol{r},t)$ についても**波動方程式**が得られた．

波動方程式

式 (7.39), (7.43) の形の方程式

$$\left(\nabla^2-\frac{1}{c^2}\frac{\partial^2}{\partial t^2}\right)\boldsymbol{f}(\boldsymbol{r},t)=0$$

を**波動方程式**と呼ぶのは，これが様々な波の振る舞いを記述するからである．c はその波が伝わる速度を表す．その一例がこれから調べる電磁波である．

一般にはこの波動方程式は 1 次元空間でも 2 次元空間でも考えることができる．1 次元空間では $\nabla^2=\dfrac{\partial^2}{\partial x^2}$ となる．この場合の典型例は弦の振動である．このとき $\boldsymbol{f}(\boldsymbol{r},t)=\boldsymbol{f}(x,t)$ は弦の張ってある方向に垂直な変位のベクトルであり，波の速度 c は弦の密度 ρ と張力 T により $c=\sqrt{T/\rho}$ と表される．2 次元空間では $\nabla^2=\dfrac{\partial^2}{\partial x^2}+\dfrac{\partial^2}{\partial y^2}$ である．この場合の例が水面の波である．このとき波動方程式は

$$\left(\nabla^2-\frac{1}{c^2}\frac{\partial^2}{\partial t^2}\right)h(x,y,t)=0$$

となり，現れる関数は波の高さであるスカラー関数 $h(x,y,t)$ となる．このとき波の速度 c は平均の水の深さ h_0 と重力加速度 g を使って $c=\sqrt{gh_0}$ と表される．

このように波動方程式に従う関数はベクトルのこともあればスカラーのこともある．

7.5.2 電 磁 波

さていよいよ真空中のマクスウェル方程式から得た次の式

$$\mathrm{div}\,\boldsymbol{E}(\boldsymbol{r},t)=0 \tag{7.44a}$$

$$\mathrm{div}\,\boldsymbol{B}(\boldsymbol{r},t)=0 \tag{7.44b}$$

$$\left(\nabla^2-\frac{1}{c^2}\frac{\partial^2}{\partial t^2}\right)\boldsymbol{E}(\boldsymbol{r},t)=0 \tag{7.44c}$$

$$\left(\nabla^2-\frac{1}{c^2}\frac{\partial^2}{\partial t^2}\right)\boldsymbol{B}(\boldsymbol{r},t)=0 \tag{7.44d}$$

を解いていこう．

式 (7.44c) に注目し電場 $\boldsymbol{E}(\boldsymbol{r},t)$ が x と t だけの関数 $\boldsymbol{E}(\boldsymbol{r},t)=\boldsymbol{E}(x,t)$ とする．すると式 (7.44c) は

$$\left(\nabla^2-\frac{1}{c^2}\frac{\partial^2}{\partial t^2}\right)\boldsymbol{E}(\boldsymbol{r},t)=\left(\frac{\partial^2}{\partial x^2}-\frac{1}{c^2}\frac{\partial^2}{\partial t^2}\right)\boldsymbol{E}(x,t)=0 \tag{7.45}$$

となる．この方程式の解を次のようにおいてみよう．

$$\boldsymbol{E}(x,t)=\boldsymbol{E}_0\sin(k_x x-\omega t) \tag{7.46}$$

ここで，$\boldsymbol{E}_0=(E_{0x},E_{0y},E_{0z})$ はある方向を向いた定ベクトルである．これを式 (7.45) に代入すると

$$\left(\frac{\partial^2}{\partial x^2}-\frac{1}{c^2}\frac{\partial^2}{\partial t^2}\right)\boldsymbol{E}(x,t)=\left(\frac{\partial^2}{\partial x^2}-\frac{1}{c^2}\frac{\partial^2}{\partial t^2}\right)\boldsymbol{E}_0\sin(k_x x-\omega t)$$

1 次元波動方程式の解の一般的な形

実は 1 次元の**波動方程式** (7.45) は式 (7.46) の形の解以外にも，一般に x および t を $x\mp ct$ の形で含む任意の関数 $\boldsymbol{f}(x\mp ct)$ を解として持つ．$u=x\mp ct$ とおくと

$$\frac{\partial\boldsymbol{f}(u)}{\partial x}=\frac{d\boldsymbol{f}(u)}{du}\frac{\partial u}{\partial x}=\frac{d\boldsymbol{f}(u)}{du}$$

$$\frac{\partial\boldsymbol{f}(u)}{\partial t}=\frac{d\boldsymbol{f}(u)}{du}\frac{\partial u}{\partial t}=\mp c\frac{d\boldsymbol{f}(u)}{du}$$

と表されるので

$$\left(\frac{\partial^2}{\partial x^2}-\frac{1}{c^2}\frac{\partial^2}{\partial t^2}\right)\boldsymbol{f}(u)=\left\{1-(\mp c)^2\frac{1}{c^2}\right\}\frac{d^2\boldsymbol{f}(u)}{du^2}=0$$

となるからである．式 (7.47) から $k_x x-\omega t=k_x(x-ct)$ となるので，式 (7.46) の形の解は $\boldsymbol{f}(x-ct)$ の形であることがわかる．式 (7.47) の代わりに $\omega=-ck_x$ を選べば $k_x x-\omega t=k_x(x+ct)$ となるので $\boldsymbol{f}(x+ct)$ の形となる．したがって式 (7.46) の形の解は一般的な形の解 $\boldsymbol{f}(x\mp ct)$ のうちの一部といえる．しかしフーリエ展開というものを使えばどんな関数 $\boldsymbol{f}(x\mp ct)$ もいろいろな $\omega=\pm ck_x$ を持った式 (7.46) のような形の三角関数の和で表される．

$$= -\boldsymbol{E}_0\left(k_x^2 - \frac{1}{c^2}\omega^2\right)\sin(k_x x - \omega t) = 0$$

となる．この式は $\omega = \pm ck_x$ なら満たされるが，ここで符号は + の方を選ぶことにする．

$$\omega = ck_x \tag{7.47}$$

ω と k_x がこの関係を満たせば，式 (7.46) は確かに式 (7.45) の解である（〔下欄〕**1 次元波動方程式の解の一般的な形** 参照）．$\boldsymbol{E}(\boldsymbol{r}, t)$ は式 (7.44a) も満たさなければならない．いま，$\boldsymbol{E}(\boldsymbol{r}, t) = \boldsymbol{E}(x, t)$ だから，式 (7.44a) は

$$\begin{aligned}\mathrm{div}\,\boldsymbol{E}(\boldsymbol{r}, t) &= \left(E_{0x}\frac{\partial}{\partial x} + E_{0y}\frac{\partial}{\partial y} + E_{0z}\frac{\partial}{\partial z}\right)\sin(k_x x - \omega t)\\ &= E_{0x}\frac{\partial}{\partial x}\sin(k_x x - \omega t) = E_{0x}k_x\cos(k_x x - \omega t) = 0\end{aligned}$$

となる．これが任意の x と t について成り立たなければならない．そのためには $E_{0x}k_x = 0$ となればよい．$\boldsymbol{k} = (k_x, 0, 0)$ とすると

$$\boldsymbol{k}\cdot\boldsymbol{E}_0 = 0$$

が成り立てばよい．

式 (7.46) は x 方向に波長 $2\pi/k_x$，角振動数 ω で進行する電場の波を表している．電場の方向 $\boldsymbol{E}_0$ は $\boldsymbol{k}\cdot\boldsymbol{E}_0 = 0$ より，(波の進む方向 // $\boldsymbol{k}$の方向) と直交している．このような波を**横波**という．波の伝わる速度は $\omega/k_x = c$ である．ここで k_x を**波数**（はすう）と呼ぶ．

式 (7.46) の形の解は $x = t = 0$ で $\boldsymbol{E}(x, t) = 0$ という境界条件を選んだことに対応する．同じ境界条件を使うと，1 次元波動方程式の任意の解 $\boldsymbol{f}(x \mp ct)$ はフーリエ展開によって

$$\boldsymbol{f}(x \mp ct) = \sum_{k_x}\boldsymbol{f}_{k_x}\sin\left[k_x(x \mp ct)\right]$$

と表すことができる．ここで $\boldsymbol{f}_{k_x}$ は k_x の関数である．つまり式 (7.46) の形の解は（$x = t = 0$ で $\boldsymbol{f}(x, t) = 0$ という境界条件のもとで）その和でどんな形の解も作れ，かつ角振動数 ω，波数 k_x が決まっている基本的な解なのである．

一般の境界条件では式 (7.46) の代わりに

$$\boldsymbol{E}(x, t) = \boldsymbol{E}^{\mathrm{s}}_{k_x}\sin\left[k_x(x - ct)\right] + \boldsymbol{E}^{\mathrm{c}}_{k_x}\cos\left[k_x(x - ct)\right]$$

となる．一般の境界条件の下での 1 次元波動方程式の任意の解 $\boldsymbol{f}(x \mp ct)$ は

$$\boldsymbol{f}(x \mp ct) = \sum_{k_x}\left\{\boldsymbol{f}^{\mathrm{s}}_{k_x}\sin\left[k_x(x \mp ct)\right] + \boldsymbol{f}^{\mathrm{c}}_{k_x}\cos\left[k_x(x \mp ct)\right]\right\}$$

と表される．

ここまで電場 $\boldsymbol{E}(\boldsymbol{r},t)$ が x と t だけの関数 $\boldsymbol{E}(\boldsymbol{r},t)=\boldsymbol{E}(x,t)$ と仮定してきた．$\boldsymbol{E}(\boldsymbol{r},t)$ が一般の場合，つまり x,y,z,t の関数の場合は,〔下欄〕**一般の場合の $\boldsymbol{E}(\boldsymbol{r},t)$** に示すように，上の結果を拡張し $\boldsymbol{k}=(k_x,k_y,k_z)$ として，次のように解は求まる．

$$\boldsymbol{E}(\boldsymbol{r},t)=\boldsymbol{E}_0\sin(\boldsymbol{k}\cdot\boldsymbol{r}-\omega t) \tag{7.48a}$$

$$\omega=ck \tag{7.48b}$$

$$\boldsymbol{k}\cdot\boldsymbol{E}_0=0 \tag{7.48c}$$

式 (7.48) は $\boldsymbol{k}$ 方向に波長 $2\pi/k$，角振動数 ω で進行する電場の波を表している．電場の方向は $\boldsymbol{k}\cdot\boldsymbol{E}_0=0$ より，(波の進む方向 // $\boldsymbol{k}$ の方向) と直交している．このように，電場の波は一般的に**横波**である．波の伝わる速度は $\omega/k=c$ である．ここで $\boldsymbol{k}$ を**波数ベクトル**と呼ぶ．

同様に式 (7.44b), (7.44d) は

$$\boldsymbol{B}(\boldsymbol{r},t)=\boldsymbol{B}_0\sin\left(\boldsymbol{k}'\cdot\boldsymbol{r}-\omega' t\right) \tag{7.49a}$$

$$\omega'=ck' \tag{7.49b}$$

$$\boldsymbol{k}'\cdot\boldsymbol{B}_0=0 \tag{7.49c}$$

を解として持つことが示される．式 (7.49) は $\boldsymbol{k}'$ 方向に波長 $2\pi/k'$，角振動数 ω' で進行する磁場の波を表している．磁場も $\boldsymbol{k}'\cdot\boldsymbol{B}_0=0$ より波の進む方向と直交しており，磁場の波も一般的に横波であり，その伝わる速度は $\omega'/k'=c$ であることがわかる．

一般の場合の $\boldsymbol{E}(\boldsymbol{r},t)$

$\boldsymbol{E}(\boldsymbol{r},t)$ が一般の場合，つまり x,y,z,t の関数の場合の真空中のマクスウェル方程式 (7.44) の解を探す．$\boldsymbol{k}=(k_x,k_y,k_z)$ として

$$\boldsymbol{E}(\boldsymbol{r},t)=\boldsymbol{E}_0\sin(\boldsymbol{k}\cdot\boldsymbol{r}-\omega t) \qquad \cdots(7.48\mathrm{a})$$

とおいて，これを式 (7.44c) に代入する．$\nabla^2=\frac{\partial^2}{\partial x^2}+\frac{\partial^2}{\partial y^2}+\frac{\partial^2}{\partial z^2}$ なので，まず x についての 2 階微分を計算すると

$$\frac{\partial^2}{\partial x^2}\boldsymbol{E}_0\sin(\boldsymbol{k}\cdot\boldsymbol{r}-\omega t)=\frac{\partial^2}{\partial x^2}\boldsymbol{E}_0\sin(k_x x+k_y y+k_z z-\omega t)=-k_x^2\boldsymbol{E}_0\sin(\boldsymbol{k}\cdot\boldsymbol{r}-\omega t)$$

となるので

$$\nabla^2\boldsymbol{E}_0\sin(\boldsymbol{k}\cdot\boldsymbol{r}-\omega t)=-\left(k_x^2+k_y^2+k_z^2\right)\boldsymbol{E}_0\sin(\boldsymbol{k}\cdot\boldsymbol{r}-\omega t)=-k^2\boldsymbol{E}_0\sin(\boldsymbol{k}\cdot\boldsymbol{r}-\omega t)$$

を得る．ここで $k=|\boldsymbol{k}|$ である．これより

$$\begin{aligned}\left(\nabla^2-\frac{1}{c^2}\frac{\partial^2}{\partial t^2}\right)\boldsymbol{E}(\boldsymbol{r},t)&=\left(\nabla^2-\frac{1}{c^2}\frac{\partial^2}{\partial t^2}\right)\boldsymbol{E}_0\sin(\boldsymbol{k}\cdot\boldsymbol{r}-\omega t)\\&=\left(k^2-\frac{1}{c^2}\omega^2\right)\boldsymbol{E}_0\sin(\boldsymbol{k}\cdot\boldsymbol{r}-\omega t)=0\end{aligned}$$

ここまでは式 (7.44) に注目し，その解を求めた．そして電場および磁場は速度 c で伝わる横波を解として持つことがわかった．ここまでの段階では，電場の解と磁場の解は一見，独立である．しかし，もともとの真空中のマクスウェル方程式 (7.33) では，式 (7.33c), (7.33d) を通じて電場と磁場は関係があった．いままで求めた電場の解 (7.48) と磁場の解 (7.49) を式 (7.33c) に代入してみよう．すると

$$\begin{aligned}\mathrm{rot}\,\boldsymbol{E}(\boldsymbol{r},t)+\frac{\partial}{\partial t}\boldsymbol{B}(\boldsymbol{r},t)&=\mathrm{rot}\,\boldsymbol{E}_0\sin\left(\boldsymbol{k}\cdot\boldsymbol{r}-\omega t\right)+\frac{\partial}{\partial t}\boldsymbol{B}_0\sin\left(\boldsymbol{k}'\cdot\boldsymbol{r}-\omega' t\right)\\&=0\end{aligned}\tag{7.50}$$

となる．ここで $\mathrm{rot}\,\boldsymbol{E}(\boldsymbol{r},t)$ の x 成分に注目すると

$$\begin{aligned}\left[\mathrm{rot}\,\boldsymbol{E}(\boldsymbol{r},t)\right]_x&=\frac{\partial}{\partial y}E_z(\boldsymbol{r},t)-\frac{\partial}{\partial z}E_y(\boldsymbol{r},t)\\&=\left(E_{0z}\frac{\partial}{\partial y}-E_{0y}\frac{\partial}{\partial z}\right)\sin\left(k_x x+k_y y+k_z z-\omega t\right)\\&=\left(E_{0z}k_y-E_{0y}k_z\right)\cos\left(k_x x+k_y y+k_z z-\omega t\right)\\&=\left(\boldsymbol{k}\times\boldsymbol{E}_0\right)_x\cos\left(\boldsymbol{k}\cdot\boldsymbol{r}-\omega t\right)\end{aligned}$$

となる．これより

$$\mathrm{rot}\,\boldsymbol{E}(\boldsymbol{r},t)=\boldsymbol{k}\times\boldsymbol{E}_0\cos\left(\boldsymbol{k}\cdot\boldsymbol{r}-\omega t\right)$$

となることがわかる．したがって式 (7.50) は

となる．この式は $\omega=\pm ck$ が成り立てば満たされるが，ここではまた符号は $+$ の方を選ぶことにする．

$$\omega=ck$$

次に，式 (7.48a) を式 (7.44a) に代入してみよう．

$$\begin{aligned}\mathrm{div}\,\boldsymbol{E}(\boldsymbol{r},t)&=\left(E_{0x}\frac{\partial}{\partial x}+E_{0y}\frac{\partial}{\partial y}+E_{0z}\frac{\partial}{\partial z}\right)\sin\left(\boldsymbol{k}\cdot\boldsymbol{r}-\omega t\right)\\&=\left(E_{0x}k_x+E_{0y}k_y+E_{0z}k_z\right)\cos\left(\boldsymbol{k}\cdot\boldsymbol{r}-\omega t\right)\\&=\boldsymbol{k}\cdot\boldsymbol{E}_0\cos\left(\boldsymbol{k}\cdot\boldsymbol{r}-\omega t\right)\\&=0\end{aligned}$$

を得る．

これが任意の $\boldsymbol{r}$ と t について成り立つためには次の関係が成り立たねばならない．

$$\boldsymbol{k}\cdot\boldsymbol{E}_0=0$$

よって式 (7.48) が式 (7.44) の解であることが示された．

$$\boldsymbol{k} \times \boldsymbol{E}_0 \cos(\boldsymbol{k} \cdot \boldsymbol{r} - \omega t) - \omega' \boldsymbol{B}_0 \cos\left(\boldsymbol{k}' \cdot \boldsymbol{r} - \omega' t\right) = 0$$

となる．この式が任意の $\boldsymbol{r}$ と t で成り立つためには

$$\boldsymbol{k} = \boldsymbol{k}', \quad \omega = \omega'$$
$$\boldsymbol{k} \times \boldsymbol{E}_0 = \omega \boldsymbol{B}_0 \tag{7.51}$$

でなければならない．一般にベクトルの外積 $\boldsymbol{A} \times \boldsymbol{B}$ は $\boldsymbol{A}, \boldsymbol{B}$ と直交している．したがって，$\boldsymbol{B}_0$ は $\boldsymbol{k}$ および $\boldsymbol{E}_0$ と直交していることになる．また，$\boldsymbol{k} = \boldsymbol{k}'$ と $\boldsymbol{E}_0$ および $\boldsymbol{B}_0$ の方向は直交していたから，結局 $\boldsymbol{k}, \boldsymbol{E}_0, \boldsymbol{B}_0$ の 3 つのベクトルはお互いに直交していることなる．

同様に式 (7.48), (7.49) を式 (7.33d) に代入すると次の式を得る．

$$\boldsymbol{k} \times \boldsymbol{B}_0 \cos(\boldsymbol{k} \cdot \boldsymbol{r} - \omega t) + \frac{1}{c^2} \omega \boldsymbol{E}_0 \cos(\boldsymbol{k} \cdot \boldsymbol{r} - \omega t) = 0$$

この式が任意の $\boldsymbol{r}$ と t で成り立つためには

$$\boldsymbol{k} \times \boldsymbol{B}_0 = -\frac{1}{c^2} \omega \boldsymbol{E}_0 \tag{7.52}$$

でなければならない．ここで公式（章末問題 7.2 参照）

$$\boldsymbol{A} \times (\boldsymbol{B} \times \boldsymbol{C}) = \boldsymbol{B}(\boldsymbol{A} \cdot \boldsymbol{C}) - \boldsymbol{C}(\boldsymbol{A} \cdot \boldsymbol{B}) \tag{7.53}$$

を使い，$\boldsymbol{k}$ と $\boldsymbol{E}_0$ が直交していることに注意して式 (7.51) から $\boldsymbol{k} \times \boldsymbol{B}_0$ を計算すると

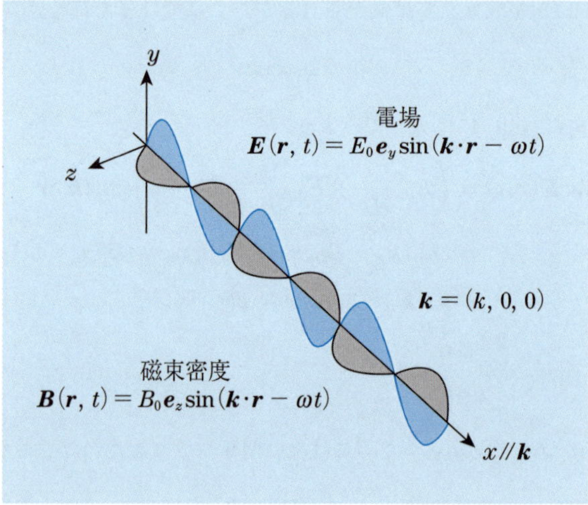

図 7.10　x 方向に伝わる電磁波．伝わる方向と電場，磁場の 3 つの方向はお互いに直交する．ここでは $\boldsymbol{e}_y, \boldsymbol{e}_z$ はそれぞれ y, z 方向の単位ベクトルであり $\boldsymbol{k}, \boldsymbol{E}_0, \boldsymbol{B}_0$ を x, y, z 方向にとった．

$$\boldsymbol{k}\times\boldsymbol{B}_0=\frac{1}{\omega}\boldsymbol{k}\times(\boldsymbol{k}\times\boldsymbol{E}_0)=\frac{1}{\omega}\{\boldsymbol{k}(\boldsymbol{k}\cdot\boldsymbol{E}_0)-\boldsymbol{E}_0(\boldsymbol{k}\cdot\boldsymbol{k})\}$$
$$=-\frac{k^2}{\omega}\boldsymbol{E}_0=-\frac{1}{c^2}\omega\boldsymbol{E}_0$$

となり，式 (7.52) は満たされていることがわかる．

これらより真空中の電磁場の解として

$$\boldsymbol{E}(\boldsymbol{r},t)=\boldsymbol{E}_0\sin(\boldsymbol{k}\cdot\boldsymbol{r}-\omega t) \quad (7.54)$$

$$\boldsymbol{B}(\boldsymbol{r},t)=\boldsymbol{B}_0\sin(\boldsymbol{k}\cdot\boldsymbol{r}-\omega t) \quad (7.55)$$

$$\boldsymbol{k}\times\boldsymbol{E}_0=\omega\boldsymbol{B}_0 \quad (7.56)$$

$$\omega=ck \quad (7.57)$$

があることがわかった．図 7.10 にこの解の様子を示す．これは速度 c を持つ横波で，電場と磁場の方向も直交している．この解は**電磁波**の一種であり，各瞬間では $\boldsymbol{k}$ に直交する平面内では電場，磁場とも一定なので**平面波**と呼ばれる．

光も電磁波の一種である．しかし，そのことがわかるまで長い間の論争があった．しかしマクスウェルがマクスウェル方程式を打ち立て，その解として電磁波があることを示しその伝わる速さを求めたところ，それは知られていた光の速さと一致した．これによって光が電磁波であることがはっきりしたのである．

電磁波はその波長 $\lambda=2\pi/k$，周波数（振動数）$f=\omega/(2\pi)$ によって名

表 7.1　電磁波の種類とそれぞれのおおよその波長領域，周波数領域．

名称	波長領域 [m]	振動数領域 [s^{-1}]
電波	10^{-4} 以上	10^{12} 以下
赤外線	$10^{-4}\sim10^{-6}$	$10^{12}\sim10^{14}$
可視光線	$10^{-6}\sim10^{-7}$	$10^{14}\sim10^{15}$
紫外線	$10^{-7}\sim10^{-9}$	$10^{15}\sim10^{17}$
X 線	$10^{-9}\sim10^{-11}$	$10^{17}\sim10^{19}$
γ 線	10^{-11} 以下	10^{19} 以上

表 7.2　可視光線の各色の波長領域と周波数領域．正確には個人差がある．

色	波長領域 [10^{-7}m]	振動数領域 [$10^{14}s^{-1}$]
赤	$7.7\sim6.4$	$3.9\sim4.7$
橙	$6.4\sim5.9$	$4.7\sim5.1$
黄	$5.9\sim5.5$	$5.1\sim5.5$
緑	$5.5\sim4.9$	$5.5\sim6.1$
青	$4.9\sim4.3$	$6.1\sim7.0$
紫	$4.3\sim3.8$	$7.0\sim7.9$

称，性質が変わる．表 7.1（前頁）に電磁波の名称とそれぞれのおおよその波長領域，周波数領域を示す．地上波デジタルテレビに用いられるのは周波数 $5.0 \times 10^8 \sim 8.0 \times 10^8\,\mathrm{Hz} = 500 \sim 800\,\mathrm{MHz}$ 程度，携帯電話に用いられるのは $2.0 \times 10^9\,\mathrm{Hz} = 2.0\,\mathrm{GHz}$ 程度の電波である．ここで $\mathrm{Hz} = \mathrm{s}^{-1}$ はヘルツと呼び，よく用いられる周波数の単位である．電子レンジは電磁波によって食品などを加熱する器具であるが，これが用いる電磁波の周波数は $2.45 \times 10^9\,\mathrm{Hz} = 2.45\,\mathrm{GHz}$ で携帯電話の電磁波の周波数に近い．可視光線は $4 \times 10^{14} \sim 8 \times 10^{14}\,\mathrm{s}^{-1} = 400 \sim 800\,\mathrm{THz}$ 程度の周波数であるが，表 7.2（前頁）に示すようにその波長，周波数によって色が異なる．宇宙から飛んでくる γ 線の中にはその周波数が $10^{26}\,\mathrm{Hz}$ に達するものもある．

7.6 章末問題

7.1 図 7.11 のように 2 枚の半径 a の導体円板からなる平行板コンデンサーがある．2 枚の導体円板の電荷が $\pm Q(t)$ と時間変化するとき，円板間に発生する磁束密度を求めよ．端の効果は無視できるものとする．

7.2 公式 (7.53)

$$\boldsymbol{A} \times (\boldsymbol{B} \times \boldsymbol{C}) = \boldsymbol{B}(\boldsymbol{A} \cdot \boldsymbol{C}) - \boldsymbol{C}(\boldsymbol{A} \cdot \boldsymbol{B})$$

を証明せよ．

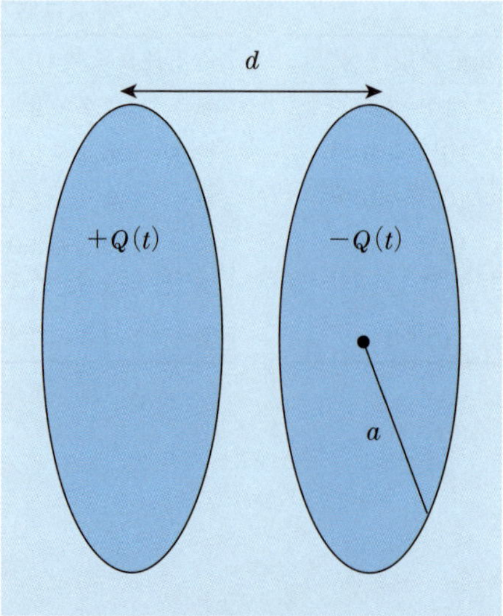

図 7.11　間隔 d で置かれた 2 枚の半径 a の導体円板からなる平行板コンデンサー．

8

電磁ポテンシャルと電磁波の放射

第3章で静電場が静電ポテンシャルで表されることを学んだ．この章では静磁場に対してもポテンシャルを導入する．そしてこれらを拡張し時間に依存した電磁場とマクスウェル方程式をポテンシャル（電磁ポテンシャル）で表す．その結果を利用し荷電粒子の運動による電磁波の放射を学んでいく．

本章の内容

電磁ポテンシャルとマクスウェル方程式
電磁波の放射
章末問題

8.1 電磁ポテンシャルとマクスウェル方程式

8.1.1 時間に依存しないマクスウェル方程式と電磁ポテンシャル

7.4 節で微分形のマクスウェル方程式 (7.29) を導いた (〔下欄〕**微分形のマクスウェル方程式とよく使う公式** 参照). それからわかるように電荷分布 $\rho(\boldsymbol{r},t)$ および電流分布 $\boldsymbol{i}(\boldsymbol{r},t)$ が時間に依存しない場合，つまり $\rho(\boldsymbol{r},t)=\rho(\boldsymbol{r})$, $\boldsymbol{i}(\boldsymbol{r},t)=\boldsymbol{i}(\boldsymbol{r})$ の場合，電場および磁束密度も時間に依存せず静電場 $\boldsymbol{E}(\boldsymbol{r},t)=\boldsymbol{E}(\boldsymbol{r})$，静磁場 $\boldsymbol{B}(\boldsymbol{r},t)=\boldsymbol{B}(\boldsymbol{r})$ となる†. このときマクスウェル方程式は時間に依存しなくなり

$$\mathrm{div}\,\boldsymbol{E}(\boldsymbol{r})=\frac{1}{\varepsilon_0}\rho(\boldsymbol{r}) \qquad \text{(電場のガウスの法則)} \quad (8.1a)$$

$$\mathrm{div}\,\boldsymbol{B}(\boldsymbol{r})=0 \qquad \text{(磁場のガウスの法則)} \quad (8.1b)$$

$$\mathrm{rot}\,\boldsymbol{E}(\boldsymbol{r})=0 \qquad \text{(時間に依存しないファラデーの法則)} \quad (8.1c)$$

$$\mathrm{rot}\,\boldsymbol{B}(\boldsymbol{r})=\mu_0\boldsymbol{i}(\boldsymbol{r}) \qquad \text{(アンペールの法則)} \quad (8.1d)$$

となる.

3.3 節，式 (3.18) (p.65) で示したように静電場は静電ポテンシャル $\phi(\boldsymbol{r})$ を用いて表すことができた.

† 正確にいえば，静磁束密度というべきであろうが慣例に従って静磁場と呼ぶことにする.

微分形のマクスウェル方程式とよく使う公式

もう一度，微分形のマクスウェル方程式を記しておく.

$$\mathrm{div}\,\boldsymbol{E}(\boldsymbol{r},t)=\frac{1}{\varepsilon_0}\rho(\boldsymbol{r},t) \qquad \cdots(7.29a)$$

$$\mathrm{div}\,\boldsymbol{B}(\boldsymbol{r},t)=0 \qquad \cdots(7.29b)$$

$$\mathrm{rot}\,\boldsymbol{E}(\boldsymbol{r},t)+\frac{\partial\boldsymbol{B}(\boldsymbol{r},t)}{\partial t}=0 \qquad \cdots(7.29c)$$

$$\mathrm{rot}\,\boldsymbol{B}(\boldsymbol{r},t)-\frac{1}{c^2}\frac{\partial\boldsymbol{E}(\boldsymbol{r},t)}{\partial t}=\mu_0\boldsymbol{i}(\boldsymbol{r},t) \qquad \cdots(7.29d)$$

この章でしばしば使う公式は以下のものである.

$$\mathrm{rot}\,\mathrm{rot}\,\boldsymbol{f}(\boldsymbol{r},t)=\mathrm{grad}\,\mathrm{div}\,\boldsymbol{f}(\boldsymbol{r},t)-\nabla^2\boldsymbol{f}(\boldsymbol{r},t) \quad \cdots\ (7.35)$$

$$\mathrm{rot}\,\mathrm{grad}\,f(\boldsymbol{r})=\nabla\times\nabla f(\boldsymbol{r})=0 \qquad (8.2)$$

$$\mathrm{div}\,\mathrm{rot}\,\boldsymbol{f}(\boldsymbol{r})=\nabla\cdot\nabla\times\boldsymbol{f}(\boldsymbol{r})=0 \qquad (8.3)$$

$$\boldsymbol{A}\times(\boldsymbol{B}\times\boldsymbol{C})=\boldsymbol{B}(\boldsymbol{A}\cdot\boldsymbol{C})-\boldsymbol{C}(\boldsymbol{A}\cdot\boldsymbol{B}) \qquad \cdots\ (7.53)$$

$$\frac{\partial r^n}{\partial x}=nr^{n-2}x \qquad (8.4)$$

公式 (8.2), (8.3) はこの章で証明する. 式 (8.4) については章末問題 8.1 を参照されたい.

$$\boldsymbol{E}(\boldsymbol{r}) = -\nabla\phi(\boldsymbol{r}) = -\mathrm{grad}\,\phi(\boldsymbol{r}) \tag{8.5}$$

これを時間に依存しないマクスウェル方程式のうちガウスの法則 (8.1a) に代入し，$\mathrm{div}\,\mathrm{grad} = \nabla^2$ と表されることをつかうと

$$\nabla^2\phi(\boldsymbol{r}) = -\frac{1}{\varepsilon_0}\rho(\boldsymbol{r}) \tag{8.6}$$

を得る．

$$\nabla^2 = \left(\frac{\partial^2}{\partial x^2} + \frac{\partial^2}{\partial y^2} + \frac{\partial^2}{\partial z^2}\right) \tag{8.7}$$

である．式 (8.6) の形の方程式を**ポアソン**（Poisson）**方程式**と呼ぶ．特に電荷がない真空中では電荷密度 $\rho(\boldsymbol{r}) = 0$ で

$$\nabla^2\phi(\boldsymbol{r}) = 0 \tag{8.8}$$

となる．この形の方程式を**ラプラス**（Laplace）**方程式**と呼ぶ．ポアソン方程式，ラプラス方程式ともにさまざまな舞台で登場する．

静電場を静電ポテンシャルで表すことの利点の 1 つは，そうすると時間に依存しないファラデーの法則 (8.1c) を自動的に満たすことである．一般にあるスカラー関数 $f(\boldsymbol{r})$ に対して公式

$$\mathrm{rot}\,\mathrm{grad}\,f(\boldsymbol{r}) = \nabla\times\nabla f(\boldsymbol{r}) = 0 \qquad \cdots(8.2)$$

が成り立つ．証明を〔下欄〕rot grad $f(\boldsymbol{r}) = 0$ **の証明** に示す．したがって

$$\mathrm{rot}\,\boldsymbol{E}(\boldsymbol{r}) = -\mathrm{rot}\,\mathrm{grad}\,\phi(\boldsymbol{r}) = 0$$

rot grad $f(\boldsymbol{r}) = 0$ の証明

rot grad $f(\boldsymbol{r})$ の x 成分を計算する．

$$\begin{aligned}(\mathrm{rot}\,\mathrm{grad}\,f)_x &= \frac{\partial\,(\mathrm{grad}\,f)_z}{\partial y} - \frac{\partial\,(\mathrm{grad}\,f)_y}{\partial z}\\ &= \frac{\partial^2}{\partial y\,\partial z}f - \frac{\partial^2}{\partial z\,\partial y}f\\ &= 0\end{aligned}$$

y, z 成分も同様に消えることを示すことができる．よって

$$\mathrm{rot}\,\mathrm{grad}\,f(\boldsymbol{r}) = \nabla\times\nabla f(\boldsymbol{r}) = 0$$

となり，式 (8.1c) は常に満足される．

静磁場 $\boldsymbol{B}(\boldsymbol{t})$ もポテンシャルを使って表すことができる．ただしそのとき登場するポテンシャルはベクトル関数であり，**ベクトルポテンシャル**と呼ばれる．

$$\boldsymbol{B}(\boldsymbol{t}) = \mathrm{rot}\,\boldsymbol{A}(\boldsymbol{r}) \tag{8.9}$$

ここで $\boldsymbol{A}(\boldsymbol{r})$ がベクトルポテンシャルである．これに対して $\phi(\boldsymbol{r})$ は**スカラーポテンシャル**と呼ばれる．ベクトルポテンシャルとスカラーポテンシャルをあわせて**電磁ポテンシャル**という．

静磁場をベクトルポテンシャルで表すことの利点の 1 つは，そうすると時間に依存しないマクスウェル方程式のうち磁場のガウスの法則 (8.1b) を自動的に満たすことである．一般にあるベクトル関数 $\boldsymbol{f}(\boldsymbol{r})$ に対して公式

$$\mathrm{div}\,\mathrm{rot}\,\boldsymbol{f}(\boldsymbol{r}) = \nabla\cdot\nabla\times\boldsymbol{f}(\boldsymbol{r}) = 0 \qquad \cdots(8.3)$$

が成り立つことを示すことができる．証明を〔下欄〕**div rot $\boldsymbol{f}(\boldsymbol{r}) = 0$ の証明** に示す．したがって

$$\mathrm{div}\,\boldsymbol{B}(\boldsymbol{r}) = -\mathrm{div}\,\mathrm{rot}\,\boldsymbol{A}(\boldsymbol{r}) = 0$$

となり，式 (8.1b) は常に満足される．

式 (8.9) を時間に依存しないマクスウェル方程式のうちアンペールの法則 (8.1d) に代入すると

$$\mathrm{rot}\,\boldsymbol{B}(\boldsymbol{r}) = \mathrm{rot}\,\mathrm{rot}\,\boldsymbol{A}(\boldsymbol{r}) = (\mathrm{grad}\,\mathrm{div} - \nabla^2)\boldsymbol{A}(\boldsymbol{r}) = \mu_0\boldsymbol{i}(\boldsymbol{r}) \tag{8.10}$$

div rot $\boldsymbol{f}(\boldsymbol{r}) = 0$ の証明

div rot $\boldsymbol{f}(\boldsymbol{r})$ を計算する．

$$\begin{aligned}\mathrm{div}\,\mathrm{rot}\,\boldsymbol{f} &= \frac{\partial(\mathrm{rot}\,\boldsymbol{f})_x}{\partial x} + \frac{\partial(\mathrm{rot}\,\boldsymbol{f})_y}{\partial y} + \frac{\partial(\mathrm{rot}\,\boldsymbol{f})_z}{\partial z}\\ &= \frac{\partial}{\partial x}\left(\frac{\partial f_z}{\partial y} - \frac{\partial f_y}{\partial z}\right) + \frac{\partial}{\partial y}\left(\frac{\partial f_x}{\partial z} - \frac{\partial f_z}{\partial x}\right) + \frac{\partial}{\partial z}\left(\frac{\partial f_y}{\partial x} - \frac{\partial f_x}{\partial y}\right)\\ &= \frac{\partial^2 f_z}{\partial x\partial y} - \frac{\partial^2 f_y}{\partial x\partial z} + \frac{\partial^2 f_x}{\partial y\partial z} - \frac{\partial^2 f_z}{\partial y\partial x} + \frac{\partial^2 f_y}{\partial z\partial x} - \frac{\partial^2 f_x}{\partial z\partial y}\end{aligned}$$

となるが，偏微分の順番は入れ替えることができるので

$$\frac{\partial^2 f_z}{\partial x\partial y} = \frac{\partial^2 f_z}{\partial y\partial x}$$

などが成り立ち，上の式は 0 となる．

を得る．ここで公式 (7.35) を使った．8.1.2 項で示すが

$$\operatorname{div} \boldsymbol{A}(\boldsymbol{r}) = 0 \tag{8.11}$$

を満たすように $\boldsymbol{A}(\boldsymbol{r})$ を選ぶことができる．そのように選んだ $\boldsymbol{A}(\boldsymbol{r})$ を用いれば時間に依存しないアンペール-マクスウェルの法則 (8.1d) は

$$\nabla^2 \boldsymbol{A}(\boldsymbol{r}) = -\mu_0 \boldsymbol{i}(\boldsymbol{r}) \tag{8.12}$$

と表される．この式は静電ポテンシャル $\phi(\boldsymbol{r})$ の満たすポアソン方程式 (8.6) と同じ形をしている．

さて電荷密度 $\rho(\boldsymbol{r})$ に対して静電ポテンシャルは式 (3.21) (p.69) で与えられた．

$$\phi(\boldsymbol{r}) = \frac{1}{4\pi\varepsilon_0} \int_{\mathrm{V}} \frac{\rho(\boldsymbol{r}')}{|\boldsymbol{r} - \boldsymbol{r}'|} dV' \tag{8.13a}$$

よって，この式はポアソンの方程式 (8.6) の解になっている．この式の条件は $|\boldsymbol{r}| \to \infty$ で $\phi(\boldsymbol{r}) \to 0$ となることである．この条件は電荷密度 $\rho(\boldsymbol{r})$ がある有限の領域内でのみ存在することと同じである．式 (8.13a) より式 (8.12) の解が次の形で与えられることがわかるだろう（〔下欄〕**式 (8.13b) の導出** 参照）．

$$\boldsymbol{A}(\boldsymbol{r}) = \frac{\mu_0}{4\pi} \int_{\mathrm{V}} \frac{\boldsymbol{i}(\boldsymbol{r}')}{|\boldsymbol{r} - \boldsymbol{r}'|} dV' \tag{8.13b}$$

この式の条件も $|\boldsymbol{r}| \to \infty$ で $|\boldsymbol{A}(\boldsymbol{r})| \to 0$ となることである．この条件は電荷密度 $\boldsymbol{i}(\boldsymbol{r})$ がある有限の領域内でのみ存在することと同じである．

ここではまず静電場，静磁場に対して電磁ポテンシャルを導入した．これ

式 (8.13b) の導出

式 (8.12) にはベクトル関数 $\boldsymbol{A}(\boldsymbol{r})$ と $\boldsymbol{i}(\boldsymbol{r})$ が登場する．しかしこの式を成分ごとに表せば

$$\nabla^2 A_x(\boldsymbol{r}) = -\mu_0 i_x(\boldsymbol{r})$$
$$\nabla^2 A_y(\boldsymbol{r}) = -\mu_0 i_y(\boldsymbol{r})$$
$$\nabla^2 A_z(\boldsymbol{r}) = -\mu_0 i_z(\boldsymbol{r})$$

となり，式 (8.6) と同じ形をしている．式 (8.6) の解が式 (8.13a) である．したがって上の $\boldsymbol{A}(\boldsymbol{r})$, $\boldsymbol{i}(\boldsymbol{r})$ のそれぞれの成分の式の解は式 (8.13a) と同様の形で表される．例えば x 成分は

$$A_x(\boldsymbol{r}) = \frac{\mu_0}{4\pi} \int_{\mathrm{V}} \frac{i_x(\boldsymbol{r}')}{|\boldsymbol{r} - \boldsymbol{r}'|} dV'$$

となる．これを再びベクトルの形にまとめれば式 (8.13b) となる．

は電場，磁場が時間変化する場合にも用いることができる．ただし次項でみるように，それらと電場，磁場の関係はちょっと拡張が必要となる．

8.1.2 一般の場合のマクスウェル方程式と電磁ポテンシャル

電磁ポテンシャルを電荷分布，電流分布が時間変化し，したがって電磁場も時間変化する場合に拡張しよう．その場合でも磁場の微分形のガウスの法則 (7.29b) $\mathrm{div}\,\boldsymbol{B}(\boldsymbol{r},t)=0$ は同じ形である．これを満足するためには，磁場とベクトルポテンシャルの関係 (8.9) は静磁場の場合と同じでなければならない．

$$\boldsymbol{B}(\boldsymbol{r},t)=\mathrm{rot}\,\boldsymbol{A}(\boldsymbol{r},t) \qquad \cdots (8.9)$$

これをファラデーの法則 (7.29c) に代入すると

$$\mathrm{rot}\left(\boldsymbol{E}(\boldsymbol{r},t)+\frac{\partial \boldsymbol{A}(\boldsymbol{r},t)}{\partial t}\right)=0 \tag{8.14}$$

を得る．静電場の場合の電場とスカラーポテンシャルの関係 (8.5) を拡張して

$$\boldsymbol{E}(\boldsymbol{r},t)+\frac{\partial \boldsymbol{A}(\boldsymbol{r},t)}{\partial t}=-\mathrm{grad}\,\phi(\boldsymbol{r},t)$$

とおけば，公式 (8.2) より式 (8.14) は常に満たされる．まとめると電磁場が時間変化する場合，電磁場と電磁ポテンシャルの関係は

$$\boldsymbol{B}(\boldsymbol{r},t)=\mathrm{rot}\,\boldsymbol{A}(\boldsymbol{r},t) \tag{8.15a}$$

$$\boldsymbol{E}(\boldsymbol{r},t)=-\mathrm{grad}\,\phi(\boldsymbol{r},t)-\frac{\partial \boldsymbol{A}(\boldsymbol{r},t)}{\partial t} \tag{8.15b}$$

式 (8.16) の導出

$$\begin{aligned}
&\mathrm{rot}\,\boldsymbol{B}(\boldsymbol{r},t)-\frac{1}{c^2}\frac{\partial \boldsymbol{E}(\boldsymbol{r},t)}{\partial t}\\
&\quad=\mathrm{rot}\,\mathrm{rot}\,\boldsymbol{A}(\boldsymbol{r},t)-\frac{1}{c^2}\frac{\partial}{\partial t}\left(-\mathrm{grad}\,\phi(\boldsymbol{r},t)-\frac{\partial \boldsymbol{A}(\boldsymbol{r},t)}{\partial t}\right)\\
&\quad=\left(\mathrm{grad}\,\mathrm{div}-\nabla^2\right)\boldsymbol{A}(\boldsymbol{r},t)-\frac{1}{c^2}\frac{\partial}{\partial t}\left(-\mathrm{grad}\,\phi(\boldsymbol{r},t)-\frac{\partial \boldsymbol{A}(\boldsymbol{r},t)}{\partial t}\right)\\
&\quad=-\left(\nabla^2-\frac{1}{c^2}\frac{\partial^2}{\partial t^2}\right)\boldsymbol{A}(\boldsymbol{r},t)+\mathrm{grad}\left(\mathrm{div}\,\boldsymbol{A}(\boldsymbol{r},t)+\frac{1}{c^2}\frac{\partial \phi(\boldsymbol{r},t)}{\partial t}\right)
\end{aligned}$$

$$\begin{aligned}
&\mathrm{div}\,\boldsymbol{E}(\boldsymbol{r},t)\\
&\quad=\mathrm{div}\left(-\mathrm{grad}\,\phi(\boldsymbol{r},t)-\frac{\partial \boldsymbol{A}(\boldsymbol{r},t)}{\partial t}\right)\\
&\quad=-\left(\nabla^2-\frac{1}{c^2}\frac{\partial^2}{\partial t^2}\right)\phi(\boldsymbol{r},t)-\frac{\partial}{\partial t}\left(\mathrm{div}\,\boldsymbol{A}(\boldsymbol{r},t)+\frac{1}{c^2}\frac{\partial \phi(\boldsymbol{r},t)}{\partial t}\right)
\end{aligned}$$

となる．

これを微分形のアンペール-マクスウェルの法則 (7.29d)，電場のガウスの法則 (7.29a) に代入すると（計算の詳細は〔下欄〕**式 (8.16) の導出** 参照）

$$-\left(\nabla^2 - \frac{1}{c^2}\frac{\partial^2}{\partial t^2}\right)\boldsymbol{A}(\boldsymbol{r},t) + \mathrm{grad}\left(\mathrm{div}\,\boldsymbol{A}(\boldsymbol{r},t) + \frac{1}{c^2}\frac{\partial\phi(\boldsymbol{r},t)}{\partial t}\right)$$
$$= \mu_0\boldsymbol{i}(\boldsymbol{r},t) \tag{8.16a}$$
$$-\left(\nabla^2 - \frac{1}{c^2}\frac{\partial^2}{\partial t^2}\right)\phi(\boldsymbol{r},t) - \frac{\partial}{\partial t}\left(\mathrm{div}\,\boldsymbol{A}(\boldsymbol{r},t) + \frac{1}{c^2}\frac{\partial\phi(\boldsymbol{r},t)}{\partial t}\right)$$
$$= \frac{1}{\varepsilon_0}\rho(\boldsymbol{r},t) \tag{8.16b}$$

を得る．式 (8.16) が電磁ポテンシャル $\boldsymbol{A}(\boldsymbol{r},t), \phi(\boldsymbol{r},t)$ によって表されたマクスウェル方程式である．2 つの式が似た形をしていることに注目されたい．

電磁ポテンシャルがわかれば式 (8.15) によって電磁場 $\boldsymbol{E}(\boldsymbol{r},t)$, $\boldsymbol{B}(\boldsymbol{r},t)$ を求めることができる．ところがこれまでの電磁ポテンシャル $\phi(\boldsymbol{r},t)$, $\boldsymbol{A}(\boldsymbol{r},t)$ から任意のスカラー関数 $\chi(\boldsymbol{r},t)$ を用いて

$$\phi'(\boldsymbol{r},t) = \phi(\boldsymbol{r},t) - \frac{\partial\chi(\boldsymbol{r},t)}{\partial t} \tag{8.17a}$$
$$\boldsymbol{A}'(\boldsymbol{r},t) = \boldsymbol{A}(\boldsymbol{r},t) + \mathrm{grad}\,\chi(\boldsymbol{r},t) \tag{8.17b}$$

と定義した $\phi'(\boldsymbol{r},t)$, $\boldsymbol{A}'(\boldsymbol{r},t)$ も，〔下欄〕**ゲージ不変性** に示すように $\phi(\boldsymbol{r},t)$, $\boldsymbol{A}(\boldsymbol{r},t)$ と同じ電磁場 $\boldsymbol{E}(\boldsymbol{r},t)$, $\boldsymbol{B}(\boldsymbol{r},t)$ を与える．この式 (8.17) は $\boldsymbol{A}(\boldsymbol{r},t), \phi(\boldsymbol{r},t)$ から $\boldsymbol{A}'(\boldsymbol{r},t), \phi'(\boldsymbol{r},t)$ への変換とみることができるが，これを

ゲージ不変性

公式 (8.2) を使うと

$$\mathrm{rot}\,\boldsymbol{A}'(\boldsymbol{r},t) = \mathrm{rot}\left\{\boldsymbol{A}(\boldsymbol{r},t) + \mathrm{grad}\,\chi(\boldsymbol{r},t)\right\}$$
$$= \mathrm{rot}\,\boldsymbol{A}(\boldsymbol{r},t) + \mathrm{rot}\,\mathrm{grad}\,\chi(\boldsymbol{r},t) = \boldsymbol{B}(\boldsymbol{r},t)$$

また，$\dfrac{\partial}{\partial t}$ と grad の順番を入れかえても結果は変わらないことを使うと

$$-\,\mathrm{grad}\,\phi'(\boldsymbol{r},t) - \frac{\partial\boldsymbol{A}'(\boldsymbol{r},t)}{\partial t}$$
$$= -\mathrm{grad}\left(\phi(\boldsymbol{r},t) - \frac{\partial\chi(\boldsymbol{r},t)}{\partial t}\right) - \frac{\partial}{\partial t}\left\{\boldsymbol{A}(\boldsymbol{r},t) + \mathrm{grad}\,\chi(\boldsymbol{r},t)\right\}$$
$$= -\mathrm{grad}\,\phi(\boldsymbol{r},t) - \frac{\partial\boldsymbol{A}(\boldsymbol{r},t)}{\partial t} + \mathrm{grad}\,\frac{\partial\chi(\boldsymbol{r},t)}{\partial t} - \frac{\partial}{\partial t}\,\mathrm{grad}\,\chi(\boldsymbol{r},t)$$
$$= -\mathrm{grad}\,\phi(\boldsymbol{r},t) - \frac{\partial\boldsymbol{A}(\boldsymbol{r},t)}{\partial t} = \boldsymbol{E}(\boldsymbol{r},t)$$

となる．このように $\boldsymbol{A}'(\boldsymbol{r},t), \phi'(\boldsymbol{r},t)$ と $\boldsymbol{A}(\boldsymbol{r},t), \phi(\boldsymbol{r},t)$ は同じ電磁場 $\boldsymbol{E}(\boldsymbol{r},t), \boldsymbol{B}(\boldsymbol{r},t)$ を与える．

ゲージ変換といい，これによって電磁場 $\boldsymbol{E}(\boldsymbol{r},t)$, $\boldsymbol{B}(\boldsymbol{r},t)$ が変わらないことを電磁場は**ゲージ不変**であるという．

この性質を利用して電磁ポテンシャルによって表されたマクスウェル方程式 (8.16) をよりみやすい形に変えてみよう．$\chi(\boldsymbol{r},t)$ は任意のスカラー関数であったが，これを次の式を満たすように選ぶ．

$$\left(\nabla^2 - \frac{1}{c^2}\frac{\partial^2}{\partial t^2}\right)\chi(\boldsymbol{r},t) = -\left(\operatorname{div}\boldsymbol{A}(\boldsymbol{r},t) + \frac{1}{c^2}\frac{\partial\phi(\boldsymbol{r},t)}{\partial t}\right) \tag{8.18}$$

そしてこのように選んだ $\chi(\boldsymbol{r},t)$ を使って

$$\phi^{\mathrm{L}}(\boldsymbol{r},t) = \phi(\boldsymbol{r},t) - \frac{\partial\chi(\boldsymbol{r},t)}{\partial t} \tag{8.19a}$$

$$\boldsymbol{A}^{\mathrm{L}}(\boldsymbol{r},t) = \boldsymbol{A}(\boldsymbol{r},t) + \operatorname{grad}\chi(\boldsymbol{r},t) \tag{8.19b}$$

と新しい静電ポテンシャル $\boldsymbol{A}^{\mathrm{L}}(\boldsymbol{r},t), \phi^{\mathrm{L}}(\boldsymbol{r},t)$ を定義すると，これらは次の式を満たすことがわかるだろう．

$$\left(\nabla^2 - \frac{1}{c^2}\frac{\partial^2}{\partial t^2}\right)\phi^{\mathrm{L}}(\boldsymbol{r},t) = -\frac{1}{\varepsilon_0}\rho(\boldsymbol{r},t) \tag{8.20a}$$

$$\left(\nabla^2 - \frac{1}{c^2}\frac{\partial^2}{\partial t^2}\right)\boldsymbol{A}^{\mathrm{L}}(\boldsymbol{r},t) = -\mu_0\boldsymbol{i}(\boldsymbol{r},t) \tag{8.20b}$$

$$\operatorname{div}\boldsymbol{A}^{\mathrm{L}}(\boldsymbol{r},t) + \frac{1}{c^2}\frac{\partial\phi^{\mathrm{L}}(\boldsymbol{r},t)}{\partial t} = 0 \tag{8.20c}$$

計算の詳細は〔下欄〕**式 (8.20) の導出** に示す．

式 (8.20) の導出

式 (8.18) より式 (8.16) 左辺第 2 項に現れる

$$\left(\operatorname{div}\boldsymbol{A}(\boldsymbol{r},t) + \frac{1}{c^2}\frac{\partial\phi(\boldsymbol{r},t)}{\partial t}\right)$$

が

$$-\left(\nabla^2 - \frac{1}{c^2}\frac{\partial^2}{\partial t^2}\right)\chi(\boldsymbol{r},t)$$

に等しい．よって式 (8.16) 左辺を

$$\left(\nabla^2 - \frac{1}{c^2}\frac{\partial^2}{\partial t^2}\right)$$

でくくってしまえば

$$-\left(\nabla^2 - \frac{1}{c^2}\frac{\partial^2}{\partial t^2}\right)\left(\phi(\boldsymbol{r},t) - \frac{\partial\chi(\boldsymbol{r},t)}{\partial t}\right) = -\left(\nabla^2 - \frac{1}{c^2}\frac{\partial^2}{\partial t^2}\right)\phi^{\mathrm{L}}(\boldsymbol{r},t)$$

$$-\left(\nabla^2 - \frac{1}{c^2}\frac{\partial^2}{\partial t^2}\right)\left(\boldsymbol{A}(\boldsymbol{r},t) + \operatorname{grad}\chi(\boldsymbol{r},t)\right) = -\left(\nabla^2 - \frac{1}{c^2}\frac{\partial^2}{\partial t^2}\right)\boldsymbol{A}^{\mathrm{L}}(\boldsymbol{r},t)$$

$\boldsymbol{A}^{\mathrm{L}}(\boldsymbol{r},t)$, $\phi^{\mathrm{L}}(\boldsymbol{r},t)$ を**ローレンツ** (Lorentz) **ゲージ**における電磁ポテンシャル，式 (8.20c) を**ローレンツ条件**と呼ぶ．もともとの電磁場 $\boldsymbol{E}(\boldsymbol{r},t)$, $\boldsymbol{B}(\boldsymbol{r},t)$ で表されたマクスウェル方程式 (7.29) も，先に導いた一般の電磁ポテンシャル $\boldsymbol{A}(\boldsymbol{r},t)$, $\phi(\boldsymbol{r},t)$ で表したマクスウェル方程式 (8.16) も，ローレンツゲージにおける電磁ポテンシャル $\boldsymbol{A}^{\mathrm{L}}(\boldsymbol{r},t)$, $\phi^{\mathrm{L}}(\boldsymbol{r},t)$ で表したマクスウェル方程式 (8.20) も等価である．問題に応じて解きやすい形のものを扱えばよい．8.2 節で考える電磁波の放射の問題ではローレンツゲージにおける電磁ポテンシャル $\boldsymbol{A}^{\mathrm{L}}(\boldsymbol{r},t)$, $\phi^{\mathrm{L}}(\boldsymbol{r},t)$ で表したマクスウェル方程式 (8.20) が便利である．

ここで，真空の場合を考えれば $\rho(\boldsymbol{r},t)=0$, $\boldsymbol{i}(\boldsymbol{r},t)=0$ なので，式 (8.20) は

$$\left(\nabla^2 - \frac{1}{c^2}\frac{\partial^2}{\partial t^2}\right)\phi^{\mathrm{L}}(\boldsymbol{r},t) = 0 \tag{8.21a}$$

$$\left(\nabla^2 - \frac{1}{c^2}\frac{\partial^2}{\partial t^2}\right)\boldsymbol{A}^{\mathrm{L}}(\boldsymbol{r},t) = 0 \tag{8.21b}$$

$$\mathrm{div}\,\boldsymbol{A}^{\mathrm{L}}(\boldsymbol{r},t) + \frac{1}{c^2}\frac{\partial \phi^{\mathrm{L}}(\boldsymbol{r},t)}{\partial t} = 0 \tag{8.21c}$$

となり，$\boldsymbol{A}^{\mathrm{L}}(\boldsymbol{r},t)$, $\phi^{\mathrm{L}}(\boldsymbol{r},t)$ は 7.5.1 項に登場した**波動方程式**を満たすことがわかる．ただし，ローレンツ条件 (8.20c), (8.21c) を満たすことが必要である．

また，電荷分布，電流分布が時間によらず，電磁場も時間によらない場合には式 (8.20) は

となる．また

$$\left(\nabla^2 - \frac{1}{c^2}\frac{\partial^2}{\partial t^2}\right)\chi(\boldsymbol{r},t) = \mathrm{div}\big(\mathrm{grad}\,\chi(\boldsymbol{r},t)\big) - \frac{1}{c^2}\frac{\partial}{\partial t}\left(\frac{\partial \chi(\boldsymbol{r},t)}{\partial t}\right)$$

を使えば，式 (8.18) が式 (8.20c) を与えることもわかる．

$$\nabla^2\phi^{\mathrm{L}}(\boldsymbol{r}) = \frac{1}{\varepsilon_0}\rho(\boldsymbol{r}) \tag{8.22a}$$

$$\nabla^2\boldsymbol{A}^{\mathrm{L}}(\boldsymbol{r}) = \mu_0\boldsymbol{i}(\boldsymbol{r}) \tag{8.22b}$$

$$\mathrm{div}\,\boldsymbol{A}^{\mathrm{L}}(\boldsymbol{r},t) = 0 \tag{8.22c}$$

となり，8.1.1 項で導いた式 (8.6), (8.12) のポアソン方程式および条件 (8.11) と一致する．条件 (8.11) は時間に依存しない場合のローレンツ条件 (8.20c) だったのである．よって式 (8.13) で与えられたポアソン方程式の解である電磁ポテンシャルはローレンツゲージにおける電磁ポテンシャルだったことになる．

8.2 電磁波の放射

8.2.1 遅延ポテンシャル

電荷分布，電流分布が時間によらないとき，ローレンツゲージの電磁ポテンシャルは式 (8.13) で与えられた．

$$\phi^{\mathrm{L}}(\boldsymbol{r}) = \frac{1}{4\pi\varepsilon_0}\int_{\mathrm{V}}\frac{\rho(\boldsymbol{r}')}{|\boldsymbol{r}-\boldsymbol{r}'|}dV' \qquad \cdots(8.13\mathrm{a})$$

$$\boldsymbol{A}^{\mathrm{L}}(\boldsymbol{r}) = \frac{\mu_0}{4\pi}\int_{\mathrm{V}}\frac{\boldsymbol{i}(\boldsymbol{r}')}{|\boldsymbol{r}-\boldsymbol{r}'|}dV' \qquad \cdots(8.13\mathrm{b})$$

これを電荷分布，電流分布が時間によるときに拡張しよう．そのときに，この方程式の $\phi^{\mathrm{L}}(\boldsymbol{r}), \rho(\boldsymbol{r}')$, $\boldsymbol{A}^{\mathrm{L}}(\boldsymbol{r}), \boldsymbol{i}(\boldsymbol{r}')$ が時間 t の関数でもある，とおくだけではうまくいかない．図 8.1 に示すように位置 $\boldsymbol{r}'$ で $\rho(\boldsymbol{r}',t')$, $\boldsymbol{i}(\boldsymbol{r}',t')$ が時間

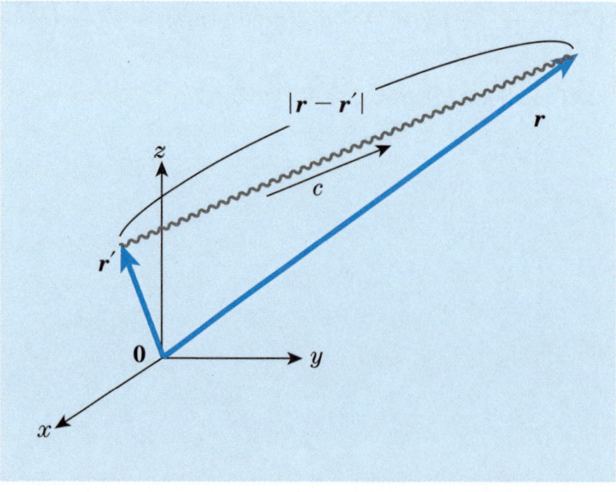

図 8.1 位置 $\boldsymbol{r}'$ での電荷分布，電流分布の変化は距離 $|\boldsymbol{r}-\boldsymbol{r}'|$ を光速 c で伝わっていく．

変化すると，その変化は距離 $|\boldsymbol{r}-\boldsymbol{r}'|$ の間を電磁波として光速 c で伝わっていき位置 $\boldsymbol{r}$ での電磁場 $\phi(\boldsymbol{r},t), \boldsymbol{A}(\boldsymbol{r},t)$ が変わる．そして $\boldsymbol{r}'$ から $\boldsymbol{r}$ に伝わるまで $|\boldsymbol{r}-\boldsymbol{r}'|/c$ だけの時間がかかる．このことを考えると，時刻 t，位置 $\boldsymbol{r}$ の電磁ポテンシャルを決める位置 $\boldsymbol{r}'$ での電荷密度，電流密度 $\rho(\boldsymbol{r}',t'), \boldsymbol{i}(\boldsymbol{r}',t')$ は時刻 $t'=t-|\boldsymbol{r}-\boldsymbol{r}'|/c$ でのものなのである．

これから電荷分布，電流分布が時間に依存するとき，電磁ポテンシャルは次式で与えられる．

$$\phi^{\mathrm{L}}(\boldsymbol{r},t)=\frac{1}{4\pi\varepsilon_0}\int_{\mathrm{V}}\frac{\rho(\boldsymbol{r}',t-|\boldsymbol{r}-\boldsymbol{r}'|/c)}{|\boldsymbol{r}-\boldsymbol{r}'|}dV' \tag{8.23a}$$

$$\boldsymbol{A}^{\mathrm{L}}(\boldsymbol{r},t)=\frac{\mu_0}{4\pi}\int_{\mathrm{V}}\frac{\boldsymbol{i}(\boldsymbol{r}',t-|\boldsymbol{r}-\boldsymbol{r}'|/c)}{|\boldsymbol{r}-\boldsymbol{r}'|}dV' \tag{8.23b}$$

これは電荷密度，電流密度の位置 $\boldsymbol{r}'$ での変化は位置 $\boldsymbol{r}$ での電磁ポテンシャルに時間 $|\boldsymbol{r}-\boldsymbol{r}'|/c$ だけ遅れて影響を及ぼすことを示している．このことから式 (8.23) の電磁ポテンシャルを**遅延**(ちえん)**ポテンシャル**という．上の式が成り立つための条件は電荷密度および電流密度が有限の領域内でのみ存在することである（〔下欄〕**先進ポテンシャル** 参照）．

この遅延ポテンシャルはローレンツ条件 (8.21c) を満たす．また，これがローレンツゲージにおける電磁ポテンシャルで表したマクスウェル方程式の解になっていることは，式 (8.20) に式 (8.23) を代入すれば確かめることができる．これらについては A.2 節を参照されたい．

先進ポテンシャル

実はマクスウェル方程式 (8.20) の解としては次の形のものもある．

$$\phi^{\mathrm{L}}(\boldsymbol{r},t)=\frac{1}{4\pi\varepsilon_0}\int_{\mathrm{V}}\frac{\rho(\boldsymbol{r}',t+|\boldsymbol{r}-\boldsymbol{r}'|/c)}{|\boldsymbol{r}-\boldsymbol{r}'|}dV'$$

$$\boldsymbol{A}^{\mathrm{L}}(\boldsymbol{r},t)=\frac{\mu_0}{4\pi}\int_{\mathrm{V}}\frac{\boldsymbol{i}(\boldsymbol{r}',t+|\boldsymbol{r}-\boldsymbol{r}'|/c)}{|\boldsymbol{r}-\boldsymbol{r}'|}dV'$$

式 (8.23) との違いは右辺の被積分関数の中の電荷密度，電流密度の時間が $t'=t+|\boldsymbol{r}-\boldsymbol{r}'|/c$ となっていることだけである．しかしこれは大変な違いである．$t'=t-|\boldsymbol{r}-\boldsymbol{r}'|/c$ なら上の遅延ポテンシャルの説明にもあるように，電荷密度，電流密度の位置 $\boldsymbol{r}'$ での変化は位置 $\boldsymbol{r}$ での電磁ポテンシャルに時間 $|\boldsymbol{r}-\boldsymbol{r}'|/c$ だけ遅れて影響を及ぼすことを示している．これが $t'=t+|\boldsymbol{r}-\boldsymbol{r}'|/c$ となると，位置 $\boldsymbol{r}'$ での $|\boldsymbol{r}-\boldsymbol{r}'|/c$ だけ時間の進んだ電荷密度，電流密度の変化が位置 $\boldsymbol{r}$ の電磁ポテンシャルに影響を与えることになる．このため，上の形の電磁ポテンシャルを先進ポテンシャルという．この形の電磁ポテンシャルは，まずある時刻の電荷密度，電流密度の変化があって，それがその後の電磁ポテンシャルを決めるという，“因果律”の考えに反する．よってこの形の解は，ここで考えているような問題では考慮されない．

8.2.2 電気双極子近似

遅延ポテンシャルの式 (8.23) を用いて電磁波の放射を調べよう．いま電荷密度，電流密度は原点の近傍でのみ有限の値を持つとし，原点から遠く離れた位置での電磁波を計算する．したがって，式 (8.23) の体積分 dV' で $r' \equiv |\boldsymbol{r}'| \ll r$ となる．このとき 1.2.4 項 (p.14) で用いたのと同じ近似が使えてその結果を用いると

$$\rho\left(\boldsymbol{r}', t - \frac{|\boldsymbol{r}-\boldsymbol{r}'|}{c}\right) \simeq \rho(\boldsymbol{r}', t_0) + \frac{\partial \rho(\boldsymbol{r}', t_0)}{\partial t_0}\frac{\boldsymbol{r}\cdot\boldsymbol{r}'}{cr} \tag{8.24}$$

を得る（〔下欄〕**式 (8.24) の導出** 参照）．ここで $t_0 = t - r/c$ である．r'/r の最低次までの近似では，式 (8.23a) に登場するその他の $|\boldsymbol{r}-\boldsymbol{r}'|$ は r でおき換えることができて

$$\begin{aligned}\phi^{\mathrm{L}}(\boldsymbol{r}, t) &\simeq \frac{1}{4\pi\varepsilon_0 r}\int_{\mathrm{V}}\left(\rho(\boldsymbol{r}', t_0) + \frac{\partial\rho(\boldsymbol{r}', t_0)}{\partial t_0}\frac{\boldsymbol{r}\cdot\boldsymbol{r}'}{cr}\right)dV' \\ &= \frac{Q}{4\pi\varepsilon_0 r} + \frac{1}{4\pi\varepsilon_0 r}\frac{\boldsymbol{r}}{cr}\cdot\int_{\mathrm{V}}\boldsymbol{r}'\frac{\partial\rho(\boldsymbol{r}', t_0)}{\partial t_0}dV'\end{aligned} \tag{8.25}$$

を得る．ここで

$$Q = \int_{\mathrm{V}}\rho(\boldsymbol{r}', t_0)dV'$$

は電荷密度，電流密度が有限の全領域 V の全電荷であるが，V の外には電荷はないのであるから，電荷保存則より一定となる．したがってこれからの $\phi(\boldsymbol{r}, t)$ への寄与は時間変化しないので，以降，これを無視する．ここで

式 (8.24) の導出

$r' \ll r$ なので

$$\begin{aligned}|\boldsymbol{r}-\boldsymbol{r}'| &= \{(\boldsymbol{r}-\boldsymbol{r}')\cdot(\boldsymbol{r}-\boldsymbol{r}')\}^{1/2} = (\boldsymbol{r}\cdot\boldsymbol{r} - 2\boldsymbol{r}\cdot\boldsymbol{r}' + \boldsymbol{r}'\cdot\boldsymbol{r}')^{1/2} \\ &= (r^2 - 2\boldsymbol{r}\cdot\boldsymbol{r}' + r'^2)^{1/2} = r\left\{1 - 2\frac{\boldsymbol{r}\cdot\boldsymbol{r}'}{r^2} + \left(\frac{r'}{r}\right)^2\right\}^{1/2} \\ &\simeq r\left(1 - 2\frac{\boldsymbol{r}\cdot\boldsymbol{r}'}{r^2}\right)^{1/2} \simeq r - \frac{\boldsymbol{r}\cdot\boldsymbol{r}'}{r}\end{aligned}$$

と近似することができる．これを式 (8.23a) の $\rho(\boldsymbol{r}', t - |\boldsymbol{r}-\boldsymbol{r}'|/c)$ に使うと

$$\rho\left(\boldsymbol{r}', t - \frac{|\boldsymbol{r}-\boldsymbol{r}'|}{c}\right) \simeq \rho\left(\boldsymbol{r}', t_0 + \frac{\boldsymbol{r}\cdot\boldsymbol{r}'}{cr}\right)$$

となる．ここで $t_0 = t - r/c$ である．さらにテイラー展開を使って

$$\rho\left(\boldsymbol{r}', t - \frac{|\boldsymbol{r}-\boldsymbol{r}'|}{c}\right) \simeq \rho(\boldsymbol{r}', t_0) + \frac{\partial\rho(\boldsymbol{r}', t_0)}{\partial t_0}\frac{\boldsymbol{r}\cdot\boldsymbol{r}'}{cr}$$

を得る．

$$\boldsymbol{p}(t) \equiv \int_{\mathrm{V}} \boldsymbol{r}'\rho(\boldsymbol{r}',t)dV' \tag{8.26}$$

とすると，これは 1.2.4 項に登場した**電気双極子モーメント** (1.13) (p.15) を一般化したものである（〔下欄〕**電気双極子モーメント** 参照）.

これを使うと式 (8.25) は

$$\phi^{\mathrm{L}}(\boldsymbol{r},t) \simeq \frac{1}{4\pi\varepsilon_0 cr^2}\boldsymbol{r}\cdot\frac{d\boldsymbol{p}(t_0)}{dt_0} \tag{8.27a}$$

となる．一方，ベクトルポテンシャルの式 (8.23b) では現れるすべての $|\boldsymbol{r}-\boldsymbol{r}'|$ を r でおき換えることができて，結局

$$\boldsymbol{A}^{\mathrm{L}}(\boldsymbol{r},t) \simeq \frac{\mu_0}{4\pi r}\int_{\mathrm{V}} \boldsymbol{i}(\boldsymbol{r}',t_0)dV' \tag{8.27b}$$

となる．ここで用いた近似は**電気双極子近似**と呼ばれる．

8.2.3 点電荷による電磁波の放射

最後に 1 個の点電荷が運動しているとき，それが放射する電磁波を求めよう．このときも電気双極子近似で得られた式 (8.27) を使うことができる．点電荷の電荷を q，位置ベクトルを $\boldsymbol{r}_0(t)$，速度ベクトルを $\boldsymbol{v}_0(t) \equiv \dfrac{d\boldsymbol{r}_0(t)}{dt}$ とする．このとき，位置 $\boldsymbol{r}'$ での電荷密度 $\rho(\boldsymbol{r}',t)$ は第 1 章 p.33 の〔下欄〕に出てきたデルタ関数を使って $\rho(\boldsymbol{r}',t) = q\delta^3(\boldsymbol{r}'-\boldsymbol{r}_0(t))$ と表される．これより

$$\boldsymbol{p}(t_0) \equiv \int_{\mathrm{V}} \boldsymbol{r}'\rho(\boldsymbol{r}',t_0)dV' = q\boldsymbol{r}_0(t_0)$$

$$\frac{d\boldsymbol{p}(t_0)}{dt_0} = q\boldsymbol{v}_0(t_0)$$

電気双極子モーメント

1.2.4 項では原点を中心として位置 $+\boldsymbol{d}/2$ と $-\boldsymbol{d}/2$ にある 2 つの点電荷 $q, -q$ を考えた．このときの電荷密度 $\rho(\boldsymbol{r},t)$ は第 1 章 p.33 の〔下欄〕**ちょっと進んだ話題ーディラックのデルタ関数ー** に出てきたデルタ関数を使って

$$\rho(\boldsymbol{r}',t) = q\left\{\delta^3(\boldsymbol{r}'-\boldsymbol{d}/2) - \delta^3(\boldsymbol{r}'+\boldsymbol{d}/2)\right\}$$

と表すことができる（式 (1.45) (p.35) 参照）．このとき式 (8.26) の $\boldsymbol{p}(t)$ はデルタ関数の性質 (1.46) を使って

$$\begin{aligned}\boldsymbol{p}(t) &\equiv \int_{\mathrm{V}} \boldsymbol{r}'\rho(\boldsymbol{r}',t)dV' \\ &= q\int_{\mathrm{V}} \boldsymbol{r}'\left\{\delta^3(\boldsymbol{r}'-\boldsymbol{d}/2) - \delta^3(\boldsymbol{r}'+\boldsymbol{d}/2)\right\}dV' \\ &= q\big\{(\boldsymbol{d}/2) - (-\boldsymbol{d}/2)\big\} = q\boldsymbol{d} \\ &= \boldsymbol{p}\end{aligned}$$

となり，式 (8.26) の $\boldsymbol{p}(t)$ は確かに式 (1.13) (p.15) の $\boldsymbol{p}$ を拡張したものになっていることがわかる．

となる．一方，位置 $\boldsymbol{r}'$ での電流密度 $\boldsymbol{i}(\boldsymbol{r}',t)$ は $q\boldsymbol{v}_0(t)\delta^3(\boldsymbol{r}'-\boldsymbol{r}_0(t))$ となるので

$$\int_V \boldsymbol{i}(\boldsymbol{r}',t_0)dV' = q\boldsymbol{v}_0(t_0)$$

である．これらを式 (8.27) に代入して

$$\phi^{\mathrm{L}}(\boldsymbol{r},t) = \frac{q}{4\pi\varepsilon_0 cr^2}\boldsymbol{r}\cdot\boldsymbol{v}_0(t_0) \tag{8.28a}$$

$$\boldsymbol{A}^{\mathrm{L}}(\boldsymbol{r},t) = \frac{\mu_0 q}{4\pi r}\boldsymbol{v}_0(t_0) \tag{8.28b}$$

を得る．

この $\phi^{\mathrm{L}}(\boldsymbol{r},t), \boldsymbol{A}^{\mathrm{L}}(\boldsymbol{r},t)$ から電磁場を計算しよう．$\boldsymbol{B}(\boldsymbol{r},t), \boldsymbol{E}(\boldsymbol{r},t)$ は $\phi^{\mathrm{L}}(\boldsymbol{r},t), \boldsymbol{A}^{\mathrm{L}}(\boldsymbol{r},t)$ によって次のように表された（式 (8.15)）．

$$\boldsymbol{B}(\boldsymbol{r},t) = \mathrm{rot}\,\boldsymbol{A}^{\mathrm{L}}(\boldsymbol{r},t) \qquad \cdots(8.15\mathrm{a})$$

$$\boldsymbol{E}(\boldsymbol{r},t) = -\mathrm{grad}\,\phi^{\mathrm{L}}(\boldsymbol{r},t) - \frac{\partial \boldsymbol{A}^{\mathrm{L}}(\boldsymbol{r},t)}{\partial t} \qquad \cdots(8.15\mathrm{b})$$

まず $\mathrm{grad}\,\phi^{\mathrm{L}}(\boldsymbol{r},t)$ を求めるため，$\phi(\boldsymbol{r},t)$ を x で偏微分すると

$$\begin{aligned}\frac{\partial\phi^{\mathrm{L}}(\boldsymbol{r},t)}{\partial x} &= \frac{q}{4\pi\varepsilon_0 c}\frac{\partial}{\partial x}\left(\frac{\boldsymbol{r}\cdot\boldsymbol{v}(t_0=t-r/c)}{r^2}\right)\\ &= \frac{q}{4\pi\varepsilon_0 c}\left(-2\frac{1}{r^3}\frac{\partial r}{\partial x}\boldsymbol{r}\cdot\boldsymbol{v}_0(t_0) + \frac{1}{r^2}v_{0x}(t_0) + \frac{\boldsymbol{r}}{r^2}\cdot\frac{d\boldsymbol{v}_0(t_0)}{dt_0}\frac{\partial t_0}{\partial x}\right)\\ &= \frac{q}{4\pi\varepsilon_0 c}\left(-2\frac{x}{r^4}\boldsymbol{r}\cdot\boldsymbol{v}(t_0) + \frac{1}{r^2}v_{0x}(t_0) - \frac{1}{c}\frac{\boldsymbol{r}}{r^2}\cdot\frac{d\boldsymbol{v}_0(t_0)}{dt_0}\frac{x}{r}\right)\end{aligned}$$

式 (8.29) の各項の評価

式 (8.29) の右辺の $\{\quad\}$ の中で各項の大きさは

$$\text{第 1 項} \sim r^{-2}|\boldsymbol{v}(t_0)|$$

$$\text{第 2 項} \sim r^{-2}|\boldsymbol{v}(t_0)|$$

$$\text{第 3 項} \sim c^{-1}r^{-1}\left|\frac{d\boldsymbol{v}(t_0)}{dt_0}\right|$$

である．$\boldsymbol{v}(t_0)$ の時間変化のスケールを τ とすれば

$$\left|\frac{d\boldsymbol{v}(t_0)}{dt_0}\right| \sim \tau^{-1}|\boldsymbol{v}(t_0)|$$

なので

$$\text{第 3 項} \sim r^{-2}\frac{r}{c\tau}|\boldsymbol{v}(t_0)|$$

となる．したがって $r \gg c\tau$ ならば，第 3 項に比べ第 1, 2 項は無視できることになる．$\boldsymbol{v}(t_0)$ が振動している場合は τ としてはその振動数の逆数を考えればよい．

となる．ここで $\dfrac{\partial t_0}{\partial x} = \dfrac{\partial t_0}{\partial r}\dfrac{\partial r}{\partial x}$ および公式 (8.4) $\dfrac{\partial r^n}{\partial x} = nr^{n-2}x$ を使った．
これより

$$\mathrm{grad}\,\phi^{\mathrm{L}}(\boldsymbol{r},t) = \frac{q}{4\pi\varepsilon_0 c}\left\{-2\frac{\boldsymbol{r}}{r^4}\Big(\boldsymbol{r}\cdot\boldsymbol{v}(t_0)\Big) + \frac{1}{r^2}\boldsymbol{v}_0(t_0) - \frac{\boldsymbol{r}}{cr^3}\left(\boldsymbol{r}\cdot\frac{d\boldsymbol{v}_0(t_0)}{dt_0}\right)\right\} \tag{8.29}$$

を得るが，十分遠方を考えることにすると，上の式の右辺で第 3 項だけが残る（〔下欄〕**式 (8.29) の各項の評価** 参照）．これより

$$\mathrm{grad}\,\phi^{\mathrm{L}}(\boldsymbol{r},t) \simeq -\frac{q}{4\pi\varepsilon_0 c^2}\frac{\boldsymbol{r}}{r^3}\left(\boldsymbol{r}\cdot\frac{d\boldsymbol{v}_0(t_0)}{dt_0}\right) \tag{8.30}$$

を得る．一方

$$\begin{aligned}\frac{\partial \boldsymbol{A}^{\mathrm{L}}(\boldsymbol{r},t)}{\partial t} &= \frac{\mu_0 q}{4\pi r}\frac{d\boldsymbol{v}_0(t_0)}{dt_0}\frac{\partial t_0}{\partial t}\\ &= \frac{\mu_0 q}{4\pi r}\frac{d\boldsymbol{v}_0(t_0)}{dt_0}\end{aligned}$$

であるから式 (8.15b) より電場 $\boldsymbol{E}(\boldsymbol{r},t)$ は

$$\begin{aligned}\boldsymbol{E}(\boldsymbol{r},t) &= \frac{q}{4\pi\varepsilon_0 c^2}\left\{\frac{\boldsymbol{r}}{r^3}\left(\boldsymbol{r}\cdot\frac{d\boldsymbol{v}_0(t_0)}{dt_0}\right) - \varepsilon_0\mu_0 c^2\frac{1}{r}\frac{d\boldsymbol{v}_0(t_0)}{dt_0}\right\}\\ &= \frac{q}{4\pi\varepsilon_0 c^2}\left\{\frac{\boldsymbol{r}}{r^3}\left(\boldsymbol{r}\cdot\frac{d\boldsymbol{v}(t_0)}{dt_0}\right) - \frac{1}{r}\frac{d\boldsymbol{v}_0(t_0)}{dt_0}\right\}\end{aligned}$$

となるが，ここで $\dfrac{1}{r} = \dfrac{\boldsymbol{r}\cdot\boldsymbol{r}}{r^3}$ および公式 (7.53)，$\boldsymbol{A}\times(\boldsymbol{B}\times\boldsymbol{C}) =$

式 (8.32) の導出

式 (8.15a), (8.28b) より $\boldsymbol{B}(\boldsymbol{r},t)$ の x 成分を計算すると

$$\begin{aligned}B_x(\boldsymbol{r},t) &= \frac{\mu_0 q}{4\pi}\left(\mathrm{rot}\,\frac{\boldsymbol{v}_0(t_0)}{r}\right)_x\\ &= \frac{\mu_0 q}{4\pi}\left\{\frac{\partial}{\partial y}\left(\frac{v_{0z}(t_0)}{r}\right) - \frac{\partial}{\partial z}\left(\frac{v_{0y}(t_0)}{r}\right)\right\}\\ &= \frac{\mu_0 q}{4\pi}\left(-\frac{1}{r^2}\frac{\partial r}{\partial y}v_{0z}(t_0) + \frac{1}{r}\frac{dv_{0z}(t_0)}{dt_0}\frac{\partial t_0}{\partial y} + \frac{1}{r^2}\frac{\partial r}{\partial z}v_{0y}(t_0) - \frac{1}{r}\frac{dv_{0y}(t_0)}{dt_0}\frac{\partial t_0}{\partial z}\right)\\ &= \frac{\mu_0 q}{4\pi}\left(-\frac{y}{r^3}v_{0z}(t_0) - \frac{y}{cr^2}\frac{dv_{0z}(t_0)}{dt_0} + \frac{z}{r^3}v_{0y}(t_0) + \frac{z}{cr^2}\frac{dv_{0y}(t_0)}{dt_0}\right)\end{aligned}$$

となる．ここで

$$\frac{\partial t_0}{\partial y} = -\frac{1}{c}\frac{\partial r}{\partial y} = -\frac{1}{c}\frac{y}{r}$$

などを使った．これより

$\boldsymbol{B}(\boldsymbol{A}\cdot\boldsymbol{C}) - \boldsymbol{C}(\boldsymbol{A}\cdot\boldsymbol{B})$ を使うと

$$\boldsymbol{E}(\boldsymbol{r},t) = \frac{q}{4\pi\varepsilon_0 c^2 r^3}\left\{\boldsymbol{r}\times\left(\boldsymbol{r}\times\frac{d\boldsymbol{v}(t_0)}{dt_0}\right)\right\} \tag{8.31}$$

を得る．次に $\boldsymbol{B}(\boldsymbol{r},t) = \mathrm{rot}\,\boldsymbol{A}^{\mathrm{L}}(\boldsymbol{r},t)$ を計算すると，十分遠方で

$$\boldsymbol{B}(\boldsymbol{r},t) = -\frac{q}{4\pi\varepsilon_0 c^3 r^2}\left\{\boldsymbol{r}\times\frac{d\boldsymbol{v}_0(t_0)}{dt_0}\right\} \tag{8.32}$$

となる（前頁〔下欄〕**式 (8.32) の導出** 参照）．式 (8.31), (8.32) が点電荷の運動により十分遠方でできる電磁波である．

8.3 章末問題

8.1 公式 (8.4)

$$\frac{\partial r^n}{\partial x} = n r^{n-2} x \qquad \cdots (8.4)$$

を示せ．

8.2 原点を中心として z 軸にそって角振動数 ω，振幅 a で振動する電荷 q の点電荷が十分遠方で作る電磁波を求めよ．

$$\boldsymbol{B}(\boldsymbol{r},t) = \frac{\mu_0 q}{4\pi}\left\{-\frac{1}{r^3}\Big(\boldsymbol{r}\times\boldsymbol{v}_0(t_0)\Big) - \frac{1}{cr^2}\left(\boldsymbol{r}\times\frac{d\boldsymbol{v}_0(t_0)}{dt_0}\right)\right\}$$

を得るが，電場の場合と同じく十分遠方を考えることにすると

$$\boldsymbol{B}(\boldsymbol{r},t) = -\frac{\mu_0 q}{4\pi c r^2}\left\{\boldsymbol{r}\times\frac{d\boldsymbol{v}_0(t_0)}{dt_0}\right\}$$
$$= -\frac{q}{4\pi\varepsilon_0 c^3 r^2}\left\{\boldsymbol{r}\times\frac{d\boldsymbol{v}_0(t_0)}{dt_0}\right\} \qquad \cdots (8.32)$$

を得る．

A 補　章

A.1 ガウスの定理とストークスの定理の証明

A.1.1 ガウスの定理の証明

7.3.1 項で微小な直方体の領域 $\Delta\mathrm{V}$ の場合にガウスの定理 (7.16)

$$\oint_{\Delta\mathrm{S}} \boldsymbol{f}(\boldsymbol{r})\cdot\boldsymbol{n}(\boldsymbol{r})dS = \int_{\Delta\mathrm{V}} \nabla\boldsymbol{f}(\boldsymbol{r})dV = \int_{\Delta\mathrm{V}} \mathrm{div}\,\boldsymbol{f}(\boldsymbol{r})dV \tag{A.1}$$

を示した．ここで $\Delta\mathrm{S}$ は $\Delta\mathrm{V}$ を囲む閉曲面である．ここではこのガウスの定理が任意の領域で成り立つことを証明する．

どんな領域 V も微小な直方体の集まりに分割することができる．微小な直方体に番号を振り i 番目の微小な直方体の領域を $\Delta\mathrm{V}_i$，それを囲む微小な閉曲面を $\Delta\mathrm{S}_i$ と呼ぶことにしよう．それぞれの微小な直方体では式 (A.1) が成り立つ．そのような微小な直方体を集めてもとの領域 V が作られるのだから

$$\begin{aligned}\int_{\mathrm{V}} \mathrm{div}\,\boldsymbol{f}(\boldsymbol{r})dV &= \sum_i \int_{\Delta\mathrm{V}_i} \mathrm{div}\,\boldsymbol{f}(\boldsymbol{r})dV \\ &= \sum_i \oint_{\Delta\mathrm{S}_i} \boldsymbol{f}(\boldsymbol{r})\cdot\boldsymbol{n}(\boldsymbol{r})dS\end{aligned}$$

となる．この最後の面積分の和で隣り合う微小な立方体 $\Delta\mathrm{V}_i$ と $\Delta\mathrm{V}_{i+1}$ は図 A.1（次頁）に示すように 1 つの面を共有することになる．その共有している面を $\Delta\mathrm{S}_\mathrm{C}$ と名付けよう．そして $\Delta\mathrm{V}_i$ を囲む微小な閉曲面上での面積分 $\oint_{\Delta\mathrm{S}_i} \boldsymbol{f}(\boldsymbol{r})\cdot\boldsymbol{n}(\boldsymbol{r})dS$ と，$\Delta\mathrm{V}_{i+1}$ を囲む微小な閉曲面上での面積分 $\oint_{\Delta\mathrm{S}_{i+1}} \boldsymbol{f}(\boldsymbol{r})\cdot\boldsymbol{n}(\boldsymbol{r})dS$ を考える．この 2 つの微小な閉曲面上での面積分には，$\Delta\mathrm{S}_\mathrm{C}$ 面上での面積分からの寄与がある．このとき，$\Delta\mathrm{S}_\mathrm{C}$ はその 2 つの閉曲面が共有する面だが，$\int_{\Delta\mathrm{S}_i} \boldsymbol{f}(\boldsymbol{r})\cdot\boldsymbol{n}(\boldsymbol{r})dS$ への $\Delta\mathrm{S}_\mathrm{C}$ 上からの寄与を計算するときと，$\int_{\Delta\mathrm{S}_{i+1}} \boldsymbol{f}(\boldsymbol{r})\cdot\boldsymbol{n}(\boldsymbol{r})dS$ への $\Delta\mathrm{S}_\mathrm{C}$ 上からの寄与を計算するときで，$\boldsymbol{n}(\boldsymbol{r})$ の向きが逆になる．$\boldsymbol{n}(\boldsymbol{r})$ の向きはそれぞれの領域の内部から外部へ向かう，という約束だったからである．そのため

$$\int_{\Delta\mathrm{S}_i} \boldsymbol{f}(\boldsymbol{r})\cdot\boldsymbol{n}(\boldsymbol{r})dS + \int_{\Delta\mathrm{S}_{i+1}} \boldsymbol{f}(\boldsymbol{r})\cdot\boldsymbol{n}(\boldsymbol{r})dS \tag{A.2}$$

への $\Delta\mathrm{S}_\mathrm{C}$ 上からの寄与は，$\Delta\mathrm{S}_i$ 上の面積分への寄与と $\Delta\mathrm{S}_{i+1}$ 上の面積分への寄与が打ち消しあって消えてしまう．このように $\sum_i \int_{\Delta\mathrm{S}_i} \boldsymbol{f}(\boldsymbol{r})\cdot\boldsymbol{n}(\boldsymbol{r})dS$ を計算するとき，V の内部の面からの積分への寄与は隣り合う領域の面積分からの寄与が打ち消しあい消えてしまう．残るのは打ち消す相手のいない面，すなわち V の表面である閉曲面 S の一部である微小な面からの面積分への寄与だけである．その寄与をす

べて足せばそれは閉曲面 S 上での面積分となる．よって

$$\int_{\mathrm{V}} \nabla \boldsymbol{f}(\boldsymbol{r})dV = \int_{\mathrm{V}} \nabla \boldsymbol{f}(\boldsymbol{r})dV = \oint_{\mathrm{S}} \boldsymbol{f}(\boldsymbol{r}) \cdot \boldsymbol{n}(\boldsymbol{r})dS \tag{A.3}$$

を得る．これで任意の領域について**ガウスの定理**が証明できた．

A.1.2 ストークスの定理の証明

7.3.2 項で微小な長方形の領域 $\Delta\mathrm{S}$ の場合にストークスの定理 (7.23) (p.160)

$$\oint_{\Delta\mathrm{C}} \boldsymbol{f}(\boldsymbol{r}) \cdot \boldsymbol{t}(\boldsymbol{r})dr = \int_{\Delta\mathrm{S}} \big(\nabla \times \boldsymbol{f}(\boldsymbol{r})\big) \cdot \boldsymbol{n}(\boldsymbol{r})dS$$
$$= \int_{\Delta\mathrm{S}} \mathrm{rot}\, \boldsymbol{f}(\boldsymbol{r}) \cdot \boldsymbol{n}(\boldsymbol{r})dS \tag{A.4}$$

を示した．ここで $\Delta\mathrm{C}$ は $\Delta\mathrm{S}$ を囲む閉曲線である．これから，このストークスの定理が任意の領域で成り立つことを証明する．

どんな曲面 S も微小な長方形の集まりに分割することができる．微小な長方形に番号を振り i 番目の微小な長方形の曲面を $\Delta\mathrm{S}_i$，それを囲む微小な閉曲線を $\Delta\mathrm{C}_i$ と呼ぶことにしよう．それぞれの微小な長方形では式 (A.4) が成り立つ．そのような微小な長方形を集めてもとの曲面 S が作られるのだから

$$\int_{\mathrm{S}} \mathrm{rot}\, \boldsymbol{f}(\boldsymbol{r}) \cdot \boldsymbol{n}(\boldsymbol{r})dS = \sum_i \int_{\Delta\mathrm{S}_i} \mathrm{rot}\, \boldsymbol{f}(\boldsymbol{r}) \cdot \boldsymbol{n}(\boldsymbol{r})dS = \sum_i \oint_{\Delta\mathrm{C}_i} \boldsymbol{f}(\boldsymbol{r}) \cdot \boldsymbol{t}(\boldsymbol{r})dr$$

となる．ここで一周線積分はそれぞれの領域の内部を左にみて進む，という約束にする．この一周線積分の和で隣り合う微小な長方形 $\Delta\mathrm{S}_i$ と $\Delta\mathrm{S}_{i+1}$ は図 A.2（次頁）に示すように 1 つの辺を共有することになる．その共有している辺を $\Delta\mathrm{C}_\mathrm{C}$ と名付けよう．そして $\Delta\mathrm{S}_i$ を囲む微小な閉曲線上での一周線積分 $\oint_{\Delta\mathrm{C}_i} \boldsymbol{f}(\boldsymbol{r}) \cdot \boldsymbol{t}(\boldsymbol{r})dr$ と，$\Delta\mathrm{S}_{i+1}$ を囲む微小な閉曲面上での一周線積分 $\oint_{\Delta\mathrm{C}_{i+1}} \boldsymbol{f}(\boldsymbol{r}) \cdot \boldsymbol{t}(\boldsymbol{r})dr$ への，辺 $\Delta\mathrm{C}_\mathrm{C}$ 上での線積分からの寄与を考える．このとき，$\Delta\mathrm{C}_\mathrm{C}$ は 2 つの微小な長方形が共有する辺だが，$\oint_{\Delta\mathrm{C}_i} \boldsymbol{f}(\boldsymbol{r}) \cdot \boldsymbol{t}(\boldsymbol{r})dr$ への $\Delta\mathrm{C}_\mathrm{C}$ 上からの寄与を計算すると

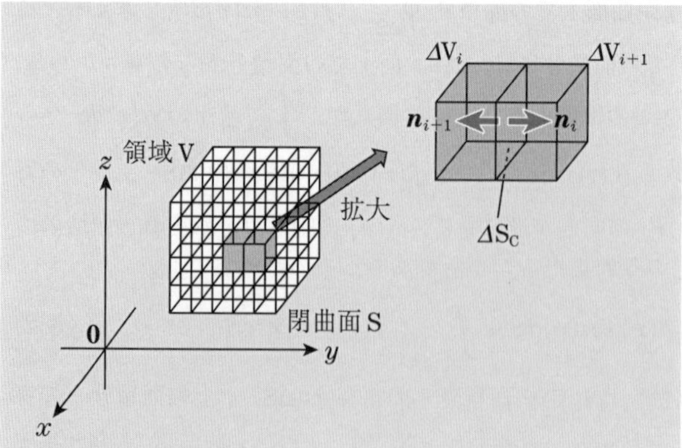

図 A.1 領域 V を微小な直方体に分割する．隣り合う微小な領域 $\Delta\mathrm{V}_i$ と $\Delta\mathrm{V}_{i+1}$ は 1 つの面 $\Delta\mathrm{S}_\mathrm{C}$ を共有するが，この面では領域 $\Delta\mathrm{V}_i$ の単位法線ベクトル $\boldsymbol{n}_i$ と領域 $\Delta\mathrm{V}_{i+1}$ の単位法線ベクトル $\boldsymbol{n}_{i+1}$ は向きが逆になる．

きと，$\oint_{\Delta C_{i+1}} \boldsymbol{f}(\boldsymbol{r})\cdot\boldsymbol{t}(\boldsymbol{r})dr$ への ΔC_C からの寄与を計算するときで，$\boldsymbol{t}(\boldsymbol{r})$ の向きが逆になる．$\boldsymbol{t}(\boldsymbol{r})$ はそれぞれの領域の内部を左側にみて進む向き，という約束だったからである．そのため

$$\int_{\Delta C_i} \boldsymbol{f}(\boldsymbol{r})\cdot\boldsymbol{t}(\boldsymbol{r})dr + \int_{\Delta C_{i+1}} \boldsymbol{f}(\boldsymbol{r})\cdot\boldsymbol{t}(\boldsymbol{r})dr \tag{A.5}$$

への ΔC_C 上からの寄与は，ΔC_i の線積分への寄与と ΔC_{i+1} の線積分への寄与が打ち消しあって消えてしまう．このように $\sum_i \int_{\Delta C_i} \boldsymbol{f}(\boldsymbol{r})\cdot\boldsymbol{t}(\boldsymbol{r})dr$ を計算するとき，S の内部の辺からの線積分への寄与は隣り合う微小な長方形の積分からの寄与が打ち消しあい消えてしまう．残るのは打ち消す相手のいない曲線，すなわち S を囲む閉曲線 C の一部である微小な曲線からの線積分への寄与だけである．その寄与をすべて足せばそれは閉曲線 C 上での一周線積分となる．よって

$$\int_S \mathrm{rot}\, \boldsymbol{f}(\boldsymbol{r})\cdot\boldsymbol{n}(\boldsymbol{r})dS = \oint_C \boldsymbol{f}(\boldsymbol{r})\cdot\boldsymbol{t}(\boldsymbol{r})dr \tag{A.6}$$

を得る．これで任意の領域について**ストークスの定理**が証明できた．

A.2　遅延ポテンシャルがマクスウェル方程式およびローレンツ条件を満たすことの証明

A.2.1　遅延ポテンシャルがマクスウェル方程式を満たすことの証明

まず，準備として静電場の問題を考える．電荷分布が時間によらないとき，ローレンツゲージのスカラーポテンシャルは式 (8.13a) で与えられた．

$$\phi^{\mathrm{L}}(\boldsymbol{r}) = \frac{1}{4\pi\varepsilon_0}\int_V \frac{\rho(\boldsymbol{r}')}{|\boldsymbol{r}-\boldsymbol{r}'|}dV' \tag{A.7}$$

これは**ポアソン方程式** (A.6)

$$\nabla^2\phi^{\mathrm{L}}(\boldsymbol{r}) = -\frac{1}{\varepsilon_0}\rho(\boldsymbol{r}) \tag{A.8}$$

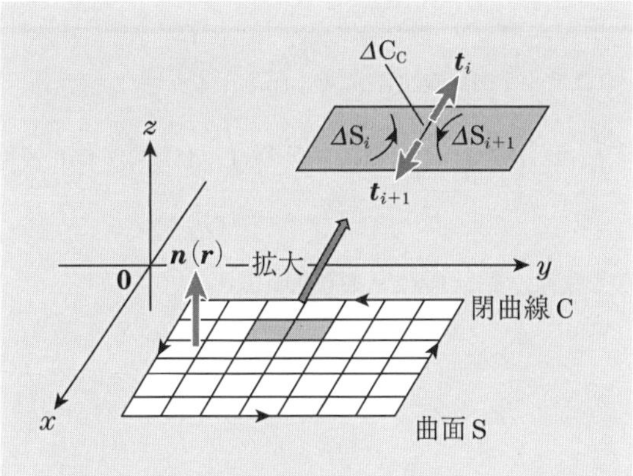

図 A.2　閉曲線 C で囲まれた曲面 S を微小な長方形の集まりに分割する．隣り合う微小な長方形 ΔS_i と ΔS_{i+1} は 1 つの辺 ΔC_C を共有するが，この辺では領域 ΔS_i の単位接線ベクトル $\boldsymbol{t}_i$ と領域 ΔS_{i+1} の単位接線ベクトル $\boldsymbol{t}_{i+1}$ は向きが逆になる．

を満たす．式 (A.7) を式 (A.8) 左辺に代入すると

$$\begin{aligned}\nabla^2\phi^{\mathrm{L}}(\boldsymbol{r}) &= \frac{1}{4\pi\varepsilon_0}\int_{\mathrm{V}}\left(\nabla_{\boldsymbol{r}}^2\frac{\rho(\boldsymbol{r}')}{|\boldsymbol{r}-\boldsymbol{r}'|}\right)dV' \\ &= \frac{1}{4\pi\varepsilon_0}\int_{\mathrm{V}}\rho(\boldsymbol{r}')\left(\nabla_{\boldsymbol{r}}^2\frac{1}{|\boldsymbol{r}-\boldsymbol{r}'|}\right)dV' = -\frac{1}{\varepsilon_0}\rho(\boldsymbol{r}) \qquad \text{(A.9)}\end{aligned}$$

を得る．$\nabla_{\boldsymbol{r}}$ の下付の $\boldsymbol{r}$ は，いまその右にくる関数は $\boldsymbol{r}$ と $\boldsymbol{r}'$ の関数であるが，そのうち $\boldsymbol{r}$ に関する微分をとるものであることがはっきりわかるように記した．この式はどのような電荷分布 $\rho(\boldsymbol{r}')$ に対しても成り立たなければならない．そのためには第 1 章 p.33 の〔下欄〕**ちょっと進んだ話題ーディラックのデルタ関数ー** に出てきたデルタ関数を使って

$$\nabla_{\boldsymbol{r}}^2\frac{1}{|\boldsymbol{r}-\boldsymbol{r}'|} = -4\pi\delta^3(\boldsymbol{r}-\boldsymbol{r}') \qquad \text{(A.10)}$$

と表されねばならない（〔下欄〕**式 (A.10) について** 参照）．

さて，8.2.1 項で静電磁場の場合の電磁ポテンシャルの形と，電磁場の変化が空間を光速 c で伝わっていくことから導いた，遅延ポテンシャルと呼ばれる電磁ポテンシャルは次式で表された（式 (8.23)）．

$$\phi^{\mathrm{L}}(\boldsymbol{r},t) = \frac{1}{4\pi\varepsilon_0}\int_{\mathrm{V}}\frac{\rho(\boldsymbol{r}',t-|\boldsymbol{r}-\boldsymbol{r}'|/c)}{\boldsymbol{r}-\boldsymbol{r}'|}dV' \qquad \text{(A.11a)}$$

$$\boldsymbol{A}^{\mathrm{L}}(\boldsymbol{r},t) = \frac{\mu_0}{4\pi}\int_{\mathrm{V}}\frac{\boldsymbol{i}(\boldsymbol{r}',t-|\boldsymbol{r}-\boldsymbol{r}'|/c)}{|\boldsymbol{r}-\boldsymbol{r}'|}dV' \qquad \text{(A.11b)}$$

これがローレンツゲージにおける電磁ポテンシャルで表したマクスウェル方程式 (8.20)

$$\left(\nabla^2 - \frac{1}{c^2}\frac{\partial^2}{\partial t^2}\right)\phi^{\mathrm{L}}(\boldsymbol{r},t) = -\frac{1}{\varepsilon_0}\rho(\boldsymbol{r},t) \qquad \text{(A.12a)}$$

$$\left(\nabla^2 - \frac{1}{c^2}\frac{\partial^2}{\partial t^2}\right)\boldsymbol{A}^{\mathrm{L}}(\boldsymbol{r},t) = -\mu_0\boldsymbol{i}(\boldsymbol{r},t) \qquad \text{(A.12b)}$$

を満たすことを示す．まず式 (A.11a) を式 (A.12a) 左辺に代入すると

式 (A.10) について

式 (A.10) が成り立っていればデルタ関数の性質 (1.46) (p.35) より

$$\begin{aligned}\int_{\mathrm{V}}\rho(\boldsymbol{r}')\nabla_{\boldsymbol{r}}^2\frac{1}{|\boldsymbol{r}-\boldsymbol{r}'|}dV' &= -4\pi\int_{\mathrm{V}}\rho(\boldsymbol{r}')\delta^3(\boldsymbol{r}-\boldsymbol{r}')dV \\ &= -4\pi\rho(\boldsymbol{r})\end{aligned}$$

となり，式 (A.9) がどのような電荷分布についても成り立つ．

$$\left(\nabla^2 - \frac{1}{c^2}\frac{\partial^2}{\partial t^2}\right)\phi^{\mathrm{L}}(\boldsymbol{r},t) = \left(\nabla^2 - \frac{1}{c^2}\frac{\partial^2}{\partial t^2}\right)\frac{1}{4\pi\varepsilon_0}\int_{\mathrm{V}}\frac{\rho(\boldsymbol{r}', t-|\boldsymbol{r}-\boldsymbol{r}'|/c)}{|\boldsymbol{r}-\boldsymbol{r}'|}dV'$$
$$= \frac{1}{4\pi\varepsilon_0}\int_{\mathrm{V}}\left(\nabla_{\boldsymbol{r}}^2 - \frac{1}{c^2}\frac{\partial^2}{\partial t^2}\right)\frac{\rho(\boldsymbol{r}',\tau)}{|\boldsymbol{r}-\boldsymbol{r}'|}dV'$$

ここで $\tau \equiv t - |\boldsymbol{r}-\boldsymbol{r}'|/c$ である．積分の中の $\nabla_{\boldsymbol{r}}^2$ がかかる部分を計算すると

$$\nabla_{\boldsymbol{r}}^2\left(\frac{\rho(\boldsymbol{r}',\tau)}{|\boldsymbol{r}-\boldsymbol{r}'|}\right) = -4\pi\rho(\boldsymbol{r}',\tau)\delta^3(\boldsymbol{r}-\boldsymbol{r}') + \frac{1}{c^2}\frac{1}{|\boldsymbol{r}-\boldsymbol{r}'|}\frac{\partial^2\rho(\boldsymbol{r}',\tau)}{\partial\tau^2} \qquad \text{(A.13)}$$

を得る．詳細については〔下欄〕**式 (A.13) の導出** を参照されたい．

これより

$$\left(\nabla^2 - \frac{1}{c^2}\frac{\partial^2}{\partial t^2}\right)\phi^{\mathrm{L}}(\boldsymbol{r},t)$$
$$= \frac{1}{4\pi\varepsilon_0}\int_{\mathrm{V}}\left\{-4\pi\rho(\boldsymbol{r}',\tau)\delta^3(\boldsymbol{r}-\boldsymbol{r}') + \frac{1}{c^2}\frac{1}{|\boldsymbol{r}-\boldsymbol{r}'|}\frac{\partial^2\rho(\boldsymbol{r}',\tau)}{\partial\tau^2} - \frac{1}{c^2}\frac{\partial^2}{\partial t^2}\frac{\rho(\boldsymbol{r}',\tau)}{|\boldsymbol{r}-\boldsymbol{r}'|}\right\}dV'$$
$$= \frac{1}{4\pi\varepsilon_0}\int_{\mathrm{V}}\left\{-4\pi\rho(\boldsymbol{r}',\tau)\delta^3(\boldsymbol{r}-\boldsymbol{r}')\right\}dV' = -\frac{1}{\varepsilon_0}\rho(\boldsymbol{r},t)$$

となり，式 (A.11a) が式 (A.12a) を満たすことが示された．2 行目の被積分関数において，$\rho(\boldsymbol{r}',\tau)$ の t での偏微分は τ での偏微分に等しいので，第 2 項と第 3 項は打ち消しあうことを使った．3 行目の積分で $\rho(\boldsymbol{r}',\tau = t-|\boldsymbol{r}-\boldsymbol{r}'|/c)$ に $\delta^3(\boldsymbol{r}-\boldsymbol{r}')$ がかかっているので，積分するとこれが $\rho(\boldsymbol{r},t)$ になることに注意されたい．同様に $\boldsymbol{A}^{\mathrm{L}}(\boldsymbol{r},t)$ (A.11b) が式 (A.12b) を満たすことも示すことができる．

A.2.2 遅延ポテンシャルがローレンツ条件を満たすことの証明

最後にローレンツゲージにおける遅延ポテンシャル (A.11) がローレンツ条件 (8.21c)

$$\mathrm{div}\,\boldsymbol{A}^{\mathrm{L}}(\boldsymbol{r},t) + \frac{1}{c^2}\frac{\partial\phi^{L}(\boldsymbol{r},t)}{\partial t} = 0 \qquad \cdots(8.21\mathrm{c})$$

を満たすことを示そう．いま遅延ポテンシャル右辺の体積分に寄与するのは電荷密度 $\rho(\boldsymbol{r}',\tau)$，電流密度 $\boldsymbol{i}(\boldsymbol{r}',\tau)$ が有限の場所からだけなので，積分領域 V は無限の

式 (A.13) の導出

$\nabla_r^2 = \left(\dfrac{\partial^2}{\partial x^2} + \dfrac{\partial^2}{\partial y^2} + \dfrac{\partial^2}{\partial z^2}\right)$ なので，まず x についての 2 階偏微分を計算すると

$$\frac{\partial}{\partial x}\left(\frac{\rho(\boldsymbol{r}',\tau)}{|\boldsymbol{r}-\boldsymbol{r}'|}\right) = \rho(\boldsymbol{r}',\tau)\left(\frac{\partial}{\partial x}\frac{1}{|\boldsymbol{r}-\boldsymbol{r}'|}\right) + \left(\frac{\partial\rho(\boldsymbol{r}',\tau)}{\partial\tau}\frac{\partial\tau}{\partial x}\right)\frac{1}{|\boldsymbol{r}-\boldsymbol{r}'|}$$
$$\frac{\partial^2}{\partial x^2}\left(\frac{\rho(\boldsymbol{r}',\tau)}{|\boldsymbol{r}-\boldsymbol{r}'|}\right) = \left\{\rho(\boldsymbol{r}',\tau)\left(\frac{\partial^2}{\partial x^2}\frac{1}{|\boldsymbol{r}-\boldsymbol{r}'|}\right) + 2\left(\frac{\partial\rho(\boldsymbol{r}',\tau)}{\partial\tau}\frac{\partial\tau}{\partial x}\right)\left(\frac{\partial}{\partial x}\frac{1}{|\boldsymbol{r}-\boldsymbol{r}'|}\right)\right.$$
$$\left. + \left(\frac{\partial\rho(\boldsymbol{r}',\tau)}{\partial\tau}\frac{\partial^2\tau}{\partial x^2}\right)\frac{1}{|\boldsymbol{r}-\boldsymbol{r}'|} + \frac{\partial^2\rho(\boldsymbol{r}',\tau)}{\partial\tau^2}\left(\frac{\partial\tau}{\partial x}\right)^2\frac{1}{|\boldsymbol{r}-\boldsymbol{r}'|}\right\}$$

ここで，公式 (8.4) を使うと

$$\frac{\partial}{\partial x}\frac{1}{|\boldsymbol{r}-\boldsymbol{r}'|} = -\frac{(x-x')}{|\boldsymbol{r}-\boldsymbol{r}'|^3}$$
$$\frac{\partial\tau}{\partial x} = \frac{\partial\tau}{\partial|\boldsymbol{r}-\boldsymbol{r}'|}\frac{\partial|\boldsymbol{r}-\boldsymbol{r}'|}{\partial x} = -\frac{1}{c}\frac{x-x'}{|\boldsymbol{r}-\boldsymbol{r}'|}$$
$$\frac{\partial^2\tau}{\partial x^2} = -\frac{1}{c}\left\{\frac{1}{|\boldsymbol{r}-\boldsymbol{r}'|}\left(\frac{\partial}{\partial x}(x-x')\right) + (x-x')\left(\frac{\partial}{\partial x}\frac{1}{|\boldsymbol{r}-\boldsymbol{r}'|}\right)\right\} = -\frac{1}{c}\left\{\frac{1}{|\boldsymbol{r}-\boldsymbol{r}'|} - \frac{(x-x')^2}{|\boldsymbol{r}-\boldsymbol{r}'|^3}\right\}$$

領域にとっても構わないことに注意しておく．ここで $\tau \equiv t - |\boldsymbol{r} - \boldsymbol{r}'|/c$ である．まず $\mathrm{div}\,\boldsymbol{A}^{\mathrm{L}}(\boldsymbol{r}, t)$ を計算するために $\frac{\partial \boldsymbol{A}^{\mathrm{L}}(\boldsymbol{r},t)}{\partial x}$ を計算する．$R = |\boldsymbol{r} - \boldsymbol{r}'|$ とおくと

$$\boldsymbol{A}^{\mathrm{L}}(\boldsymbol{r}, t) = \frac{\mu_0}{4\pi} \int_{\mathrm{V}} \frac{\boldsymbol{i}(\boldsymbol{r}', t - R/c)}{R} dV', \quad \frac{\partial R}{\partial x} = -\frac{\partial R}{\partial x'}$$

なので

$$\begin{aligned}\frac{\partial \boldsymbol{A}^{\mathrm{L}}(\boldsymbol{r}, t)}{\partial x} &= \frac{\mu_0}{4\pi} \int_{\mathrm{V}} \left\{ \frac{1}{R} \frac{\partial \boldsymbol{i}(\boldsymbol{r}', t - R/c)}{\partial R} + \boldsymbol{i}(\boldsymbol{r}', t - R/c) \frac{\partial R^{-1}}{\partial R} \right\} \frac{\partial R}{\partial x} dV' \\ &= -\frac{\mu_0}{4\pi} \int_{\mathrm{V}} \left\{ \frac{1}{R} \frac{\partial \boldsymbol{i}(\boldsymbol{r}', t - R/c)}{\partial R} + \boldsymbol{i}(\boldsymbol{r}', t - R/c) \frac{\partial R^{-1}}{\partial R} \right\} \frac{\partial R}{\partial x'} dV'\end{aligned}$$

を得る．ここで部分積分を使うと

$$\frac{\partial \boldsymbol{A}^{\mathrm{L}}(\boldsymbol{r}, t)}{\partial x} = \frac{\mu_0}{4\pi} \int_{\mathrm{V}} \frac{1}{R} \frac{\partial \boldsymbol{i}(\boldsymbol{r}', t - R/c)}{\partial x'} dV' \tag{A.14}$$

を示すことができる（〔下欄〕**式 (A.14) の導出** 参照）．同様の式が $\boldsymbol{A}^{\mathrm{L}}(\boldsymbol{r}, t)$ の y', z' についての偏微分についても成り立つので

$$\mathrm{div}\,\boldsymbol{A}^{\mathrm{L}}(\boldsymbol{r}, t) = \frac{\mu_0}{4\pi} \int_{\mathrm{V}} \frac{1}{R} \mathrm{div}_{\boldsymbol{r}'}\, \boldsymbol{i}(\boldsymbol{r}', t - R/c) dV'$$

となる．$\mathrm{div}_{\boldsymbol{r}'}$ の $\boldsymbol{r}'$ は，$\boldsymbol{r}'$ についての微分をとることを意味する．

一方

$$\frac{1}{c^2} \frac{\partial \phi^{\mathrm{L}}(\boldsymbol{r}, t)}{\partial t} = \frac{1}{4\pi c^2 \varepsilon_0} \int_{\mathrm{V}} \frac{1}{R} \frac{\partial \rho(\boldsymbol{r}', t - R/c)}{\partial t} dV'$$

となるので

$$\begin{aligned}&\mathrm{div}\,\boldsymbol{A}^{\mathrm{L}}(\boldsymbol{r}, t) + \frac{1}{c^2} \frac{\partial \phi^{\mathrm{L}}(\boldsymbol{r}, t)}{\partial t} \\ &\quad = \frac{\mu_0}{4\pi} \int_{\mathrm{V}} \frac{1}{R} \left\{ \mathrm{div}_{\boldsymbol{r}'}\, \boldsymbol{i}(\boldsymbol{r}', t - R/c) + \frac{\partial \rho(\boldsymbol{r}', t - R/c)}{\partial t} \right\} dV' \\ &\quad = \frac{\mu_0}{4\pi} \int_{\mathrm{V}} \frac{1}{R} \left\{ \mathrm{div}_{\boldsymbol{r}'}\, \boldsymbol{i}(\boldsymbol{r}', \tau) + \frac{\partial \rho(\boldsymbol{r}', \tau)}{\partial \tau} \right\} dV'\end{aligned} \tag{A.15}$$

となるので

$$\begin{aligned}\frac{\partial^2}{\partial x^2} \left(\frac{\rho(\boldsymbol{r}', \tau)}{|\boldsymbol{r} - \boldsymbol{r}'|} \right) = \Biggl\{ &\rho(\boldsymbol{r}', \tau) \frac{\partial^2}{\partial x^2} \frac{1}{|\boldsymbol{r} - \boldsymbol{r}'|} + \frac{3}{c} \frac{\partial \rho(\boldsymbol{r}', \tau)}{\partial \tau} \frac{(x - x')^2}{|\boldsymbol{r} - \boldsymbol{r}'|^4} \\ &- \frac{1}{c} \frac{\partial \rho(\boldsymbol{r}', \tau)}{\partial \tau} \frac{1}{|\boldsymbol{r} - \boldsymbol{r}'|^2} + \frac{1}{c^2} \frac{\partial^2 \rho(\boldsymbol{r}', \tau)}{\partial \tau^2} \frac{(x - x')^2}{|\boldsymbol{r} - \boldsymbol{r}'|^3} \Biggr\}\end{aligned}$$

を得る．y, z についての 2 階偏微分も同様に計算できて，その結果は上の式の x, x' をそれぞれ y, y' および z, z' でおき換えればよい．それらを加えあわせると

$$\begin{aligned}\nabla_r^2 \left(\frac{\rho(\boldsymbol{r}', \tau)}{|\boldsymbol{r} - \boldsymbol{r}'|} \right) &= \Biggl\{ \rho(\boldsymbol{r}', \tau) \nabla_r^2 \frac{1}{|\boldsymbol{r} - \boldsymbol{r}'|} + \frac{3}{c} \frac{\partial \rho(\boldsymbol{r}', \tau)}{\partial \tau} \frac{|\boldsymbol{r} - \boldsymbol{r}'|^2}{|\boldsymbol{r} - \boldsymbol{r}'|^4} \\ &\qquad - \frac{3}{c} \frac{\partial \rho(\boldsymbol{r}', \tau)}{\partial \tau} \frac{1}{|\boldsymbol{r} - \boldsymbol{r}'|^2} + \frac{1}{c^2} \frac{\partial^2 \rho(\boldsymbol{r}', \tau)}{\partial \tau^2} \frac{|\boldsymbol{r} - \boldsymbol{r}'|^2}{|\boldsymbol{r} - \boldsymbol{r}'|^3} \Biggr\} \\ &= -4\pi \rho(\boldsymbol{r}', \tau) \delta^3(\boldsymbol{r} - \boldsymbol{r}') + \frac{1}{c^2} \frac{1}{|\boldsymbol{r} - \boldsymbol{r}'|} \frac{\partial^2 \rho(\boldsymbol{r}', \tau)}{\partial \tau^2}\end{aligned}$$

となり式 (A.13) が導けた．ここで式 (A.10) を使った．

となる．$\tau \equiv t - \dfrac{|\boldsymbol{r} - \boldsymbol{r}'|}{c}$ なので

$$\frac{\partial \rho(\boldsymbol{r}', t - R/c)}{\partial t} = \frac{\partial \rho(\boldsymbol{r}', \tau)}{\partial \tau}\frac{\partial \tau}{\partial t} = \frac{\partial \rho(\boldsymbol{r}', \tau)}{\partial \tau}$$

を使った．

この式 (A.15) 最後の右辺の $\{\quad\}$ 内は 7.3.1 項〔下欄〕に出てきた微分形の電荷保存則 (7.18) (p.157) に他ならない．したがって

$$\mathrm{div}\, \boldsymbol{A}^{\mathrm{L}}(\boldsymbol{r}, t) + \frac{1}{c^2}\frac{\partial \phi^{\mathrm{L}}(\boldsymbol{r}, t)}{\partial t} = 0$$

となり，遅延ポテンシャル (A.11) がローレンツ条件 (8.21c) を満たしていることが示された．

式 (A.14) の導出

$$\int_{\mathrm{V}} \frac{\partial}{\partial x'}\frac{\boldsymbol{i}(\boldsymbol{r}', t - R/c)}{R}dV'$$
$$= \int_{\mathrm{V}} \left\{\frac{1}{R}\frac{\partial \boldsymbol{i}(\boldsymbol{r}', t - R/c)}{\partial x'} + \left(\frac{1}{R}\frac{\partial \boldsymbol{i}(\boldsymbol{r}', t - R/c)}{\partial R} + \boldsymbol{i}(\boldsymbol{r}', t - R/c)\frac{\partial R^{-1}}{\partial R}\right)\frac{\partial R}{\partial x'}\right\}dV' \tag{A.16}$$

であるが，左辺の体積積分は x', y', z' についての 3 重積分なので

$$\int_{\mathrm{V}} \frac{\partial}{\partial x'}\frac{\boldsymbol{i}(\boldsymbol{r}', t - R/c)}{R}dV' = \iiint_{\mathrm{V}} dx'dy'dz'\frac{\partial}{\partial x'}\frac{\boldsymbol{i}(\boldsymbol{r}', t - R/c)}{R}$$
$$= \iint dy'dz'\left[\frac{\boldsymbol{i}(\boldsymbol{r}', t - R/c)}{R}\right]_{x'=-\infty}^{x'=+\infty} = 0$$

となる．なぜなら積分領域は無限の領域としており，また電流密度 $\boldsymbol{i}(\boldsymbol{r}', t - R/c)$ はある有限の領域でのみ有限であるとしているので，$x' = \pm\infty$ では 0 となってしまうからである．よって式 (A.16) は

$$\int_{\mathrm{V}} \left(\frac{1}{R}\frac{\partial \boldsymbol{i}(\boldsymbol{r}', t - R/c)}{\partial R} + \boldsymbol{i}(\boldsymbol{r}', t - R/c)\frac{\partial R^{-1}}{\partial R}\right)\frac{\partial R}{\partial x'}dV' = -\int_{\mathrm{V}} \frac{1}{R}\frac{\partial \boldsymbol{i}(\boldsymbol{r}', t - R/c)}{\partial x'}dV'$$

を与える．これより式 (A.14) を得る．

参 考 文 献

電磁気学に関する書物は多い．ここでは本書の読者の参考とするため，限られた範囲であるが何点か参考書を挙げさせていただく．

わかりやすく丁寧に書かれた教科書として

1. 兵藤俊夫，電磁気学，裳華房テキストシリーズ—物理学，裳華房

本書よりちょっと高度であるがわかりやすく書かれた教科書として

2. 砂川重信，電磁気学の考え方，物理の考え方 2，岩波書店
3. 長岡洋介，電磁気学 I, II，物理入門コース，岩波書店

本格的な教科書として

4. 砂川重信，理論電磁気学，紀伊国屋書店

また，本書の中で用いた数学についてはできるだけ説明したつもりであるが，参考書として以下の 4 冊を挙げる．

5. 薩摩順吉，物理の数学，岩波基礎物理シリーズ，岩波書店
6. 久保健・打波守，応用から学ぶ理工学のための基礎数学，培風館
7. 安達忠次，ベクトル解析 改訂版，培風館
8. ジョージ アルフケン，ハンス ウェーバー，ベクトル・テンソルと行列，基礎物理数学，講談社

問題略解

第 1 章

1.1 クーロン力の大きさは 2.307×10^{-16} N，加速度の大きさは 2.532×10^{14} m·s^{-2} となる．

1.2 $\dfrac{\text{万有引力の大きさ}}{\text{クーロン力の大きさ}} = 2.401\times10^{-43}$．この比が極めて小さいので，電子の間の力を考えるとき万有引力は無視することができる．電子とイオン，イオンとイオンの間でも同様にクーロン力に比べ万有引力は十分小さく無視することができる．

1.3 力は $1.608\times10^{9}\times(0,1,2)\,\mathrm{N}$ となる．

1.4 電場は $8.041\times10^{8}\times(0,1,2)\,\mathrm{V\cdot m^{-1}} = 8.041\times10^{8}\times(0,1,2)\,\mathrm{N\cdot C^{-1}}$ となる．

1.5 位置 $\boldsymbol{r}=(0,0,0)\,[\mathrm{m}]$ ではちょうど，2 つの点電荷からの電場が打ち消しあい，電場は $(0,0,0)\,\mathrm{V\cdot m^{-1}} = (0,0,0)\,\mathrm{N\cdot C^{-1}}$ となる．

第 2 章

2.1 電荷分布が原点の周りで球対称なので，できる電場も球対称となる．原点を中心とする半径 r の球面 S を考えると，球面上で電場の方向と球面の法線ベクトルの方向が一致する．よって電場の積分形のガウスの法則 (2.13) より

$$4\pi r^2 E(r) = \frac{\text{S 内の全電荷}}{\varepsilon_0}, \quad E(r) = \frac{\text{S 内の全電荷}}{4\pi\varepsilon_0 r^2}$$

となる．S 内の全電荷は $r<b$ のとき 0，$b<r<a$ のとき $4\pi b^2\sigma_b$，$a<r$ のとき $4\pi(b^2\sigma_b + a^2\sigma_a)$ となるので，電場の大きさ $E(r)$ は

$$E(r) = \begin{cases} 0 & r<b \\ \dfrac{1}{\varepsilon_0}\left(\dfrac{b}{r}\right)^2\sigma_b & b<r<a \\ \dfrac{1}{\varepsilon_0}\dfrac{b^2\sigma_b + a^2\sigma_a}{r^2} & a<r \end{cases}$$

となる．電場 $\boldsymbol{E}(\boldsymbol{r})$ の方向は $\boldsymbol{r}$ の方向なので，ベクトルで表すと

$$\boldsymbol{E}(\boldsymbol{r}) = \begin{cases} 0 & r<b \\ \dfrac{b^2\sigma_b}{\varepsilon_0}\dfrac{\boldsymbol{r}}{r^3} & b<r<a \\ \dfrac{b^2\sigma_b + a^2\sigma_a}{\varepsilon_0}\dfrac{\boldsymbol{r}}{r^3} & a<r \end{cases}$$

となる．

2.2 この問題も問題 2.1 と同じく電荷の分布は球対称なので，電場も球対称となる．原点を中心とする半径 r の球面 S を考えると，この内部の全電荷は $r \leqq a$ のとき $\dfrac{4\pi}{3}r^3\rho_0 = \left(\dfrac{r}{a}\right)^3 Q$，$a<r$ のとき Q となるので

$$\boldsymbol{E}(\boldsymbol{r}) = \begin{cases} \dfrac{Q}{4\pi\varepsilon_0}\dfrac{\boldsymbol{r}}{a^3} & r \leqq a \\ \dfrac{Q}{4\pi\varepsilon_0}\dfrac{\boldsymbol{r}}{r^3} & a < r \end{cases}$$

となる．

2.3 このとき，例題 2.2 と同じく電荷の分布は z 軸の周りで円対称なので電場も同じ対称性を持つ．例題 2.2 と同じ高さ 1，半径 R の円筒を考えその円筒面上で電場の積分形のガウスの法則 (2.13) を使う．円筒内の全電荷は $R \leqq a$ のとき $\pi R^2\rho_0$，$a < R$ のとき $\pi a^2\rho_0$ となる．電場 $\boldsymbol{E}(\boldsymbol{r} = (x, y, z))$ の方向は $(x, y, 0)$ なので z 軸からの距離を $R = \sqrt{x^2 + y^2}$ として

$$\boldsymbol{E}(\boldsymbol{r}) = \begin{cases} \dfrac{\rho_0}{2\varepsilon_0}(x, y, 0) & R < a \\ \dfrac{a^2\rho_0}{2\varepsilon_0 R^2}(x, y, 0) & a < R \end{cases}$$

となる．

2.4 電荷の分布は xy 平面内で一様なので電場も z 一定の平面内では一様で，かつ $\pm z$ 方向を向く．また電荷の分布は xy 平面について対称なので，電場も同じ対称性を持つ．よって $\boldsymbol{E}(\boldsymbol{r})$ は z だけの関数で $\boldsymbol{E}(z) = (0, 0, E(z)) = -\boldsymbol{E}(-z)$ と表される．このとき $z = \pm a$ に面積 1 の底面を持ち z 軸を軸とする円筒を考え，この表面上で電場の積分形のガウスの法則 (2.13) を使う．円筒側面では電場の方向と円筒の法線ベクトルが直交するので積分への寄与はない．残るのは電場と法線ベクトルの向きが平行となる 2 つの底面からの寄与だけで

$$E(z = a) - E(z = -a) = \frac{\sigma_0}{\varepsilon_0}$$

となる．$E(z = -a) = -E(z = a)$ だったから $E(z = a) = \dfrac{\sigma_0}{2\varepsilon_0}$ となり，z 座標にはよらない．電場の方向は $\sigma_0 > 0$ なら xy 平面から外へ向かう方向となるので

$$\boldsymbol{E}(\boldsymbol{r}) = \frac{\sigma_0}{2\varepsilon_0}\frac{z}{|z|} \times (0, 0, 1)$$

となる．例題 1.2 で面積分を使って直接求めた電場と，当然同じ結果となる．

2.5 2 枚の平板が作る電場はそれぞれの平板が作る電場のベクトル和となる．問題 2.4 の結果を使うと

$$\boldsymbol{E}(\boldsymbol{r}) = \begin{cases} 0 & a < z \\ \dfrac{\sigma_0}{\varepsilon_0} \times (0, 0, -1) & -a < z < a \\ 0 & z < -a \end{cases}$$

となる．

第 3 章

3.1 例題 1.1, 2.2 で求めたようにこのときの電場は z 軸の周りで円対称でその大きさは z 軸からの距離を $R = \sqrt{x^2 + y^2}$ として

$$E(\boldsymbol{r}) = E(R) = \frac{\lambda_0}{2\pi\varepsilon_0 R}$$

となり，その方向は z 軸から外へ向かう方向である．電場が z 軸の周りで円対称なので静電ポテンシャル $\phi(\boldsymbol{r})$ も同じ対称性を持つ．よって ϕ は R だけ

の関数となり

$$\phi(R) = -\int_{R_0}^{R} E(R)dR = -\frac{\lambda_0}{2\pi\varepsilon_0}\int_{R_0}^{R}\frac{1}{R}dR = -\frac{\lambda_0}{2\pi\varepsilon_0}\ln\frac{R}{R_0}$$

を得る．ここで基準点として $R = R_0$ の点を選んだ．上の式からわかるように，いまの場合，無限遠点を基準点にとることはできない．

3.2 例題 1.2 および問題 2.4 で計算したように，このときの電場は

$$\boldsymbol{E}(\boldsymbol{r}) = \frac{\sigma_0}{2\varepsilon_0}\frac{z}{|z|}\times(0,0,1)$$

となる．電場が z だけの関数で z 成分だけを持つので静電ポテンシャル $\phi(\boldsymbol{r})$ も z だけの関数となる．$z = z_0 > 0$ の点を基準点に選ぶと

$$\phi(z) = -\int_{z_0}^{z} E(z)dz = \begin{cases} \dfrac{\sigma_0}{2\varepsilon_0}(z_0 - z) & z > 0 \\[2ex] \dfrac{\sigma_0}{2\varepsilon_0}(z_0 + z) & z < 0 \end{cases}$$

となり，$z = 0$ で連続になる．$z < 0$ の場合の $\phi(z)$ を求めるには電場の積分を z_0 から 0 までと 0 から z までに分けて行えばよい．

3.3 このときの電場は問題 2.5 で求めたのでそれを用いても静電ポテンシャル $\phi(\boldsymbol{r})$ は計算できるが，ここでは別の方法で計算する．$z = a$ の平板が作る静電ポテンシャル $\phi_1(z)$ は $z_0 > a$ を基準点として問題 3.2 の解答から

$$\phi_1(z) = \begin{cases} \dfrac{\sigma_0}{2\varepsilon_0}(z_0 - z) & z > a \\[2ex] \dfrac{\sigma_0}{2\varepsilon_0}(z_0 - 2a + z) & z < a \end{cases}$$

となる．$z = -a$ の平板が作る静電ポテンシャル $\phi_2(z)$ は

$$\phi_2(z) = \begin{cases} -\dfrac{\sigma_0}{2\varepsilon_0}(z_0 - z) & z > -a \\[2ex] -\dfrac{\sigma_0}{2\varepsilon_0}(z_0 + 2a + z) & z < -a \end{cases}$$

となる．2 枚の平板が作る静電ポテンシャル $\phi(z)$ はそれぞれの平板が作る静電ポテンシャルの和となるので

$$\phi(z) = \begin{cases} 0 & a < z \\[1ex] \dfrac{\sigma_0}{\varepsilon_0}(z - a) & -a < z < a \\[2ex] \dfrac{\sigma_0}{\varepsilon_0}(-2a) & z < -a \end{cases}$$

となる．

第 4 章

4.1 電気抵抗は約 $0.5\,\Omega$ となる．

4.2 いま，電場と電流密度は円柱の軸の周りで円対称である．導体円柱 A, B の間に円柱と軸と高さが同じで半径 R の円筒を考えその表面を通る全電流を I とすると，電荷保存則より I は R によらない．一方そこでの電流密度の方向は円筒の側面の法線ベクトルの方向と一致し，その大きさを $i(R)$ とすると $2\pi Rli(R) = I$ が成り立つ．これより $i(R) = \dfrac{I}{2\pi Rl}$ を得る．一方，電場の

方向と電流密度の方向は一致し，半径 R での電場の大きさを $E(R)$ とするとオームの法則より $i(R)=\sigma_0 E(R)$ となる．これより

$$E(R)=\frac{I}{2\pi R l\sigma_0}$$

を得る．これを積分して

$$\int_a^b E(R)dR=\frac{I}{2\pi l\sigma_0}\ln\frac{b}{a}=V$$

となるので次式を得る．

$$I=\frac{2\pi l\sigma_0 V}{\ln\frac{b}{a}}$$

4.3 前問の V の計算を $R<c$ と $R>c$ での電気伝導率がそれぞれ σ_c,σ_b であることを考慮して行うと

$$V=\frac{I}{2\pi l}\left\{\int_a^c\frac{1}{\sigma_c R}dR+\int_c^b\frac{1}{\sigma_b R}dR\right\}=\frac{I}{2\pi l}\left(\frac{1}{\sigma_c}\ln\frac{c}{a}+\frac{1}{\sigma_b}\ln\frac{b}{c}\right)$$

となり，これより次式を得る．

$$I=2\pi lV\Big/\left(\frac{1}{\sigma_c}\ln\frac{c}{a}+\frac{1}{\sigma_b}\ln\frac{b}{c}\right)$$

次に境界の円筒上に貯まる全電荷 Q を求めるため，図のようにこの円筒を軸と高さが同じで半径 $c-\delta, c+\delta$ の 2 つの円筒からなる閉曲面 S で囲み，この上で電場の積分形のガウスの法則を用いる．δ は無限小の長さである．

電場は円筒の側面の法線と同じ方向を向いているので積分への寄与は側面からだけとなる．軸からの半径 R での電場の大きさは $E(R)=\dfrac{I}{2\pi\sigma l R}$ であるが，2 つの円筒の表面積がそれぞれ $2\pi cl$ であり，σ が S の 2 つの円筒上で違うこと，内側の円筒表面では単位法線ベクトル $\boldsymbol{n}(\boldsymbol{r})$ と逆向きであることを考慮すると

$$\oint_{\mathrm{S}}\boldsymbol{E}(\boldsymbol{r})\cdot\boldsymbol{n}(\boldsymbol{r})dS=I\left(-\frac{1}{\sigma_c}+\frac{1}{\sigma_b}\right)=\frac{Q}{\varepsilon_0}$$

となる．これより $Q=\varepsilon_0 I\left(\dfrac{\sigma_b-\sigma_c}{\sigma_b\sigma_c}\right)$ を得る．

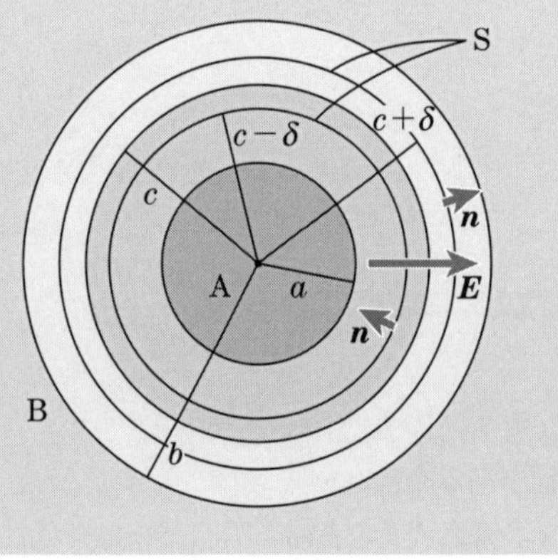

上から見た図．境界の半径 c の円筒を半径 $c-\delta$, $c+\delta$ の 2 つの円筒からなる閉曲面 S で囲む．S の法線ベクトル $\boldsymbol{n}$ は S で囲まれる領域の内部から外部へ向かうので，半径 $c+\delta$ の円筒側面上では電場と同じ向きになるが，半径 $c-\delta$ の円筒側面上では電場と逆向きになる．

第 5 章

5.1 ローレンツ力の大きさは約 1.6×10^{-13} N となる．

5.2 サイクロトロン角振動数は約 $1.8\times10^{11}\,\mathrm{s}^{-1}$，円運動の半径は約 $5.6\times10^{-6}\,\mathrm{m} = 5.6\,\mu\mathrm{m}$ となる．

5.3 コンパスの針が 45 度ずれるには導線を流れる電流が作る磁場が地球磁場と同じ大きさになればよい．これより電流の大きさは約 2 A となる．

5.4 できる磁場は円筒の軸の周りに円対称であり，その向きは右ねじの法則に従う．軸から距離 R の位置にできる磁束密度の大きさ $B(R)$ はアンペールの法則 (5.19) より

$$2\pi RB(R) = \mu_0 \times \text{半径 } R \text{ の円を貫く全電流}$$

となり，これより

$$B(R) = \begin{cases} 0 & R < a \\ \dfrac{\mu_0 I}{2\pi R} & R > a \end{cases}$$

を得る．

5.5 前問と同様に考えて

$$B(R) = \begin{cases} \dfrac{\mu_0 IR}{2\pi a^2} & R \leqq a \\ \dfrac{\mu_0 I}{2\pi R} & R > a \end{cases}$$

を得る．

第 6 章

6.1 例題 6.1 で計算したように N 回巻きの面積 S のコイルを磁場に垂直な軸の周りで角速度 ω で回転させたときに生じる起電力 ϕ_{em} は

$$\phi_{\mathrm{em}} = -\omega BSN\cos\omega t$$

で与えられる．$B = 0.5\,\mathrm{T}$, $S = \pi\times10^{-4}\,\mathrm{m}^2$, $N = 100$ とすると ϕ_{em} の最大値は $0.5\pi\times10^{-2}\omega$ となる．これが 1 V となるためには 1 秒間にコイルを $\omega/(2\pi) = 10^2/(\pi^2) \simeq 10$ 回程度，回転させればよい．

6.2 直列につないでいるので 2 つの素子を流れる電流 $I(t)$ は等しい．これよりそれぞれの素子の両端の電位差は $Z_1 I(t), Z_2 I(t)$ となり，全体にかかる電位差は

$$Z_1 I(t) + Z_2 I(t) = (Z_1 + Z_2)I(t)$$

となる．よって 2 つの素子を直列につないだ素子の複素インピーダンス Z_{s} は $Z_{\mathrm{s}} = Z_1 + Z_2$ となる．

6.3 並列につないでいるので 2 つの素子にかかる電位差 $V(t)$ は等しい．これより，それぞれの素子に流れる電流は $V(t)/Z_1, V(t)/Z_2$ となり，全体で流れる電流は $V(t)/Z_1 + V(t)/Z_2 = (1/Z_1 + 1/Z_2)I(t)$ となる．よって 2 つの素子を並列につないだ素子の複素インピーダンス Z_{p} は $1/Z_{\mathrm{p}} = 1/Z_1 + 1/Z_2$ より

$$Z_{\mathrm{p}} = \frac{Z_1 Z_2}{Z_1 + Z_2}$$

となる．

第 7 章

7.1 いま，2 枚の導体円板の間に導体円板と平行で軸が同じ半径 R $(R < a)$ の円 S とその周 C を考え**アンペール-マクスウェルの法則** (7.8) を適用する．この円を貫く電流はないので

$$\oint_{\mathrm{C}} \boldsymbol{B}(\boldsymbol{r},t)\cdot d\boldsymbol{r} = \mu_0\varepsilon_0 \int_{\mathrm{S}} \frac{\partial \boldsymbol{E}(\boldsymbol{r},t)}{\partial t}\cdot \boldsymbol{n}(\boldsymbol{r})dS$$

となる．電場 $\boldsymbol{E}(\boldsymbol{r},t)$ は S の単位法線ベクトル $\boldsymbol{n}(\boldsymbol{r})$ と同じ方向を向いているので $\boldsymbol{E}(\boldsymbol{r},t)\cdot\boldsymbol{n}(\boldsymbol{r}) = E(\boldsymbol{r},t)$ となるが，これは円板上の電荷 $\pm Q(t)$ を用いて $E(t) = \dfrac{Q(t)}{\varepsilon_0\pi a^2}$ と表される．一方，$\boldsymbol{B}(\boldsymbol{r},t)$ は対称性から C の接線ベクトルと同じ方向を向くので

$$2\pi RB(R,t) = \frac{\mu_0\varepsilon_0\pi R^2}{\varepsilon_0\pi a^2}\frac{dQ(t)}{dt} = \mu_0\left(\frac{R}{a}\right)^2\frac{dQ(t)}{dt}$$

となる．これより

$$B(R,t) = \frac{\mu_0}{2\pi}\frac{R}{a^2}\frac{dQ(t)}{dt}$$

を得る．

7.2 $\boldsymbol{A}\times(\boldsymbol{B}\times\boldsymbol{C})$ の x 成分を計算すると

$$\begin{aligned}\big(\boldsymbol{A}\times(\boldsymbol{B}\times\boldsymbol{C})\big)_x &= A_y(\boldsymbol{B}\times\boldsymbol{C})_z - A_z(\boldsymbol{B}\times\boldsymbol{C})_y\\ &= A_y(B_xC_y - B_yC_x) - A_z(B_zC_x - B_xC_z)\\ &= B_x(A_xC_x + A_yC_y + A_zC_z) - C_x(A_xB_x + A_yB_y + A_zB_z)\\ &= \big(\boldsymbol{B}(\boldsymbol{A}\cdot\boldsymbol{C}) - \boldsymbol{C}(\boldsymbol{A}\cdot\boldsymbol{B})\big)_x\end{aligned}$$

となる．y, z 成分も同様の関係が成り立つことを示すことができるので

$$\boldsymbol{A}\times(\boldsymbol{B}\times\boldsymbol{C}) = \boldsymbol{B}(\boldsymbol{A}\cdot\boldsymbol{C}) - \boldsymbol{C}(\boldsymbol{A}\cdot\boldsymbol{B})$$

となる．

第 8 章

8.1

$$\begin{aligned}\frac{\partial r^n}{\partial x} &= \frac{\partial r^n}{\partial r}\frac{\partial r}{\partial x}\\ &= nr^{n-1}\frac{\partial\left(x^2+y^2+z^2\right)^{1/2}}{\partial x}\\ &= nr^{n-1}\frac{1}{2}\left(x^2+y^2+z^2\right)^{-1/2}2x\\ &= nr^{n-1}\frac{1}{r}x = nr^{n-2}x\end{aligned}$$

8.2 点電荷の位置ベクトルは $\boldsymbol{r}_0(t) = (0,0,a\cos\omega t) = a\cos\omega t\times(0,0,1)$ と表されるから，速度ベクトル $\boldsymbol{v}_0(t)$ およびその時間微分は

$$\begin{aligned}\boldsymbol{v}_0(t) &= \frac{d}{dt}\boldsymbol{r}_0(t) = -a\omega\sin\omega t\ \times(0,0,1)\\ \frac{d\boldsymbol{v}_0(t)}{dt} &= -a\omega^2\cos\omega t\ \times(0,0,1)\end{aligned}$$

となる．これを式 (8.31), (8.32) に代入すればよい．

$$\boldsymbol{r}\times\frac{d\boldsymbol{v}_0(t)}{dt}=-a\omega^2\cos\omega t\,\{(x,y,z)\times(0,0,1)\}$$
$$=-a\omega^2\cos\omega t\,(y,-x,0)$$
$$\boldsymbol{r}\times\left(\boldsymbol{r}\times\frac{d\boldsymbol{v}_0(t)}{dt}\right)=-a\omega^2\cos\omega t\,\{(x,y,z)\times(y,-x,0)\}$$
$$=-a\omega^2\cos\omega t(zx,yz,-x^2-y^2)$$
$$=-a\omega^2\cos\omega t(zx,yz,z^2-r^2)$$

となるので

$$\boldsymbol{E}(\boldsymbol{r},t)=\frac{-qa\omega^2\cos[\omega(t-r/c)]}{4\pi\varepsilon_0c^2r^3}\,(zx,yz,z^2-r^2)$$
$$\boldsymbol{B}(\boldsymbol{r},t)=\frac{qa\omega^2\cos[\omega(t-r/c)]}{4\pi\varepsilon_0c^3r^2}\,(y,-x,0)$$

を得る．

●索　引●

あ 行

アンペア　82
アンペール-マクスウェルの法則　153, 206
アンペールの法則　120, 149, 150

SI 単位系　2
遠隔作用　10

オームの法則　88

か 行

回転　159
ガウス　102
ガウスの定理　157, 191, 192
過渡現象　136

起電力　126
キャパシタンス　74, 75
共振角振動数　145
共振周波数　145
キルヒホフの法則　86
近接作用　10

クーロン　2
クーロンの法則　8
クーロン力　5
グラジェント　60

ゲージ不変　182
ゲージ変換　182

勾配　60
国際単位系　2
コンデンサー　75

さ 行

サイクロトロン角振動数　106

磁荷　100, 103
自己インダクタンス　133
磁束　127
磁束密度　101
磁場　101
磁場の積分形のガウスの法則　104
ジュール熱　96
磁力線　101
真空の誘電率　5

スカラーポテンシャル　56, 178
ストークスの定理　160, 192 193

静電場　13
静電ポテンシャル　65
静電容量　74, 75
積分形のマクスウェル方程式　154
線積分　20

相互インダクタンス　136
ソレノイドコイル　122

た 行

体積積分　33
体積分　33
ダイバージェンス　157
多重積分　26
単位ベクトル　7, 39
単位接線ベクトル　110
単位法線ベクトル　39

遅延ポテンシャル　185, 193, 195

定常電流　84
定常電流の場合の電荷保存則　87
定常電流の保存則　87
テイラー展開　58
テスラ　101
デルタ関数　33
電圧　55
電位　65
電位差　55, 65
電荷　2
電荷線密度　17
電荷保存則　3, 148
電荷密度　16, 31
電荷面密度　23
電気双極子　14
電気双極子近似　187
電気双極子モーメント　15, 187
電気抵抗　88
電気抵抗率　90
電気伝導度　90
電気伝導率　90
電気容量　74, 75
電気力線　10
電気量　2
電磁波　173
電磁ポテンシャル　178
点電荷　4
電場　12
電場のエネルギー　78
電場の積分形のガウスの法則　47, 103
電流密度　83
電力　95

透磁率　108
トランス　139

な 行

ナブラ　59

2 重積分　25

は 行

波数　169
波数ベクトル　170
発散　157
波動方程式　167, 168, 183
万有引力の法則　4

ビオ-サバールの法則　113, 117

ファラデーの電磁誘導の法則　128
ファラデーの法則　128, 129, 137
複素インピーダンス　144

平行板コンデンサー　76
平面波　173
ベクトルポテンシャル　178
ヘルツ　174
変位電流　153
ヘンリー　133, 136

ポアソン方程式　177, 193
保存力　56

ま 行

右ねじの法則　108, 118
面積積分　27
面積分　27

や 行

誘導起電力　129
横波　169, 170
ラプラス方程式　177
連続の方程式　157
ローテーション　159
ローレンツゲージ　183–185, 193–195
ローレンツ条件　183–185, 193, 195, 197
ローレンツ力　104

著 者 略 歴

松 川　　宏
まつ　かわ　　ひろし

1982年　東京理科大学理学部卒業
1987年　北海道大学大学院理学研究科博士課程修了
　　　　その後，東京大学，奈良女子大学，大阪大学を経て
現　在　青山学院大学理工学部教授，理学博士

主 要 著 書
岩波講座 物理の世界 摩擦の物理，岩波書店
非線形科学シリーズ 液晶のパターンダイナミクス/滑りと摩擦の科学，培風館（分担）
表面物性工学ハンドブック，丸善（分担）
物理学辞典，培風館（分担）

新・数理科学ライブラリ [物理学] = 3
わかる電磁気学

2008 年 12 月 10 日 ©　　初　版　発　行
2013 年 10 月 10 日　　初 版 第 2 刷 発 行

著　者　松 川　　宏　　発行者　木 下 敏 孝
　　　　　　　　　　　印刷者　山 岡 景 仁
　　　　　　　　　　　製本者　関 川 安 博

発行所　　**株式会社　サ イ エ ン ス 社**
〒151–0051　東京都渋谷区千駄ヶ谷 1 丁目 3 番 25 号
営業 ☎（03）5474–8500（代）　振替 00170–7–2387
編集 ☎（03）5474–8600（代）
FAX ☎（03）5474–8900

印刷　三美印刷　　製本　関川製本所

《検印省略》

ISBN978-4-7819-1219-6

PRINTED IN JAPAN

サイエンス社のホームページのご案内
http://www.saiensu.co.jp
ご意見・ご要望は
rikei@saiensu.co.jp まで．